模拟电子电路及技术基础

朱旭花　王　涛　著

吉林科学技术出版社

图书在版编目（CIP）数据

模拟电子电路及技术基础 / 朱旭花，王涛著． -- 长春：吉林科学技术出版社，2021.12（2023.4重印）

ISBN 978-7-5578-9068-1

Ⅰ．①模… Ⅱ．①朱… ②王… Ⅲ．①模拟电路—高等学校—教材 Ⅳ．① TN710

中国版本图书馆 CIP 数据核字（2021）第 245554 号

模拟电子电路及技术基础

MONI DIANZI DIANLU JI JISHU JICHU

著　　者	朱旭花　王　涛
出 版 人	宛　霞
责任编辑	汤　洁
封面设计	李　宝
制　　版	宝莲洪图
幅面尺寸	185mm×260mm
开　　本	16
字　　数	420 千字
印　　张	18.875
版　　次	2021 年 12 月第 1 版
印　　次	2023 年 4 月第 2 次印刷
出　　版	吉林科学技术出版社
发　　行	吉林科学技术出版社
地　　址	长春净月高新区福祉大路 5788 号出版大厦 A 座
邮　　编	130118

发行部电话 / 传真　0431—81629529　　81629530　　81629531
　　　　　　　　　　81629532　　81629533　　81629534

储运部电话　0431—86059116

编辑部电话　0431—81629520

印　　刷	北京宝莲鸿图科技有限公司
书　　号	ISBN 978-7-5578-9068-1
定　　价	80.00 元

前　言

模拟电子电路技术是电子类、信息类等专业的一门重要的专业基础课，在专业课程体系中处于承上启下的重要位置，这门课程研究的对象是电子元器件及其构成的基本电路，具有很强的理论性和实践性，它的主要任务是为学生学习专业知识和从事相关技术工作人员打好理论基础，并使他们受到必要的基本技能的训练。

模拟电路课程是在介绍一些常用的半导体器件的基础上，着重研究电子线路的基本概念、原理和一些基本电路的分析方法。内容多，大部分学生在学完这门课程后只是了解了一些专业术语，掌握了一些基本电路的原理以及计算公式，但理论知识运用不灵活，稍微复杂的电路图就看不懂了，也不会分析和调试电路，更谈不上设计和制作电路了，该课程的整个教学过程中的实验部分也只是对理论教学的简单验证，导致理论和实践脱节。

模拟电子电路技术课程的教学要结合该课程自身的特点，为了提高学生学习的积极性、主动性，我们的教学要多样化；为了使学生能够更透彻地理解器件、电路的内部原理，并培养学生的发散思维和创造性，我们在讲基本理论的同时，要加强实验课程的教学，转变实验教学理念，以实践带动理论学习，实践研究证明，上述教学方法的尝试，有利于学生对知识点的理解，有利于提高学生的学习兴趣、开阔学生的视野，进而收到更好的教学效果。

目　录

第一章　常用半导体器件原理及特性

第一节　半导体物理基础

一、半导体与导体、绝缘体的区别

自然界的各种媒质从导电性能上可以大致分为导体、绝缘体和半导体。导体对电信号有良好导通性，如绝大多数金属、电解液，以及电离的气体，导体的电阻率小于 $10^{-5}\Omega\cdot m$。绝缘体如玻璃和橡胶，它们对电信号起阻断作用，其电阻率为 $10^8\sim10^{20}\Omega\cdot m$。还有一类媒质称为半导体，如硅（Si）、锗（Ge）和砷化镓（GaAs），其导电能力介于导体和绝缘体之间，并且会随着温度、光照和掺杂等因素发生明显变化，这些特点使它们成为制作半导体元器件的重要材料。

半导体的导电能力对环境因素的敏感性引发了 19 世纪人们对半导体材料的研究。半导体的温度特性和金属相反，金属的电阻率随着温度的上升而增大，而半导体的电阻率则随着温度的上升而减小，1833 年英国科学家迈克尔·法拉第在研究硫化银的电阻时观察并报道了这一现象。40 年后，英国科学家威洛比·史密斯在研究布设水下电缆的不间断地检测方法时，发现硒棒的导电能力在光照条件下显著增加，并在 1873 年 2 月 20 日出版的《自然》期刊上描述了该发现。由于当时技术比较原始，早期半导体热敏特性和光敏特性的研究经常受到材料纯度的干扰，影响实验结果的可重复性以及实验结果和基于量子物理的理论解释之间的印证。但是，材料纯度问题导致人们陆续发现了掺杂对半导体导电能力的作用——掺杂特性。例如，1885 年和 1930 年，英国科学家谢尔福德·比德韦尔和德国科学家伯恩哈德·古登分别研究了半导体的导电能力和其纯度的关系。室温下，在硅中分别掺杂硼（B）和砷（As）时，电阻率随掺杂浓度发生的显著变化，随着掺杂浓度的上升，半导体的电阻率下降，导电能力上升。

热敏特性、光敏特性和掺杂特性是半导体区别于导体和绝缘体等其他电子材料的三个主要性质。持续了一个世纪的相关研究获得了充分的技术积累，到 20 世纪中叶，人们已经可以利用这些特性，特别是掺杂特性，在生产和使用中控制半导体材料的导电能力，同时制作出各种性能的半导体器件和电路。

二、半导体的材料

常见的半导体材料分为元素半导体和化合物半导体。元素半导体是一种元素构成的半导体，如硅、锗、硒等；化合物半导体包含多种元素，如砷化镓、磷化镓、碳化硅等。硅和锗是两种主要的元素半导体材料，它们的物理化学性质稳定，制备工艺相对简单。20 世纪 50 年代半导体器件产品主要用锗作为材料，从 60 年代以后，硅逐渐取代锗。硅材料来源丰富，制作的器件的耐高温和抗辐射性能较好，目前应用最多。化合物半导体包含两种以上元素，以砷化镓为代表。砷化镓半导体的电子迁移率很高，可以制作微波器件和高速数字电路。砷化镓半导体有直接带隙结构，禁带较宽，光电转换效率优于硅和锗，可以制作发光二极管、可见光激光器、红外探测器和高效太阳能电池。砷化镓半导体具有硅和锗没有的负阻伏安特性，可以用来制作固态振荡器。

三、本征半导体

作为四价元素，硅和锗的原子最外层轨道上都有四个电子，称为价电子，每个价电子带一个单位的负电荷。因为整个原子对外呈电中性，而其物理化学性质在很大程度上取决于最外层的价电子，所以研究中硅和锗原子可以用简化模型代表。

纯净的硅和锗单晶体称为本征半导体，在晶格结构中，每个原子最外层轨道的四个价电子既可以围绕本原子核运动，同时也可以围绕邻近原子核运动，从而为相邻原子核所共有，形成共价键。每个原子四周有四个共价键，决定了硅和锗晶体稳定的原子空间晶格结构。共价键中的价电子在两个原子核的吸引下，不能在晶体中自由移动，是不能导电的束缚电子。

吸收外界能量，如受到加热和光照时，本征半导体中一部分价电子可以获得足够大的能量，挣脱共价键的束缚，游离出去，成为自由电子，并在共价键处留下空位，称为空穴，这个过程称为本征激发。空穴呈现一个单位的正电荷。本征激发成对产生自由电子和空穴，所以，本征半导体中自由电子和空穴的数量相等。

自由电子可以在本征半导体的晶格结构中自由移动，空穴的正电性则可以吸引相邻共价键的束缚电子过来填补，而在相邻位置产生新的空穴，相当于空穴移动到了新的位置，这个过程继续下去，空穴也可以在半导体中自由移动。因此，在本征激发的作用下，本征半导体中出现了带负电的自由电子和带正电的空穴，两者都可以参与导电，统称为载流子。

本征激发使半导体中的自由电子和空穴增多，因此，两者在自由移动过程中相遇的机会也加大。相遇时自由电子填入空穴，释放能量，恢复成共价键的结构，从而消失一对载流子，这个过程称为复合。不难想象，随着本征激发的进行，复合的概率也不断加大，所以，本征半导体在某一温度下，本征激发和复合最终会进入平衡状态，载流子的浓度不再变化。分别用 n_i 和 p_i 表示自由电子和空穴的浓度（cm⁻³），理论上有

$$n_i = p_i = A_o T^{\frac{3}{2}} e^{-\frac{EG_0}{2kT}}$$

式中：T 为热力学温度（K）；E_{G0} 为 T=0 K 时的禁带宽度（硅为 1.21eV，锗为 0.78eV）；k=8.63×10⁻⁵eV/K，为玻尔兹曼常数；A_0 为与半导体材料有关的常数（硅材料为 3.87×10¹⁶，cm⁻³·K⁻³/²，锗材料为 1.76×10¹⁰ cm⁻³·K⁻³/²）。

公式表明了载流子浓度与温度近似为指数关系，所以，本征半导体的导电能力对温度变化很敏感。在室温 27℃，即 T=300 K 时，可以计算出本征半导体硅中的载流子浓度为 1.45×10¹⁰cm⁻³，而硅原子的密度为 5.0×10²²cm⁻³，所以，本征激发产生的自由电子和空穴的数量相对很少，这说明本征半导体的导电能力很弱。

四、杂质半导体——N 型半导体与 P 型半导体

鉴于本征半导体的导电性能较差，在其材料基础上，我们可以人工少量掺杂某些元素的原子，从而显著提高半导体的导电能力，这样获得的半导体称为杂质半导体。根据掺杂元素的不同，杂质半导体又分为 N 型半导体和 P 型半导体。

1.N 型半导体

N 型半导体是在本征半导体中掺入了五价元素的原子，如磷、砷、锑等原子。这些原子的最外层轨道上有五个电子，取代晶格中的硅或锗原子后，其中四个电子与周围的原子构成共价键，剩下一个电子便成为键外电子。

键外电子只受到杂质原子的微弱束缚，受到很小的能量（如室温下的热能）激发，就能游离出去，成为自由电子。这样 N 型半导体中每掺入一个杂质元素的原子，就给半导体提供一个自由电子，从而大大增加了自由电子的浓度。

提供自由电子的杂质原子称为施主原子，在失去一个电子后成为正离子，被束缚在晶格结构中，不能自由移动，无法参与导电。

杂质半导体中仍然存在本征激发，产生少量的自由电子和空穴。由于掺杂产生了大量的自由电子，大大增加了空穴被复合的机会，所以，空穴的浓度比本征半导体中要低很多。因此，在 N 型半导体中，自由电子浓度远远大于空穴浓度。由于自由电子占多数，故称它为多数载流子，简称多子；而空穴占少数，故称它为少数载流子，简称少子。

在 N 型半导体中，虽然自由电子占多数，但是考虑到施主正离子的存在，使正、负电荷保持平衡，所以半导体仍然呈电中性。

虽然只进行了少量掺杂，但是 N 型半导体中因掺杂产生的自由电子的数量远远大于本征激发产生的自由电子的数量。因此，N 型半导体中的自由电子浓度 n_n 近似等于施主原子的掺杂浓度 N_D，即

$$n_n \approx N_D$$

所以可以通过人工控制掺杂浓度来准确设置自由电子浓度。因为热平衡时，杂质半导体中多子浓度和少子浓度的乘积恒等于本征半导体中载流子浓度 n_i 的平方，所以根据掺杂浓度得到 n_n 后，空穴的浓度 p_n 就可以计算出来，即

$$p_n = \frac{n_i^2}{n_n} \approx \frac{n_i^2}{N_D}$$

因为 n_i 容易受到温度的影响发生显著变化，所以 p_n 也会随环境温度的改变产生明显变化。

2.P 型半导体

在本征半导体中掺入三价元素的原子，如硼、铝、钢等原子，就得到了 P 型半导体。由于最外层轨道上只有三个电子，所以掺杂的原子只与周围三个原子构成共价键，剩下一个共价键因为缺少一个价电子而不完整，存在一个空位。在很小的能量激发时，邻近共价键内的电子就能过来填补空位形成完整的共价键，而在原位置留下一个空穴。杂质原子因为接受了一个电子而成为负离子，所以又称为受主原子。在室温下，P 型半导体中每掺入一个杂质元素的原子，就产生一个空穴，从而使半导体中空穴的浓度大量增加。此外，本征激发也会产生一部分空穴和自由电子，因为自由电子被大量空穴复合的机会增大，所以其浓度远低于本征半导体中的浓度。在 P 型半导体中，空穴是多子，自由电子是少子。P 型半导体呈电中性，虽然其中带正电的空穴很多，但是带负电的受主负离子起到了平衡作用。

P 型半导体中空穴的浓度 p_p 近似等于受主原子的掺杂浓度 N_A，即

$$p_p \approx N_A$$

而自由电子的浓度 n_p 为

$$n_p = \frac{n_i^2}{p_p} \approx \frac{n_i^2}{N_A}$$

环境温度也会明显影响 n_p 的取值。

五、半导体中的电流——漂移电流与扩散电流

半导体中载流子发生定向运动，就会形成电流。其中，自由电子的定向运动形成电

子电流 I_n，因为电子带负电，所以 I_n 的正方向与电子的运动方向相反；空穴的定向运动则形成空穴电流 I_P 因为空穴带正电，所以 I_P 的正方向就是空穴的运动方向。当电子和空穴的运动方向相反时，两股电流方向相同，半导体电流 I 是这两种电流的叠加，即

$$I = I_n + I_p$$

载流子的定向运动有两种起因，一个是电场，另一个是载流子浓度分布不均匀，它们引起的半导体电流分别称为漂移电流和扩散电流。

1.漂移电流

在电场的作用下，自由电子会逆着电场方向漂移，而空穴则顺着电场方向漂移，这样产生的电流称为漂移电流，该电流的大小主要取决于载流子的浓度、迁移率和电场强度。

2.扩散电流

当半导体中载流子浓度不均匀分布时，载流子会从高浓度区向低浓度区扩散，从而形成扩散电流，该电流的大小正比于载流子沿电流方向单位距离的浓度差即浓度梯度的大小。

第二节　PN 结

通过掺杂工艺，把本征半导体的一边做成 P 型半导体，另一边做成 N 型半导体，则 P 型半导体和 N 型半导体的交接面处会形成一个有特殊物理性质的薄层，称为 PN 结。PN 结是制作半导体器件（包括晶体二极管、双极型晶体管和场效应管）的基本单元。

一、PN 结的形成

如果把通过掺杂工艺结合在一起的 P 型半导体和 N 型半导体视为一个整体，则该半导体中的载流子是不均匀分布的，P 区空穴多，自由电子少，而 N 区则是自由电子多，空穴少。载流子浓度差引起两种半导体交界面处多子的扩散运动。P 区的空穴向 N 区扩散，并被自由电子复合；N 区的自由电子则向 P 区扩散，并被空穴复合。P 区的空穴扩散出去，剩下了受主负离子，而 N 区的自由电子扩散出去，剩下了施主正离子，于是在交界面两侧产生了由等量的受主负离子和施主正离子构成的空间电荷区。空间电荷区中存在从正离子区指向负离子区的内建电场，该电场沿其方向积分得到内建电位差 U_B。内建电场对扩散运动起着阻挡作用。

空间电荷区的内建电场又会引起少子的漂移运动，主要包括 P 区中的少子——自由

电子进入 N 区，以及 N 区中的少子——空穴进入 P 区，结果又减小了空间电荷区的范围。

这个过程持续下去，载流子浓度差减小，而内建电场增强，于是扩散运动逐渐减弱，而漂移运动则渐趋明显。最后，扩散运动和漂移运动处于动态平衡，即单位时间内通过交界面扩散的载流子和反向漂移过交界面的载流子数相等。此时，空间电荷区的范围以及其中的内建电场和内建电位差都不再继续变化。空间电荷区内部基本上没有载流子，同时其中的电位分布又对载流子的扩散运动起阻挡作用，因此，该区域又称为耗尽区或势垒区。耗尽区的宽度和 PN 结的掺杂浓度有关，在掺杂浓度不对称的 PN 结中，耗尽区在重掺杂即高浓度掺杂的一边延伸较小，而在轻掺杂即低浓度掺杂的一边延伸较大。

二、PN 结的单向导电特性

通过外电路给 PN 结加正向电压 U，使 P 区的电位高于 N 区的电位，称为正向偏置，简称正偏。在整个半导体上，因为耗尽区中载流子浓度很低，电阻率明显高于 P 区和 N 区，所以，该电压的大部分都加在了耗尽区上，结果耗尽区两端的电压减小为 U_B-U。P 区中的少部分电压产生的电场把空穴推进耗尽区，N 区中的少部分电压产生的电场也把自由电子推进耗尽区，结果耗尽区变窄。变窄的耗尽区导致多子的浓度梯度变大，同时又因为内部电场减小，所以扩散运动加强，而少子的漂移运动则显著减弱，结果扩散运动和漂移运动不再平衡，扩散电流大于漂移电流。多出来的扩散电流流过半导体，在电路中形成正向电流。

将外加电压源反方向接入，则可以使 P 区的电位低于 N 区的电位，这称为反向偏置，简称反偏。同样，该电压大部分加在了耗尽区上，结果耗尽区两端的电压变为 U_B+U。P 区中的电场把空穴推离耗尽区，露出受主负离子，加入耗尽区，而 N 区中的电场则把自由电子推离耗尽区，露出施主正离子，也加入耗尽区，结果耗尽区变宽。变宽的耗尽区导致多子的浓度梯度减小，同时又因为内部电场增强，所以扩散运动减弱，而少子的漂移运动则增强，因而，扩散电流小于漂移电流。漂移电流多出的部分流过半导体，在电路中形成反向电流。

正偏时，因为 U_B 很小，所以 PN 结只需要较小的正偏电压就可以使耗尽区变得很薄，从而产生较大的正向电流，而且正向电流随正偏电压的微小变化会发生明显改变。而在反偏时，少子只能提供很小的反向电流，并且基本上不随反偏电压而变化，这就是 PN 结的单向导电特性。

三、PN 结的击穿特性

实验研究表明，当 PN 结上的反偏电压足够大时，其中的反向电流会急剧增大，这种现象称为 PN 结的击穿。从产生机理上分析，可以把 PN 结的击穿分为雪崩击穿和齐纳击穿。

1.雪崩击穿

反偏的 PN 结中，耗尽区的少子在漂移运动中被电场做功，动能增大，当反偏电压足够大时，少子的动能足以使其在与价电子碰撞时发生碰撞电离，把价电子击出共价键，产生一对自由电子和空穴。新产生的自由电子和空穴又可以继续发生这样的碰撞，连锁反应使得耗尽区内的载流子数量剧增，引起反向电流急剧增大。这种击穿机理被形象地称为雪崩击穿。雪崩击穿需要少子能够在耗尽区内运动足够长的距离，从而获得足够大的动能，同时长距离运动中碰撞的概率会增加，这就要求耗尽区应该较宽，所以，这种击穿主要出现在轻掺杂的 PN 结中。

2.齐纳击穿

在重掺杂的 PN 结中，耗尽区较窄，则反偏电压可以在其中产生较强的电场。当反偏电压足够大时，电场强到能直接将价电子拉出共价键，发生场致激发，产生大量的自由电子和空穴，使得反向电流急剧增大，这种击穿称为齐纳击穿。

PN 结击穿时，只要限制反向电流不要过大，就可以保护 PN 结不受损坏。

第三节　晶体二极管

在 PN 结的外面接上引线，用管壳封装保护，就构成了晶体二极管，简称二极管。二极管的结构如图 1-1（a）所示，电路符号如图 1-1（b）所示。根据使用的半导体材料，二极管可以分为硅二极管和锗二极管，简称为硅管和锗管。

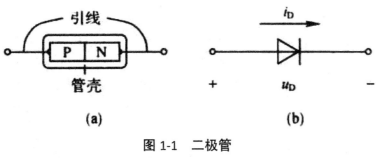

图 1-1　二极管

（a）结构；　（b）电路符号

一、晶体二极管的伏安特性及参数

二极管的伏安特性与 PN 结的伏安特性很接近，仅因为引线的接触电阻、P 区和 N 区的体电阻以及表面漏电流等造成两者稍有差异。如果忽略这个差异，则可以用 PN 结的电流方程描述二极管的伏安特性。图 1-2 所示的伏安特性可以表示为

$$i_D = I_S\left(e^{\frac{qu_D}{kT}} - 1\right) = I_S\left(e^{\frac{u_D}{U_T}} - 1\right)$$

式中：I_s 为反向饱和电流。取决于半导体材料、制作工艺和温度等因素；q 为电子电量（1.60×10^{-19}℃）；$U_T = kT/q$，称为热电压（在室温 27℃即 300 K 时，$U_T = 26$ mV）。

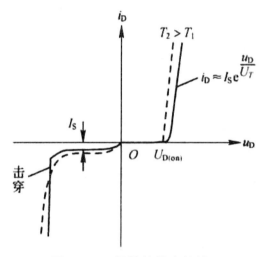

图 1-2 二极管的伏安特性

1.二极管的导通、截止和击穿

从图 1-2 中可以看出，当 $u_D > 0$ 时，即给二极管加正偏电压时，如果 u_D 较小，则正向电流 i_D 很小，而当 u_D 超过特定值 $U_{D\,(ON)}$ 时，i_D 才变得明显，此时认为二极管导通，$U_{D\,(ON)}$ 称为二极管的导通电压（死区电压）。一般硅管的 $U_{D\,(ON)} \approx 0.5 \sim 0.6$ V，锗管的 $U_{D\,(ON)} \approx 0.1 \sim 0.2$ V。

正偏电压下的二极管在小电流工作时，i_D 与 u_D 呈指数关系。当电流较大时，引线的接触电阻、P 区和 N 区的体电阻的作用开始变得明显，结果 i_D 与 u_D 近似表现为线性关系。

当二极管反偏，即 $u_D < 0$ 时，PN 结上有反向饱和电流 I_S。又因为 PN 结表面漏电流的影响，所以，实际上二极管中的反向电流 i_D 要比 I_S 大许多，并且随反偏电压的加大而略有增加。对小功率二极管，PN 结没被击穿时，反向电流仍然比较小，可以近似成零，即认为二极管是截止的。当二极管加的正偏电压小于 $U_{D\,(ON)}$ 时，也可以认为二极管是截止的。

二极管的导通和截止与外加电压的关系说明其对直流和低频信号表现出单向导电特性。当信号的频率较高时，PN结电容的导电作用变得显著，使得二极管的单向导电性不能很好地体现。

当反偏电压足够大时，PN结击穿，导致二极管中的反向电流急剧增大，也称为二极管被击穿。

2.二极管的管压降

一个简单的二极管电路如图1-3（a）所示，二极管的伏安特性见图1-3（b），u_D 和 i_D 同时还应该满足电路的负载特性：

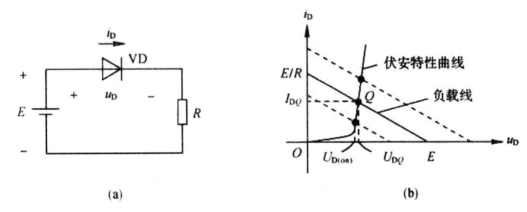

图1-3　二极管的管压降

（a）电路；（b）伏安特性和负载特性

$$u_D = E - i_D R$$

图1-3（b）中也画出了该方程对应的负载线。负载线与伏安特性曲线的交点是工作点 Q 的位置，其坐标即为 U_{DQ} 和 I_{DQ}。当电源电压 E 变化时，负载线平移到新的位置，如图中虚线所示，于是 Q 的位置也发生变化，U_{DQ} 和 I_{DQ} 的取值也跟着改变。但是因为导通时二极管的伏安特性曲线近似垂直，所以虽然 I_{DQ} 有比较大的变化，但 U_{DQ} 变化却不大，基本上还是只比 $U_{D\,(ON)}$ 略大一点，两者仍然近似相等。因此，也可以认为 $U_{D\,(ON)}$ 是导通的二极管两端固定的管压降。

二、温度对晶体二极管伏安特性和参数的影响

温度升高时，半导体中本征激发作用增强，少子浓度上升，从而增大了反向饱和电流 I_S。测试表明，温度每上升 $10℃$，I_S 增加约一倍，这导致二极管的反向电流随温度升高而绝对值变大。在正向电流中，虽然热电压 U_T 增加使得 e^{U_D/U_T} 减小，但是 I_S 的作用更明显，所以总体上正向电流也随温度升高而变大。这继而导致导通电压 $U_{D\,(ON)}$ 相应减小。

测试表明，温度每上升 1℃，$U_{D(ON)}$ 下降约 2.0~2.5mV。图 1-3 中虚线所示为温度升高后的伏安特性，显示了上述变化。

当温度上升时，半导体晶格热振动加剧，缩短了少子在反偏电压的电场作用下进行漂移运动的平均自由路程，因而与价电子碰撞前获得的能量较少，发生碰撞电离的可能性减小。只有加大反偏电压才能发生雪崩击穿，所以雪崩击穿电压随着温度的升高而变大。温度升高后，价电子的能量较高，更容易产生场致激发，所以，齐纳击穿电压随着温度的升高而变小。

三、二极管的极限参数

除了反向饱和电流、管压降、交流电阻以外，还有许多参数用来描述二极管的性能优劣和对使用条件的限制。在为电路选择二极管时，我们需要认真参考如下这些极限参数。

1.额定正向工作电流

二极管工作时，其中的电流引起管子发热，当温度超过一定限度时（硅管大约为141℃，锗管大约为 90℃），因为管芯过热，二极管容易损坏。额定正向工作电流是在规定散热条件下，二极管长期连续工作又不至过热所允许的正向电流的时间平均值，用 I_F 表示。常用的整流二极管如 IN4001~IN4007 的 I_F 为 1 A，IN5400~IN5408 的 I_F 为 3 A。

2.最大反向工作电压

最大反向工作电压 U_{RRM} 规定了允许加到二极管上的反向峰值电压的最大值，以避免二极管被击穿，保证单向导电性和使用安全。U_{RRM} 的取值从几十伏到上千伏，如 IN4001 的 U_{RRM} 为 50 V，IN4002 的 U_{RRM} 为 100 V，IN4007 的 U_{RRM} 为 1000 V。

3.反向峰值电流

在规定温度下，二极管加最高反偏电压时获得的反向电流称为反向峰值电流，记为 I_{RM}，取值在微安量级。I_{RM} 受温度影响很大，一般温度每升高 10℃，I_{RM} 增大一倍。如果 I_{RM} 过大，则二极管将失去单向导电性。25℃时，IN4001~IN4007 的 I_{RM} 为 5μA，100℃时，I_{RM} 上升为 50μA。硅小功率管的 I_{RM} 为毫微安级。

4.最高工作频率 f_M

最高工作频率 f_M 主要用于高频工作的检波管等。f_M 的高低与二极管结电容有关，结电容越小，f_M 越高。

四、晶体二极管的基本应用

大信号工作的二极管处于导通和截止状态时对外围电路的表现不一样，电路是非线性电路。分析时，应该判断各个信号范围内二极管的工作状态，即确定简化电路模型中开关的位置，从而得到该信号范围对应的线性电路，进行分析，最后再综合，得到整个信号范围内电路的功能，这是分析二极管基本应用电路（包括整流、限幅、电平选择等）的基本思想。

1.整流电路

整流电路可以把输入的双极性电压变成单极性输出电压，或者从电流上看，是把输入的双向交流电流变成单向的直流输出电流。如果输出信号中只保留了输入信号的正半周或负半周的波形，则称为半波整流；如果输出信号是把输入信号的负半周波形折到正半周，与原来正半周波形一并输出，或把输入信号的正半周波形折到负半周，与原来负半周波形一并输出，则称为全波整流。

2.限幅电路

限幅电路限制输出电压的变化范围，又可分为上限幅电路、下限幅电路和双向限幅电路。

3.电平选择电路

从多路输入信号中选出最低电平或最高电平的电路称为电平选择电路。电平选择电路又可以分为低电平选择电路和高电平选择电路，在数字电路中可分别实现数字量的"与"和"或"运算。

五、其他晶体二极管

随着电子产品需求和制作技术的发展，人们可以使用特殊工艺过程制作出各种特别用途的二极管，除了稳压二极管，还有变容二极管、隧道二极管、肖特基二极管、光敏二极管和发光二极管，等等。

1.变容二极管

变容二极管的电路符号如图 1-4（a）所示，图中的 u 是反偏电压。PN 结反偏时，结电容 C，以势垒电容 Cr 为主，取值随着反偏电压 u 变化，两者关系如图 1-4（b）所示。其中，U 为势垒电压，Cp 为零偏结电容。

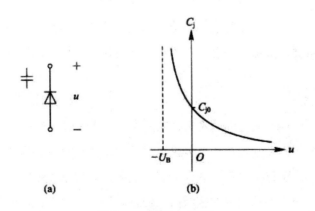

图 1-4　变容二极管

（a）电路符号；（b）结电容 C_1 与反偏电压 u 的关系

将变容二极管接入 LC 振荡回路，并通过调制电压控制结电容的取值，振荡频率就随调制信号变化，实现了频率调制。这类电路称为变容二极管调频电路，应用于高频无线电发射机。

2.隧道二极管

隧道二极管中使用的半导体材料是砷化镓或锑化镓。P 区和 N 区的掺杂浓度是普通二极管的 1000 倍以上，所以其 PN 结的耗尽区很薄，只有普通二极管的 1/100，小于 0.01μm。这样薄的耗尽区可以引发隧道效应。发生隧道效应时，P 区的价带电子可以通过耗尽区进入 N 区的导带，而 N 区的导带电子也很容易通过耗尽区进入 P 区的价带，这两股电流都称为隧道电流。当隧道二极管正偏时，正向电流包括扩散电流和隧道电流；反偏时，隧道电流远远大于漂移电流。通过外加电压调整 P 区和 N 区的能带，就可以控制隧道电流的大小，从而达到调节二极管电流的目的。隧道二极管的电路符号如图 1-5（a）所示，伏安特性如图 1-5（b）所示。在正偏电压很低的范围内，伏安特性存在一个负阻区。在这个区域中，正偏电压增大，隧道电流反而减小，导致正向电流减小。

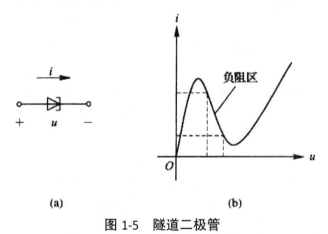

图 1-5　隧道二极管

（a）电路符号；（b）伏安特性

隧道二极管的导通和截止状态转换速率远远高于普通二极管，经常用于高速开关电路。利用其负阻特性，隧道二极管还可以产生交流功率，用于高频振荡器，频率可达毫米波段。

3.肖特基二极管

在金属中，电子克服原子核的吸引，逸出原子，需要较大的逸出功，而 N 型半导体中电子逸出需要的逸出功则较小。当金属和 N 型半导体接触时，因为逸出功的差别，电子会从半导体逸出，穿过交界面，注入金属。因为金属导电能力很好，所以注入金属的电子只分布在靠近交界面的很薄的区域内，使该区域带负电荷，形成负电荷区，而半导体剩下的施主正离子形成相对较厚的正电荷区。于是在交界面处形成了由施主正离子和电子构成的空间电荷区，并产生从半导体指向金属的内建电场。内建电场的产生和不断增强妨碍了半导体中电子向金属一方的进一步注入，与此同时，又助成了金属中电子向半导体一方的漂移。最后，电子的正向注入和反向漂移达到动态平衡，流过交界面的静电流为零。上述过程形成的金属—半导体结称为肖特基势垒，如图1-6（a）所示。

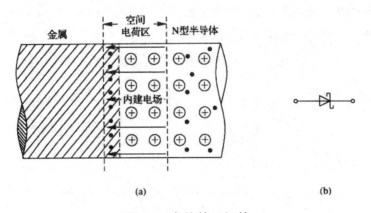

图1-6 肖特基二极管

（a）肖特基势垒；（b）电路符号

肖特基势垒有和PN结相似的单向导电性。正偏时，外接电路使金属一方的电位高于半导体一方的电位，外加电场与内建电场方向相反，内部总电场减小，漂移电流减小，小于注入电流，多出来的注入电流就形成了正向电流。正向电流随着正偏电压的增大而增大；反偏时，金属一方的电位低于半导体一方的电位，外加电场与内建电场同向，内部总电场增大，漂移电流增大，大于注入电流，多出来的漂移电流就形成反向电流。反偏电压增大到一定数值后，反向电流基本上不再变化。

肖特基二极管中的N型半导体必须轻掺杂。如果是重掺杂的N型半导体，则会因为，空间电荷区很薄而发生隧道效应，隧道电流的产生会使其失去单向导电性。半导体制作工艺中，轻掺杂的半导体往往需要局部重掺杂后，再外接引线，这正是利用隧道效应，避免接触处形成肖特基势垒造成单向导电，这种结构称为欧姆接触。

肖特基二极管的电路符号如图1-6（b）所示。与PN结相比，肖特基二极管只用一种载流子工作，消除了PN结中的少子存储现象，明显减小了结电容，从而高频性能较好。因为没有P型半导体体电阻，所以肖特基二极管的导通电压较小。但是这种二极管的反向击穿电压较低。肖特基二极管一般用作高频、低压、大电流整流，在X波段、C波段、S波段和Ku波段用于检波和混频。

4.光敏二极管和发光二极管

光敏二极管的PN结具有光敏特性，工作时加反偏电压。在没有光照时，反向电流很小，一般小于0.1μA，称为暗电流。受到光照时，PN结中空间电荷区的价电子接受光子能量，造成本征激发，产生大量的自由电子和空穴，这些载流子在反偏电压作用下做漂移运动，使反向电流明显增大，称为光电流。光照越强，光电流越大，流过负载得到的电压也越大。为了便于接受光照，光敏二极管的外壳上设计有窗口，PN 结面积很大，而电极面积则很小。光敏二极管的伏安特性、电路符号和测量电路如图 1-7 所示。反偏电路、零偏电路和正偏电路分别提供第三象限、第四象限和第一象限内的结果。光敏二极管反偏工作，正偏时和普通二极管区别不大。在有光照时，即使零偏，光敏二极管也有反向电流，形成一定电压，这个特点有别于普通二极管的单向导电特性。

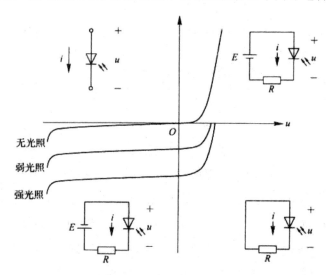

图 1-7　光敏二极管的伏安特性、电路符号和测量电路

与光敏二极管的工作原理相反，发光二极管工作时加正偏电压以维持正向电流。在 PN 结内部，自由电子和空穴做扩散运动。N 区扩散过来的自由电子到达 P 区，与 P 区的空穴复合；P 区扩散过来的空穴到达 N 区，与 N 区的自由电子复合。载流子复合时释放能量，产生可见光。光的颜色取决于光子的能量，又进一步由半导体材料决定，如砷化镓二极管发红光，磷化镓二极管发绿光，碳化硅二极管发黄光，氮化镓二极管发蓝光，等等。发光二极管的优点是寿命长、效率高、产生的热量很少，绝大部分能量都用来产生可见光。发光二极管的伏安特性和电路符号如图 1-8 所示。因为工作区的电流不能太大，所以发光二极管需要和限流电阻串联使用。

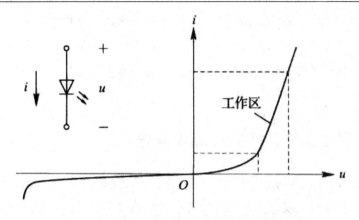

图1-8 发光二极管的伏安特性和电路符号

第四节 双极型晶体三极管

双极型晶体三极管简称晶体管，是由三层杂质半导体构成的有源器件，其原理结构和电路符号如图1-9所示。

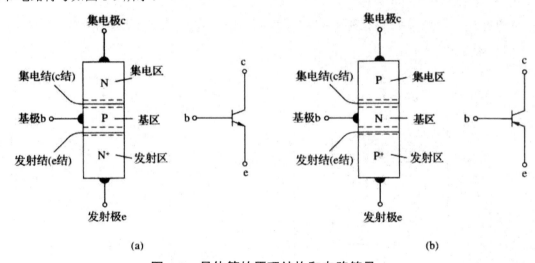

图1-9 晶体管的原理结构和电路符号

（a）NPN型晶体管； （b）PNP型晶体管

三层杂质半导体可以是两个N型半导体中间夹一层P型半导体，组成N型-P型-N型的结构，称为NPN型晶体管；也可以是两个P型半导体中间夹一层N型半导体，组成P型-N型-P型的结构，称为PNP型晶体管。无论是哪种类型，晶体管的中间层称为基区，两侧的异型层分别称为发射区和集电区。三个区各自引出一个电极与外电路相连，分别叫作基极（b）、发射极（e）和集电极（c），基区和发射区之间的PN结称为发射结（e结），而基区和集电区之间的PN结称为集电结（c结）。

目前普遍使用平面工艺制造晶体管，主要包括氧化、光刻和扩散等工序。制作时应该保证晶体管的物理结构有如下特点：发射区相对基区重掺杂；基区很薄，只有零点几微米到数微米；集电结面积大于发射结面积。上述基本要求是制造性能优良的晶体管所必需的条件。

一、双极型晶体三极管的工作原理

通过合适的外加电压进行直流偏置，可以使晶体管的发射结正偏，而集电结反偏，此时的晶体管工作在放大状态，符合晶体管放大器的工作要求。观察此时晶体管内部载流子的定向运动情况，得到内部载流子电流的分布，通过研究它们和晶体管三个极电流的关系，可以分析晶体管放大交流信号的原理。

以图 1-10（a）所示的放大状态下的 NPN 型晶体管为例，载流子的定向运动基本上可以分为以下三个阶段：

1.发射区向基区注入电子。正偏的发射结上以多子扩散运动为主，包括发射区的自由电子扩散到基区，形成电子注入电流 I_{EN}，以及基区的空穴扩散到发射区，形成空穴注入电流 I_{EP}。因为发射区相对基区重掺杂，发射区的自由电子浓度远大于基区的空穴浓度，所以 I_{EN} 远大于 I_{EP}。

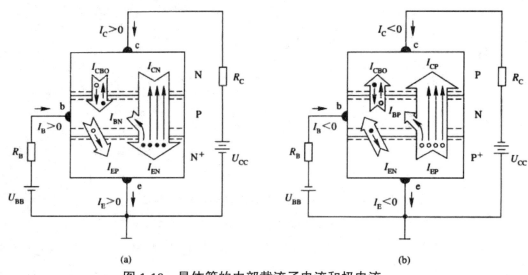

图 1-10 晶体管的内部载流子电流和极电流

（a）NPN 型晶体管； （b）PNP 型晶体管

2.基区中自由电子边扩散边复合。自由电子注入基区后，成为基区中的非平衡少子，在发射结处浓度最大，而在反偏的集电结处浓度几乎为零。所以，基区中存在明显的自由电子浓度梯度，导致自由电子继续从发射结向集电结扩散。扩散中，部分自由电子被基区中的空穴复合掉，形成基区复合电流 I_{BN}。因为基区很薄，又不是重掺杂，所以被复合的自由电子很少，绝大多数自由电子都能扩散到集电结的边缘。

3.集电区收集自由电子。反偏的集电结内部较强的电场使扩散过来的自由电子发生漂移运动，进入集电区，形成收集电流 I_{CN}。另外，基区自身的自由电子和集电区的空穴也参与漂移运动，形成反向饱和电流 I_{CBO}。

二、双极型晶体三极管的伏安特性及参数

构成放大器时，需要在晶体管的两个极之间加上交流输入信号，在两个极上获得交流输出信号，所以，晶体管的三个极有一个必然同时出现在电路的输入回路和输出回路中。如果是共用发射极，这种电路设计就称为共发射极组态。下面就以这一代表性设计来讨论晶体管的伏安特性，即极电流与极间电压的关系。

在共发射极组态中，基极电流 i_B 是晶体管的输入电流，基极和发射极之间的电压 u_{BE} 是晶体管的输入电压，而晶体管的输出电流和输出电压则分别是集电极电流 i_C 和集电极与发射极之间的电压 u_{CE}。

1.输出特性

输出特性描述晶体管的输出电流与输出电压，即 i_C 与 u_{CE} 之间的关系，如图 1-11 所示。可以发现，i_C 与 u_{CE} 之间的关系曲线并不唯一，而取决于输入电流 i_B。当 i_B 变化时，输出特性曲线扫过的区域可以分为三个部分，分别称为放大区、饱和区和截止区。通过控制晶体管的发射结和集电结的正偏与反偏，可以使工作点分别位于这三个区域内。

（1）放大区

当晶体管的发射结正偏，集电结反偏时，工作点在放大区内。在放大区内，i_B 对 i_C 的控制作用十分明显，可以用共发射极交流电流放大倍数来衡量 i_B 的变化量与 i_C 的变化量之间的关系：

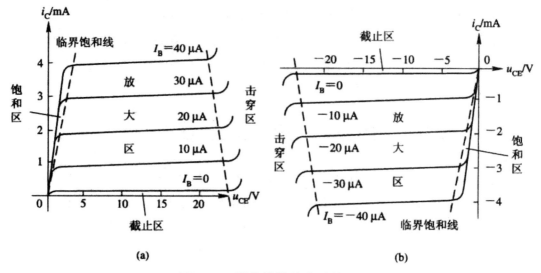

图 1-11　晶体管的输出特性

（a）NPN 型晶体管；（b）PNP 型晶体管

$$\beta = \frac{\Delta i_C}{\Delta i_B}$$

放大区内只要$|i_C|$不是很大或很小，β的取值基本上不随i_C变化，而且因为反向饱和电流I_{CBO}很小，$\beta \approx \bar{\beta}$。另外，当$u_{CB}$为常数时，$i_C$的变化量与$i_E$的变化量之比定义为共基极交流电流放大倍数：

$$\alpha = \frac{\Delta i_C}{\Delta i_E}$$

$\alpha \approx \bar{\alpha}$，所以$\alpha$和$\beta$之间有与$\alpha$和$\beta$之间同样的换算关系。

放大区内的输出特性曲线近似水平，说明u_{CE}变化时，i_C变化不大，所以，当输出端接不同阻值的负载电阻时，虽然输出电压变化，但输出电流基本不变，从而实现了恒流输出，这一特点可以用来设计晶体管电流源。严格地说，当$|u_{CE}|$增大时，集电结反偏电压增大，PN 结变宽，基区则变窄，自由电子与空穴复合的概率减小，所以$|i_B|$会略有减小。同一输出特性曲线要求i_B不变，即基区自由电子与空穴复合的概率应保持不变，这只有通过增大发射结的注入电流来实现，结果造成了$|i_C|$略有增大。这种现象称为基区宽度调制效应，简称基调效应，表现为放大区内一定i_B对应的输出特性曲线随$|u_{CE}|$的增大而略微外偏。

（2）饱和区

当晶体管的发射结和集电结都正偏时，工作点进入饱和区。正偏的集电结不利于收

集基区中的非平衡载流子，所以同一 i_B 对应的 $|i_C|$ 小于放大区的取值。u_{CE} 不变时，不同的 u_{BE} 虽然能够改变发射结上的扩散电流，但该电流的变化基本上被基区复合电流的变化抵消，从而 i_B 的变化，而 i_C 不会明显改变，即 i_C 不受 i_B 的控制，所以饱和区中各条输出特性曲线彼此重合。当集电结处于反偏和正偏之间的临界状态，即零偏时，对应的工作点的各个位置连接成临界饱和线，这是放大区和饱和区的分界线。工作点位于饱和区时，u_{CE} 绝对值很小且基本不变，称为饱和压降，记作 $u_{CE\,(sat)}$。

（3）截止区

截止区对应晶体管的发射结和集电结都反偏。反偏的 PN 结中的漂移电流决定了三个极电流与工作点位于放大区和饱和区时的电流方向相反，而且绝对值很小，可以认为晶体管极间开路。

2.输入特性

输入特性描述的是晶体管的输入电流与输入电压，即 i_B 与 u_{BE} 之间的关系，如图 1-12 所示。对 NPN 型晶体管，当 u_{BE} 大于导通电压 $U_{BE\,(on)}$ 时，晶体管导通，即处于放大状态或饱和状态。这两种状态下，U_{BE} 近似等于 $U_{BE\,(on)}$，所以也可以认为，$U_{BE\,(on)}$ 是导通的晶体管输入端固定的管压降。当 $u_{BE} < U_{BE\,(on)}$ 时，晶体管进入截止状态。PNP 型晶体管导通要求 $u_{BE} < U_{BE\,(on)}$，否则处于截止状态。

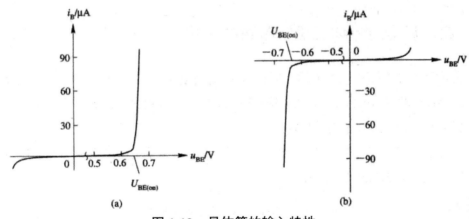

图 1-12　晶体管的输入特性

（a）NPN 型晶体管；　（b）PNP 型晶体管

放大区的输入特性曲线略微受到 u_{CE} 的影响。$|u_{CE}|$ 增大时，集电结反偏加大，对基区中非平衡载流子的收集能力增强，基区载流子复合的概率减小，$|i_B|$ 略有下降。但 $|i_B|$ 下降的幅度很小，几乎可以忽略不计。

三、双极型晶体三极管的极限参数

为了维持电流放大倍数、导通电压（管压降）和饱和压降等参数的稳定及安全工作，晶体管的耗散功率、最大电流和耐受电压都有限度，如果超过限值，则晶体管的性能会恶化甚至管子会烧坏。在为电路选择晶体管时，我们需要认真参考管子的极限参数。比较重要的晶体管极限参数如下：

1.集电极最大允许耗散功率

当晶体管处于放大状态时，集电结反偏电压较大，集电极电流也较大，集电结有较大的耗散功率，产生大量热量，温度上升。温度过高会导致晶体管的参数变化超过规定范围，甚至导致管子损坏。晶体管安全工作允许的温度决定了集电极最大允许耗散功率，用 P_{CM} 表示。大功率晶体管经常通过安装散热片来降温，散热有助于提高 P_{CM}。

2.集电极最大允许电流

当晶体管的集电极电流较大时，会发生基区电导调制效应、基区展宽效应，等等，导致晶体管的电流放大倍数下降，当其下降到原来的 1/2 或 1/3 时，对应的集电极电流称为集电极最大允许电流，记为 I_{CM}。

3.集电极-发射极击穿电压

集电极-发射极击穿电压用 $U_{(BR)CEO}$ 表示，规定了基极开路时，允许加到集电极和发射极之间使集电结反偏的电压的最大值。如果反偏电压过大，集电结击穿会引起集电极电流剧增，使用中要注意这个问题。

四、温度对晶体三极管参数的影响

晶体管参数对温度十分敏感，这将严重影响到晶体管电路的热稳定性。受温度影响较大的参数有发射结电压 U_{BE}、反向饱和电流 I_{CBO} 和共发射极电流放大倍数 β。

1.温度对发射结电压 U_{BE} 的影响

U_{BE} 随温度升高而下降，体现在输入特性上曲线将左移，其变化规律是温度每升高 1℃，U_{BE} 减小 2~2.5 mV，即

$$\frac{\Delta U_{BE}}{\Delta T} = -2.5mV / ℃ \text{（为负温度系数）}$$

2.温度对反向饱和电流 I_{CBO} 的影响

温度升高，少数载流子增多，故 I_{CBO} 上升，其变化规律是，温度每上升 10℃，I_{CBO} 上升 1 倍。I_{CEO} 随温度的变化与 I_{CBO} 相同，体现在输出特性上曲线将上移。

3.温度对共发射极电流放大倍数 β 的影响

β 随温度升高而增大，其变化规律是，温度每升高 1℃，β 将增大 0.5%~1%，主要体现在输出特性上曲线间隔将增大。

总之，以上三个参数都会使集电极电流 I_c 随温度上升而增大，这将导致晶体管工作

不稳定，在应用中需要用电路设计克服温度不稳定性。

第五节 场效应管

场效应管制作工艺简单、集成度高，便于制作到集成电路中。场效应管与晶体管一起成为两类重要的半导体有源器件。

一、结型场效应管的工作原理、特性及参数

结型场效应管简记为 JFET，根据导电沟道是 N 型半导体还是 P 型半导体，又可以分为 N 沟道 JFET 和 P 沟道 JFET，其原理结构和电路符号如图 1-13 所示。

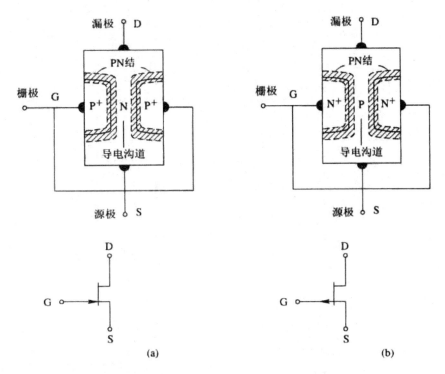

图 1-13 JFET 的原理结构和电路符号

（a）N 沟道 JFET； （b）P 沟道 JFET

从结构上看，N 沟道 JFET 是在一块 N 型半导体的两侧，通过高浓度扩散形成两个重掺杂的 P⁺区，得到两个 PN 结，PN 结中间的 N 型半导体形成导电沟道。P 沟道 JFET 的半导体材料结构则正好相反。两个重掺杂区接在一起，引出一个电极，称为栅极（G），导电沟道两端各自引出一个电极，分别称为源极（S）和漏极（D）。因为结构对称，源极和漏极可以互换使用。

1.工作原理

以 N 沟道 JFET 为例，如图 1-14（a）所示。当漏极和源极之间加上漏源电压 U_{DS} 时，N 型导电沟道中形成自上而下的电场，在该电场作用下，多子——自由电子产生漂移运动，形成漏极电流 I_D。当栅极和源极之间的栅源电压 U_{GS} 为零时，导电沟道最宽，I_D 最大，称为饱和电流，记作 I_{DSS}，当 U_{GS} 为负时，由于两个反偏的 PN 结都变厚，因此导电沟道变窄，沟道电阻变大，所以 I_D 变小。当 $|U_{GS}|$ 足够大时，PN 结的扩张导致导电沟道完全被夹断，结果 I_D 减小到零，此时的 U_{GS} 称为夹断电压，记为 $U_{GS(off)}$，所以 U_{GS} 的改变可以控制 I_D 的大小。因为反偏的 PN 结上仅有很微小的反向饱和电流，栅极电流 $I_G \approx 0$，所以场效应管的输入阻抗很大，源极电流 I_S 则和漏极电流 I_D 相等。为了保证 PN 结的反偏，并实现 U_{GS} 对 I_D 的有效控制，N 沟道 JFET 的 U_{GS} 不能大于零。

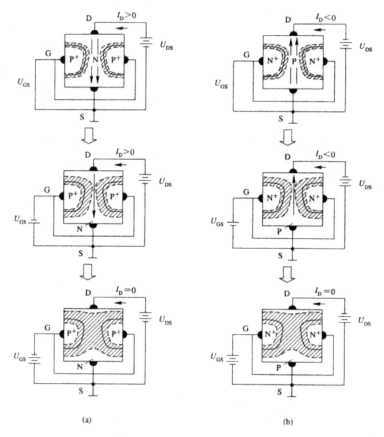

图 1-14　JFET 的工作原理

（a）N 沟道 JFET；（b）P 沟道 JFET

P 沟道 JFET 有类似的工作原理，如图 1-14（b）所示。由于 PN 结方向相反，所以外加电压也应该反向，U_{GS} 大于零以保证 PN 结的反偏，并控制空穴作为多子产生的漂移电流的大小，漂移电流的方向也与 N 沟道 JFET 相反。如果以 N 沟道 JFET 的电压电流方向作为正方向，则 P 沟道 JFET 的电压电流都取相反值。

2.特性曲线

场效应管的输出特性描述的是以栅源电压 u_{GS} 为参变量时，漏极电流 i_D 与漏源电压 u_{DS} 之间的关系，如图 1-15 所示。关系曲线的分布区域主要分为三部分，每部分曲线的特性不同。可以通过改变 u_{GS} 和 u_{DS}，使工作点位于不同的区域。

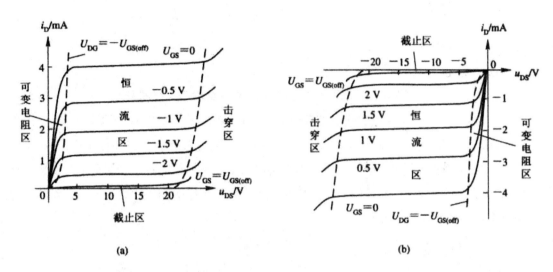

图 1-15 JFET 的输出特性

（a）N 沟道 JFET；（b）P 沟道 JFET

二、绝缘栅场效应管的工作原理

绝缘栅场效应管又称为金属氧化物半导体场效应管，记为 MOSFET，其栅极和导电沟道之间有一层很薄的 SiO_2 绝缘体，所以比 JFET 有更高的输入阻抗，并由于功耗低和集成度高的特点被广泛地应用到大规模集成电路中。根据结构上是否存在原始导电沟道，MOSFET 又可以分为增强型 MOSFET 和耗尽型 MOSFET。

如图 1-16（a）所示，在一块 P 型半导体衬底上，通过高浓度扩散形成两个重掺杂的 N^+ 区，分别引出电极得到源极 S 和漏极 D，衬底引出电极 B，两个 N^+ 区之间的衬底表面覆盖了 SiO_2 绝缘层，其上蒸铝，引出电极成为栅极 G，这样就制作出了 N 沟道增强型 MOSFET。P 沟道增强型 MOSFET 则是用 N 型半导体作衬底，在其上扩散形成两个 P^+ 区制作而成。

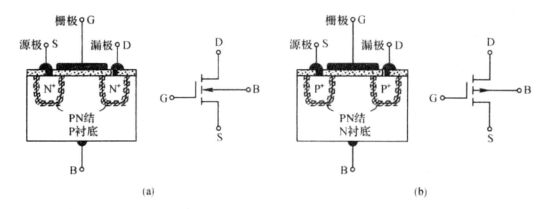

图 1-16 增强型 MOSFET 的原理结构和电路符号

（a）N 沟道增强型 MOSFET；（b）P 沟道增强型 MOSFET

增强型 MOSFET 在结构上不存在原始导电沟道，如果制作过程中通过离子掺杂，利用离子电场对空穴和自由电子的排斥与吸引，在紧靠绝缘层的衬底表面形成与重掺杂区同型的原始导电沟道，连通两个重掺杂区，就得到了耗尽型 MOSFET，其原理结构和电路符号如图 1-17 所示。

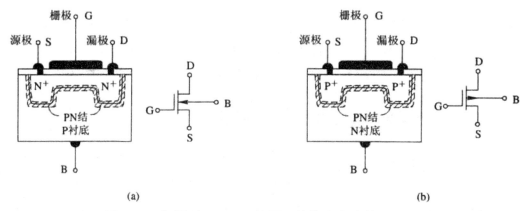

图 1-17 耗尽型 MOSFET 的原理结构和电路符号

（a）N 沟道耗尽型 MOSFET；（b）P 沟道耗尽型 MOSFET

工作原理：

图 1-18（a）所示的 N 沟道增强型 MOSFET 中，当栅源电压 U_{GS}=0 时，两个 N⁺区之间被两个 PN 结隔开，由于两个 PN 结反向，所以虽然有漏源电压 U_{DS}，但是漏极电流 I_D 始终为零。当 U_{GS}>0 时，栅极和 P 型衬底之间产生垂直向下的电场。在电场作用下，衬底上表面的多子——空穴被向下排斥，而衬底中的少子——自由电子则被吸引到表面处，结果该区域中的空穴数量减少，而自由电子的数量则增加。当 U_{GS} 足够大时，衬底上表面的自由电子浓度将明显超过空穴浓度，结果该区域从 P 型变成了 N 型，称为反型层。该反型层将两个 N⁺区连通，形成沿表面的导电沟道，与外电路构成回路，在 U_{DS} 的

作用下，产生 I_D。此时的 U_{GS} 称为开启电压，记为 $U_{GS(th)}$。此后，U_{GS} 进一步增大，导电沟道变宽，I_D 也将继续增大，所以改变 U_{GS} 可以控制 I_D 的大小。由于绝缘层的存在，栅极电流 $I_G=0$，所以输入阻抗极大，源极电流 I_S 则和漏极电流 I_D 相等，反偏的 PN 结使得衬底电流 $I_B \approx 0$。

因为存在原始导电沟道，所以 N 沟道耗尽型 MOSFET 在 $U_{GS}=0$ 时就存在 $I_D=I_{D0}$。U_{GS} 的增大将加宽导电沟道的宽度，从而增大 I_D。当 $U_{GS}<0$ 时，其在反型层中产生的电场与掺杂离子产生的电场反向，总电场减弱，从而导电沟道变窄，I_D 变小。直到 $|U_{GS}|$ 足够大时，导电沟道消失，$I_D=0$。此时的 U_{GS} 亦称为夹断电压，同样记为 $U_{GS(off)}$。读者可以参照图 1-18（b）自行分析 P 沟道 MOSFET 的工作原理。

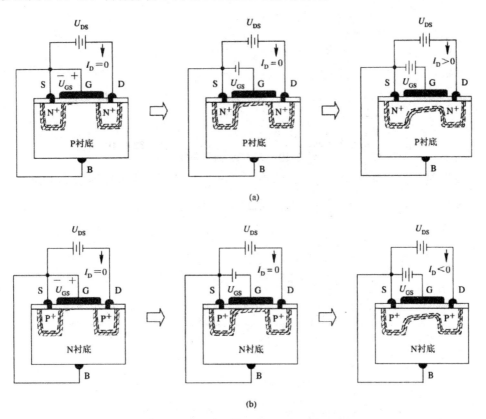

图 1-18　增强型 MOSFET 的工作原理

（a）N 沟道增强型 MOSFET；　（b）P 沟道增强型 MOSFET

三、CMOS 场效应管

CMOS 场效应管即互补增强型场效应管，它由一个 P 沟道 MOSFET（PMOS 管）和一个 N 沟道 MOSFET（NMOS 管）串联而成，如图 1-19 所示。其中，PMOS 管的衬底接最高电位（如接 U_{DD}），且与其源极短路，NMOS 管的衬底接最低电位（如接地），也与其源极短路。因为衬底与源极之间电压为零，所以，CMOS 场效应管不存在背栅效应，这是其优点之一。

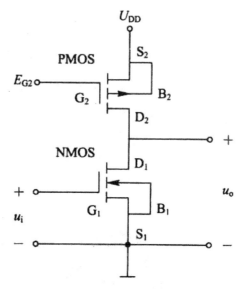

图 1-19　CMOS 场效应管

在同一衬底上，如 P 型半导体上制作 PMOS 管和 NMOS 管时，必须为 PMOS 管制作一个称为"阱"的 N 型半导体"局部衬底"，如图 1-20 所示。

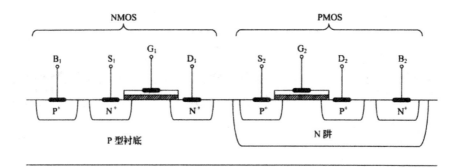

图 1-20　带 N 阱的 CMOS 场效应管

CMOS 场效应管构成的电路最突出的优点是静态功耗特别小，故已成为大规模数字集成电路的主流工艺。在数模混合集成电路中，CMOS 场效应管构成的单级放大器的放大倍数可以高达上千倍，工作频率可达几兆赫，所以，CMOS 场效应管的特性与应用必须给予足够重视。

四、双极型晶体三极管与场效应管的对比

晶体管和场效应管的区别主要有三个方面。

首先，晶体管中自由电子和空穴同时参与导电，又称为双极型器件。NPN 型晶体管的集电极和发射极电流主要是自由电子电流，而基极电流主要是空穴电流；PNP 型晶体管的集电极和发射极电流主要是空穴电流，而基极电流主要是自由电子电流。由于导电主要依靠基区中非平衡少子的扩散运动，所以，晶体管的导电能力容易受环境因素（如温度）的影响。在场效应管中只有一种载流子参与导电，N 沟道场效应管中是自由电子；P 沟道场效应管中是空穴，所以场效应管又称为单极型器件。由于导电依靠导电沟道中多子的漂移运动，所以，场效应管的导电能力不容易被环境因素干扰。

晶体管在放大区和饱和区存在一定的基极电流，有较小的输入电阻。在场效应管中，JFET 的栅极进去的 PN 结反偏，MOSFET 用 SiO_2 绝缘层隔离了栅极和导电沟道，所以场效应管的栅极电流很小，输入电阻极大。

场效应管的漏极和源极结构对称，可以互换使用。晶体管的集电区和发射区虽然是同型的杂质半导体，但掺杂浓度不同，结构也不对称，不能互换使用。

晶体管是电流控制电流输出器件，而场效应管是电压控制电流输出器件。从电流方程上看，晶体管的输出电流与输入电压是指数关系，场效应管则是平方率关系。用作放大器时，晶体管的放大能力优于场效应管。

第六节　双极型晶体三极管与场效应管的低频小信号模型

晶体三极管和场效应管都是非线性有源器件，但是对放大电路而言，只要直流偏置电路设置正确，且信号较小，就可以使器件始终工作在放大区或恒流区的一个小范围内。在这个范围，器件特性可视为"线性"，适用信号的线性叠加原理，各极电流电压均在直流分量上叠加一个小的交流分量。对于这个小的交流分量，即器件各极电流电压变化量之间的关系可用一个交流小信号模型来近似等效并加以分析计算。在大多数工程应用中，在确保一定精度的前提下，可以尽量地简化器件模型，以实现工程上的快速估算和设计。

一、双极型晶体三极管的低频小信号简化模型

当交流信号频率比较低，忽略半导体体电阻和 PN 结电容时，则可以用图 1-21 所示的低频小信号简化模型来分析计算晶体管对交流信号的作用。该模型主要包括输入电阻、

受控源和输出电阻。

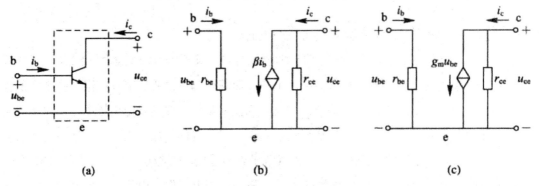

图 1-21　晶体管的低频小信号简化模型

（a）晶体管；（b）流控型模型；（c）压控型模型

1.输入电阻 r_{be} 体现了 u_{be} 通过发射结对云的控制作用。根据输入端直流、交流电压和电流的叠加关系，有

$$r_{be} = \frac{u_{be}}{i_b} = \frac{\partial i_E}{\partial i_B}\bigg|_Q = \frac{\partial i_E}{\partial i_B} \bullet \frac{\partial u_{BE}}{\partial i_E}\bigg|_Q = (1+\beta)r_e$$

式中：

$$r_e = \frac{\partial u_{BE}}{\partial i_E}\bigg|_Q = \frac{u_{be}}{i_E} \text{。}$$

因为 u_{be} 和 i_e 分别是发射结上的交流电压和交流电流，所以 r_e 代表发射结的交流电阻，参考二极管交流电阻的计算公式，有

$$r_e = \frac{U_T}{I_{EQ}}$$

式中：U_T 为热电压，I_{EQ} 为流过发射结的直流电流即发射极直流电流。

2.模型的受控源表现了晶体管对交流信号的放大作用。作为电流控制电流输出器件，受控源的输出是集电极交流电流 i_C，而控制信号是交流输入电流 i_b，此时的控制系数即为电流放大倍数β，这个受控源给出如图 1-21（b）所示的流控型模型。考虑到交流输入电压 u_{be} 对 i_b 的控制作用，也可以选择 u_{be} 作为 i_c 的控制信号，得到如图 1-21（c）所示的压控型模型。压控型模型的控制系数称为交流跨导，记为 g_m。有

$$g_m = \frac{i_e}{u_{be}} = \frac{\partial i_C}{\partial u_{BE}}\bigg|_Q = \frac{\partial i_C}{\partial i_B} \bullet \frac{\partial i_B}{\partial u_{BE}}\bigg|_Q = \frac{\beta}{r_{be}} \approx \frac{1}{r_e}$$

3.输出电阻 r_{ce} 与受控电流源并联，构成基于戴维南定理的等效电路，r_{ce} 的计算公式

为

$$r_{ce} = \frac{u_{ce}}{i_c}\bigg|_{ib=0} = \frac{\partial u_{CE}}{\partial i_C}\bigg|_{iB=I_{BQ},Q}$$

从几何意义上看，r_{ce} 是晶体管输出特性上 I_{BQ} 对应的输出特性曲线在直流静态工作点 Q 处切线斜率的倒数。由于基区宽度调制效应，如果晶体管在放大区的各条输出特性曲线延长，则会相交于横轴上一点，这个特点与场效应管类似。交点的电压大小也称为厄尔利电压，记为 U_A，如图 1-22 所示。因为 U_A 很大，所以有

$$r_{ce} = \frac{U_A + U_{CEQ}}{I_{CQ}} \approx \frac{U_A}{I_{CQ}}$$

r_{ce} 取值很大，一般从几十千欧到上百千欧，在很多情况下可以近似为开路，这大大地方便了晶体管受控源模型的应用和分析。

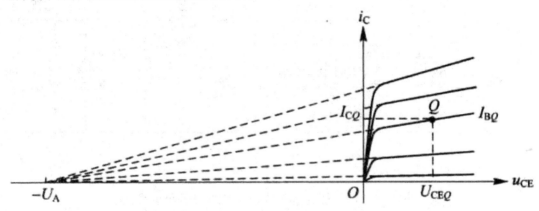

图 1-22　NPN 型晶体管的厄尔利电压

4.计入基区体电阻 $r_{bb'}$ 影响的低频小信号模型。如图 1-23 所示，由于基区很薄，且轻掺杂，电阻率高，体电阻 $r_{bb'}$ 大（约为几十欧至几百欧），当基极电流流过窄长的基区时，其压降不容忽视，故对图 1-22 的低频小信号模型要加以修正，增加一个内基极 b' 及 $r_{bb'}$，如图 1-24 所示。根据这个图，原来的 b 极改为 b'，输入电阻 r_{be} 应修正为

$$r_{be} = r_{bb'} + r_{b'e} = r_{bb'} + \frac{u_{b'e}}{i_b} = r_{bb'} + (1+\beta)\frac{u_{b'e}}{i_e}$$

式中：$u_{b'e}/i_e$ 计算的是发射结的交流电阻 r_e，所以

$$r_{be} = r_{bb'} + (1+\beta)r_e = r_{bb'} + (1+\beta)\frac{U_T}{I_{EQ}} \approx r_{bb'} + \beta\frac{U_T}{I_{CQ}}$$

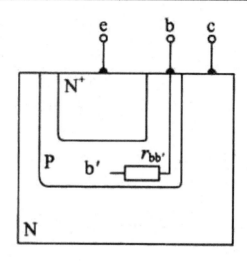

图 1-23 基区体电阻 $r_{bb'}$

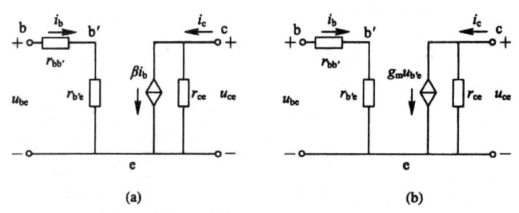

(a)   **(b)**

图 1-24   计入基区体电阻 rb 影响的低频小信号模型

（a）流控型模型； （b）压控型模型

二、场效应管的低频小信号简化模型

分析场效应管对交流信号的作用时，可以使用如图 1-25（a）所示的低频小信号简化模型。由于场效应管输入电阻极大，输入电流为零，所以在模型中把栅极开路，只保留受控源和输出电阻。

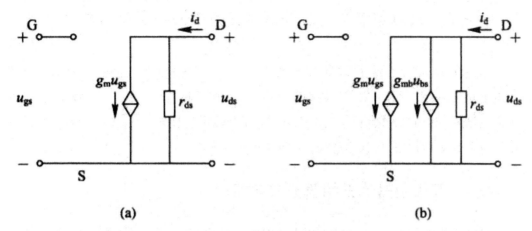

图 1-25 场效应管的低频小信号简化模型

（a）一般模型； （b）考虑背栅跨导时的模型

场效应管是电压控制电流输出器件，模型中用压控电流源表现交流信号的放大作用。

在栅源极电压 u_{gs} 的控制下，压控电流源输出漏极电流 i_d。控制系数为交流栅跨导 g_m，有

$$g_m = \frac{i_d}{u_{gs}} = \frac{\partial i_D}{\partial u_{GS}}\bigg|_Q$$

与晶体管模型中的 r_{ce} 类似，场效应管模型中的输出电阻 r_{ds} 也表现了漏源极电压 u_{ds} 对 i_d 的控制，几何意义是输出特性曲线在直流静态工作点 Q 处切线斜率的倒数。r_{ds} 的计算公式为

$$r_{ds} = \frac{u_{ds}}{i_d}\bigg|_{u_{gs}=0} = \frac{\partial u_{DS}}{\partial i_D}\bigg|_{u_{GS}=U_{GSQ,Q}} \approx \frac{U_A}{I_{DQ}}$$

式中：U_A 为厄尔利电压。r_{ds} 取值一般为几十千欧，在很多情况下可以视其为开路。

在集成电路制作中，如果某些管子的衬底与源极不短路，存在电压 u_{BS}，则需要考虑背栅效应。这时，场效应管的模型中需要添加一个受控源，表现 u_{BS} 对 i_D 的控制作用，如图 1-25（b）所示。其中的控制系数 g_{mb} 为背栅跨导：

$$g_{mb} = \frac{i_d}{i_d} = \frac{\partial i_D}{\partial u_{BS}}\bigg|_Q$$

第七节　双极型晶体三极管与场效应管的开关特性及其应用

作为放大器的核心器件，晶体管与场效应管总工作在放大区或恒流区，但是如果用作电子开关，晶体管和场效应管则必须工作在截止区（相当开关断开）、深度饱和区或可变电阻区（相当开关接通）。对开关管的要求是截止时漏电流小、导通时剩余电压小、导通电阻小及工作状态转换速度快，接近于理想开关。

一、双极型晶体三极管开关电路

用单个晶体管做电子开关的应用十分广泛，可用于以驱动发光二极管指示灯、继电器、微电机等部件。大功率开关管可用于开关稳压电源、D 类功率放大器等。

如图 1-26 所示，将负载串联在晶体管的集电极与电源之间。在控制信号 u_i 的作用下，当晶体管处于截止区时，集电极和发射极电流为零，相当于开关断开；当晶体管处于饱和区时，集电极和发射极之间呈现很小的饱和压降 $U_{CE(sat)}$，几乎全部的电源电压都在负载上，相当于开关接通。

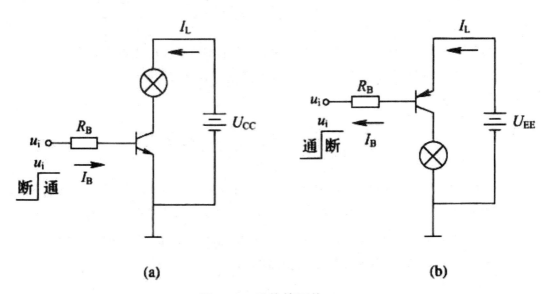

图 1-26　晶体管开关

（a）NPN 型晶体管开关；（b）PNP 型晶体管开关

假设负载的最大电流为 I_{Lmax}，为了让晶体管能够可靠地进入深度饱和，通常基极电流 I_B 应满足

$$I_B > K \frac{I_{Lmax}}{\beta}$$

式中：K 为饱和系数，通常取 3~5，某些大功率电路可以取 5~10。取较大的 K 值能够轻微降低 $U_{CE\,(sat)}$，但是开关速度将随之变慢。在电路中，R_B 是基极限流电阻，必不可少，否则会损坏器件。

二、MOS 管开关电路

MOS 管作为开关应用时更像数字电路，可以直接用逻辑电平驱动，而且无论负载电流的大小，都不需要前级电路提供电流来维持导通状态。如图 1-27（a）所示，NMOS 管处于截止区（$u_{GS}=0$）时漏极电流即负载电流 $i_L=0$，相当于开关断开；当 NMOS 管处于可变电阻区时（$u_{GS}>U_{GS\,(th)}$）导电沟道完全开启，漏极和源极之间呈现极小的电阻，相当于开关接通。用低电平 0V，高电平 10~15 V（约为 $U_{GS\,(th)}$ 的三倍）数字逻辑可以直接驱动 NMOS 管，是非常理想的压控开关。图 1-27（b）给出一个驱动加热丝的 NMOS 管开关电路，电阻 R_G 和二极管 VD 构成保护电路。万一控制信号 u_i 有一个很大的负电平，则 VD 导通，以免 NMOS 管击穿而损坏。

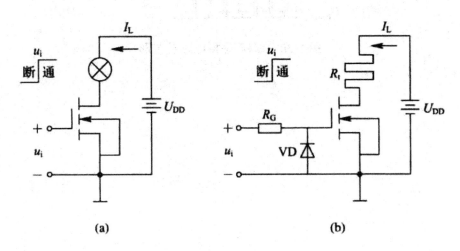

图 1-27　MOS 管开关

（a）NMOS 管开关；　（b）电热丝加热开关

三、取样/保持电路

在图 1-28 中，两个集成运放 A_1 和 A_2 都构成电压跟随器，起传递电压、隔离电流的作用。取样脉冲 u_s 控制 JFET 开关的状态。当取样脉冲到来时，JFET 处于可变电阻区，开关接通。此时，如果 $u_{o1}>u_C$，则电容 C 被充电，u_C 很快上升；如果 $u_{o1}<u_C$，则 C 放电，u_C 迅速下降，这使得 $u_{o1}=u_C$，而 $u_{o1}=u_i$，$u_o=u_C$，所以 $u_o=u_i$ 当取样脉冲过去时，$u_{GS}<U_{GS\,(off)}$，JFET 处于截止区，开关断开，u_C 不变，u_o 保持取样脉冲最后瞬间的 u_i 值。

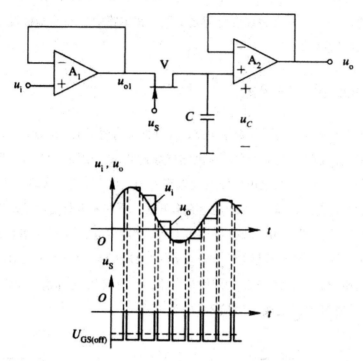

图 1-28　取样/保持电路及波形

第二章　简单模拟电子电路的制作

第一节　项目任务提出

模拟电子电路主要是对模拟信号进行处理的电路。它以半导体二极管、半导体三极管和场效应管为关键电子器件，主要包括功率放大电路、运算放大电路、反馈放大电路、信号运算与处理电路、信号产生电路、电源稳压电路等。

本项目主要介绍了贯穿本课程一个重要的辅助学习仿真软件——Multisim，并结合电子小夜灯的制作，让学生体会模拟电子电路的应用以提高学习该课程的兴趣，具备简单电子电路的仿真、装配及调试过程中的基本技能以为后续项目实施打下基础。

第二节　初识 Multisim 10 软件

一、Multisim 10 介绍

Multisim 10 是 NI 公司推出 Multisim 2001 之后的 Multisim 最新版本。Multisim 10 提供了全面集成化的设计环境，完成从原理图设计输入、电路仿真分析到电路功能测试等工作。当改变电路连接或改变元件参数，对电路进行仿真时，可以清楚地观察到各种变化对电路性能的影响。

1.Multisim 10 基本操作

（1）基本界面及设置

使用 Mutisim 10 前，应对 Multisim 10 基本界面进行设置。基本界面设置是通过主菜单中"选项"（Options）的下拉菜单进行的。

①单击主菜单中的"选项"命令，点击第一项"Global Preferences"，打开设置对话框，默认打开的"parts"选项下有两栏内容："放置元件方式"栏，建议选中"连续放置元件"；"符号标准"栏，建议选中"DIN"，即选取元件符号为欧洲标准模式。以上两项设置完成后按"确定"按钮退出。

②单击主菜单中的"选项"命令，选中下拉菜单中的第二项"Sheet Properties"，对

话框默认打开的是"电路"选项页，它的"网络名字"栏中默认的选项为"全显示"，建议选择"全隐藏"，然后点击"确定"按钮退出。

（2）文件基本操作

与 Windows 常用的文件操作一样，Multisim 10 中也有：New-新建文件、Open-打开文件、Save-保存文件、Save As-另存文件、Print-打印文件、Print Setup-打印设置和 Exit-退出等相关的文件操作。这些操作可以在菜单栏"文件"（File）子菜单下选择命令完成，也可以应用快捷键或工具栏的图标完成。

（3）元器件基本操作

常用的元器件编辑功能有：90 Clockwise-顺时针旋转 90°、90 Counter CW-逆时针旋转 90°、Flip Horizontal-水平翻转、Flip Vertical-垂直翻转、Component Properties-元件属性等。这些操作可以在菜单栏"编辑"（Edit）子菜单下选择命令，同时也可以应用快捷键进行操作。

（4）文本基本编辑

对文字注释方式有两种：直接在电路工作区输入文字或者在文本描述框输入文字。两种操作方式有所不同：

①电路工作区输入文字。

单击 Place/Text 命令或使用 Ctrl+T 快捷操作，然后用鼠标单击需要输入文字的位置，输入需要的文字，用鼠标指向文字块，单击鼠标右键，在弹出的菜单中选择 Color 命令，选择需要的颜色，双击文字块，可以随时修改输入的文字。

②文本描述框输入文字。

利用文本描述框输入文字不占用电路窗口，可以对电路的功能、实用说明等进行详细的说明，可以根据需要修改文字的大小和字体。单击 View/Circuit Description Box 命令或使用快捷操作 Ctrl+D，打开电路文本描述框，在其中输入需要说明的文字，可以保存和打印输入的文本。

对图纸标题的编辑方式：单击 Place/Title Block 命令，在打开对话框的查找范围处指向 Multisim/Title Blocks 目录，在该目录下选择一个*.tb7 图纸标题栏文件，放在电路工作区，用鼠标指向文字块，单击鼠标右键，在弹出的菜单中选择 Properties 命令按钮。

（5）子电路创建

子电路是用户自己建立的一种单元电路，将子电路存放在用户器件库中，可以反复调用并使用子电路。利用子电路可使复杂系统的设计模块化、层次化，可增加设计电路的可读性、提高设计效率、缩短设计周期。

创建子电路的工作需要四个步骤：选择、创建、调用、修改。

①子电路创建：单击 Place/Replace by Subcircuit 命令，在屏幕出现 Subcircuit Name 的对话框中输入子电路名称 subl，单点 OK，选择电路复制到用户器件库，同时给出子电路图标，完成子电路的创建。

②子电路调用：单击 Place/New Subcircuit 命令或使用 Ctrl+B 快捷操作，输入已创建的子电路名称 subl，即可使用该子电路。

③子电路修改：双击子电路模块，在出现的对话框中单击 Edit Subcircuit 命令，屏幕显示子电路的电路图，直接修改该电路图。

子电路的输入/输出：为了能对子电路进行外部连接，需要对子电路添加输入/输出。单击 Place/HB/SB Connecter 命令或使用 Ctrl+I 快捷操作，屏幕上出现输入/输出符号，将其与子电路的输入/输出信号端进行连接。带有输入/输出符号的子电路才能与外电路连接。

子电路选择：把需要创建的电路放到电子工作平台的电路窗口上，按住鼠标左键，拖动，选定电路。被选择电路的部分由周围的方框标示，以完成子电路的选择。

2.Multisim 10 电路创建

Multisim 电路仿真的过程包括六个步骤：建立电路文件；元器件库中调用所需的元器件；电路连接及导线调整；为电路增加文本，连接仿真仪器；进行电路仿真。

（1）元器件操作

①选择元器件。

在元器件栏中单击要选择的元器件库图标，打开该元器件库。常用元器件库有 13 个：信号源库、基本元件库、二极管库、晶体管库、模拟器件库、TTL 数字集成电路库、CMOS 数字集成电路库、其他数字器件库、混合器件库、指示器件库、其他器件库、射频器件库、机电器件库。

②选中元器件：在打开的元器件库中，用鼠标点击元器件，可选中该元器件。

③元器件操作：在原理图编辑窗中，选中元器件，单击鼠标右键，在菜单中出现操作命令。

④元器件特性参数。

双击该元器件，在弹出的元器件特性对话框中，可以设置或编辑元器件的各种特性参数。元器件不同每个选项下将对应不同的参数。

例如：NPN 三极管的选项为：

Label——标识

Display——显示

Value——数值

Pins——管脚

（2）Multisim 10 操作界面

Multisim 10 的 12 个菜单栏包括了该软件的所有操作命令，从左至右为：File（文件）、Edit（编辑）、View（视图）、Place（放置）、MCU、Simulate（仿真）、Transfer（文件转换）、Tools（工具）、Reports（报表）、Options（选项）、Window（窗口）和 Help（帮助）。

二、叠加定理仿真验证

1.叠加定理原理图

叠加定理实验电路如图 2-1 所示，按图中电路绘制 Multisim 仿真电路图。

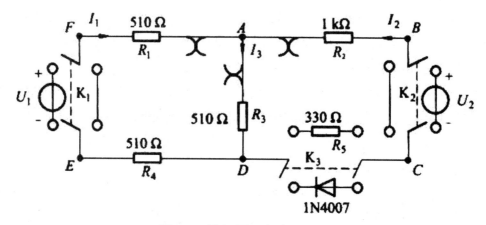

图 2-1　叠加原理电路原理图

（1）将两路稳压源的输出分别调节为 6V 和 12V，接入 U_2=6V 和 U_1=12V 处。

（2）令 U_1 电源单独作用（将开关 K_1 投向 U_1 侧，开关 K_2 投向短路侧），用直流数字电压表和毫安表（接电流插头）测量各支路电流及各电阻元件两端的电压，数据记入表中。

（3）令 U_2 电源单独作用（将开关 K_1 投向短路侧，开关 K_2 投向 U_2 侧），重复实验步骤（2）的测量和记录，数据记入表中。

（4）令 U_1 和 U_2 共同作用（开关 K_1 和 K_2 分别投向 U_1 和 U_2 侧），重复上述的测量和记录，数据记入表中。

（5）将 R_5（33002）换成二极管 1N4007（即将开关 K_3 投向二极管 IN4007 侧），重复 1~4 的测量过程，数据记入表中。在表中电流的单位为毫安（mA），电压的单位为伏特（V）。

2.仿真电路图绘制

按如图 2-1 所示画出仿真电路图，XMMI~XMM3 是把万用表当电流表用，分别测量 11~1s，XMM4~XMM9 是把万用表当电压表用，测量表中的各电压值，万用表笔的接入要注意极性，各元器件及仪表的调用、编辑和设置方法如下：

（1）调用直流电压源

点击 Place/Component，在 Group 下拉窗口中选择 Source，在 Component 栏选择 DC_power，点击 OK，该直流电压源就跟随鼠标移动，把鼠标移动到电路工作区合适位置，点击鼠标左键就可得到一个直流电压源，同样操作得到另一个直流电压源。

用鼠标双击 V1 电源，出现选项卡，点击 Label，在 RefDes 下面方框中把 V1 改为 U1，点击 OK 按钮，就可以把电源 V1 的名称改为 U1。

用鼠标双击 V2 电源，同样在选项卡上点击 Label，在 RefDes 下面方框中把 V2 改为 U2，选项卡点击 Value，Voltage（V）右边方框中把 12 改为 6，然后点击 OK 按钮，就可把电源 V2 的名称改为 U2，电压值改为 6V。其他元件编辑方法与此类似。

元器件可以根据需要进行移动和翻转，点击选中后鼠标左键拖动就可以移动该器件，选中鼠标右键就可以选择翻转的方向，圈内从上到下依次为水平翻转、垂直翻转、顺时针 90°翻转和逆时针 90°翻转。

（2）从元件库调用电阻

点击菜单 Place/Component，在选择界面 Group 下拉窗口中选择 Basic/RESISTOR，在 Component 栏选择电阻值，比如 510，点击 OK，该电阻就随鼠标移动，把鼠标移动到电路工作区合适位置，点击鼠标左键就可得到一个电阻，同样操作得到另外四个电阻。

（3）从元件库调用二极管

点击菜单 Place/Component，在选择界面 Group 下拉窗口中选择 Basic/Diodes，在 Component 栏选择 1N4007，点击 OK，该二极管就随鼠标移动，把鼠标移动到电路工作区合适位置，点击鼠标左键就可得到一个二极管。

（4）元件库调用单刀双掷开关

点击菜单 Place/Component，在选择界面 Group 下边 Family 窗口中选择 SWITH，在 Component 栏选择 SPDT，点击 OK，该开关就跟随鼠标移动，把鼠标移动到电路工作区合适位置，点击鼠标左键就可得到一个开关，同样操作得到另外五个开关。

（5）单刀双掷开关的编辑

双击单刀双掷开关 J1，在选项卡上点击 Label，在 RefDes 下面方框中把原来调用时自动给的名称 J1 改为 S11，点击 Value，在 Key for Switch 右边的下拉窗口中选择 A，按 OK 按钮，就可以得到一个名字为 S11、由键盘 A 键控制的单刀双掷开关，当然，用鼠标直接点击该开关也可以控制它接通的方向，其他五个开关编辑方法一样。

（6）从仪器表栏中调用万用表及设置的方法

①仪器仪表的图标比较小，鼠标停留在该图标上就会自动显示其英文名字，像选元件一样，点击图标就可以选用该仪器，由于万用表在一个仿真电路文件中没有量程限制，因此，在需要测量的电压或电流的地方都接上一个万用表。

②万用表有测量交、直流电压、电流，还可以测量电阻等功能，点击工作区 XMMI 万用表，出现设置界面，在界面按下"A"和"_"按钮，该表就可以测量直流电流，如按下"V"按钮，就可以测量直流电压，设置方法很直观，其他万用表根据测量值很容易设置完成。

（7）电路图的连接

在电路工作区拖动各元件和万用表到合适的位置，布局安排好后就可以画连接线，点击元件管脚，移动鼠标到另外要接线的管脚，再点击鼠标左键，就可以画上连接线了，最后就可以得到总电路图。

第三节　电子电路的整体装配

一、电子产品装配工艺

（一）电子产品整机装配的准备工艺

电子产品整机装配的准备工作主要包括技术资料的准备、相关人员的技术培训、生产组织管理、准备装配工具和设备、整机装配所需的各种材料的预处理。而整机装备的准备工艺，往往是指导线、元器件、零部件预先加工处理，如导线端头加工、屏蔽线的加工、元器件的检验及成形等处理。

1.导线的加工

（1）下料

按工艺文件导线加工表中的要求，用斜口钳或下线机等工具对所需导线进行剪切。下料时应做到：长度准，切口整齐不损伤导线及绝缘皮（漆）。截剪的导线长度允许有5%~10%的正误差，不允许有负误差。在截剪导线的过程中要注意保护好绝缘层，绝缘层已损坏的不能再采用，线芯已锈蚀的也不能采用。

（2）剥头

将绝缘导线的两端用剥线钳等工具去掉一段绝缘层而露出线芯的过程称为剥头。剥头长度一般为 10~12 mm，剥头时应做到：绝缘层剥除整齐，线芯无损伤、断股等。

（3）捻头

对多股线芯，剥夺头后用镊子或捻头机将松散的线芯绞合整齐称为捻头。捻头时应适度松紧（其螺旋角一般在 30°~45°），不卷曲、不断股。如果线芯有涂漆层，应先将涂漆层去除后再捻头。

（4）搪锡

为了提高导线的可焊性，防止虚焊、假焊，要对导线进行搪锡处理。搪锡即把经前三步处理的导线剥头插入锡锅中浸锡，若导线数量很少时可用电烙铁给导线端头上锡。采用锡锅浸锡，将捻好的导线蘸上助焊剂，垂直插入熔化的锡锅中，并且使浸渍层与绝缘层之间留有 1~3mm 的间隙，待浸润后取出，浸锡时间为 1~3s 为宜。

用电烙铁上锡时，将捻好头的导线放在松香上，电烙铁上锡后对端头进行加热，同时慢慢转动导线，待整个端头都搪上锡即可。

搪锡注意事项：绝缘导线经过剥头、捻线后应尽快搪锡；搪锡时应把剥头先浸助焊剂，再浸焊锡；浸焊时间以 1~3s 为宜；浸焊后应立刻放入酒精中散热，以防止绝缘层收缩或破裂；被搪锡的表面应光滑明亮，无拉尖和毛刺，焊料层薄厚均匀，无残渣和焊剂黏附。

（5）做标记

简单的电子设备由于所用导线较少，可以通过绝缘导线的颜色来区分导线。复杂的电子设备由于使用的绝缘导线有很多根，需要在导线两端做上线号、色环或采用套管打印标记等方法来加以区分，绝缘导线的标记方法如图 2-2 所示。

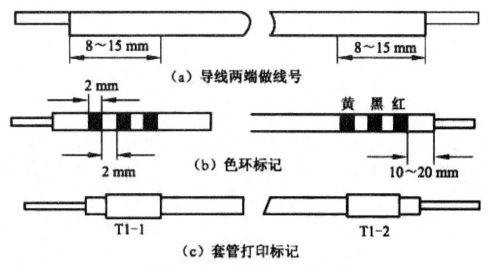

图 2-2　绝缘导线的标记方法

2.元器件引线加工

为了便于安装和焊接元器件，在安装前，要根据其安装位置的特点及技术要求，预先把元器件引线弯成一定的形状，并进行搪锡处理。

（1）元器件引线的成形要求

电子元器件引线的成形主要是为了满足安装尺寸与印制电路板的配合等要求。手工插装焊接的元器件引线加工形状如图2-3所示。图2-3（a）所示为轴向引线元器件卧式插装方式，图中 L_a 为两焊盘间距离，I_a 为元器件体的长度，d_a 为元器件引线的直径或厚度，图2-3（b）所示为竖式（立式）插装方式。

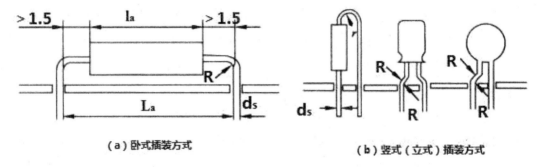

（a）卧式插装方式　　　　　　　（b）竖式（立式）插装方式

图 2-3　元器件引线加工形状

需要注意的事项如下：

①引线不应在根部弯曲，至少要离根部 1.5mm 以上；

②弯曲处的圆角半径 R 要大于两倍的引线直径；

③弯曲后的引线要与元器件体本体垂直，且与元器件中心位于同一平面内；

④元器件的标志符号应方向一致，便于观察。

（2）电子元器件引线成形的方法

目前，元器件引线的成形主要有专用模具成型、专用设备成形、一般元器件的引线成型以及手工用尖嘴钳进行简单加工成形等方法。其中，模具手工成形较为常用，图2-4所示为引线成形的模具。模具的垂直方向开有供插入元器件引线的长条形孔，孔距等于格距。将元器件的引线从上方插入条形孔后，再插入插杆，引线即成型。用这种方法加工的引线成形的一致性比较好。另外，也可用尖嘴钳加工元器件引线，集成电路的引线，使用尖嘴钳加工元器件引线时，最好把长尖嘴钳的钳口加工面圆弧形，以防在引线成形时损伤引线。

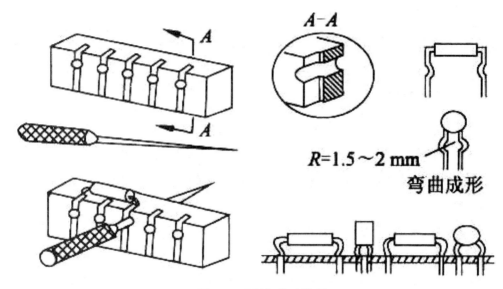

图 2-4　引线成形模具

（3）元器件引线的浸锡

元器件引线在出厂前一般都进行了处理，多数元器件引线都浸了锡铅合金，有的镀了锡，有的镀了银。如果引线的可焊性较差就需要对引线进行重新浸锡处理。

①浸锡前对引线的处理——刮脚

手工刮脚的方法：在距离元器件根部 2~5mm 处，沿着元器件的引线方向逐渐向外刮，并且要边刮边转动引线，直到将引线上的氧化物或污物刮净为止。

手工去除氧化层时应注意以下几点：

A.原有的镀层尽量保留；

B.应与引线的根部留出 2~5mm 的距离；

C.勿将元器件引线刮伤、切伤或折断，并及时进行浸锡（从去除氧化层到浸锡时间一般不超过 1 h）。

②对引线浸锡方法

A.手工上锡：将引线蘸上焊剂，然后用带锡的电烙铁给引线上锡；

B.锡锅浸锡：将引线蘸上焊剂，然后将引线插入锡锅中浸锡。

如图 2-5 所示，从除去氧化层到进行浸锡的时间一般不要超过 1h。浸锡后立即将元器件引线浸入酒精进行散热。浸锡时间要根据引线的粗细来掌握，一般在 2~3s 为宜。若时间太短，引线未能充分预热，易造成浸锡不良；若时间太长，大量热量传到器件内部，容易造成元器件损坏。

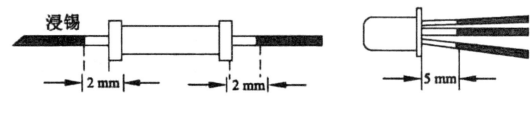

图 2-5　对引线浸锡

有些晶体管和集成电路或其他怕热的元器件，在浸锡时应当用易散热工具夹持其引线的上端。这样可以有效防止大量热量传导到元器件的内部。经过浸锡的元器件引线，其浸锡层要牢固均匀、表面光滑、无毛刺、无孔状、无锡瘤等。

3.屏蔽导线及电缆线的加工

（1）屏蔽导线端头去除屏蔽层的长度

为了防止电磁干扰而采用屏蔽线。屏蔽线是在导线外再加上金属屏蔽层而构成。在对屏蔽线端头加工时应选用尺和剪刀（或斜口钳）剪下规定尺寸的屏蔽线。导线长度允许有 5%~10%的正误差，不允许有负误差。在对屏蔽导线端头进行端头处理时应注意去除的屏蔽层不能太长，否则会影响屏蔽效果。一般去除的长度应根据屏蔽线的工作电压而定，如 600V 以上时，可去除 20~30mm。

（2）屏蔽导线屏蔽接地端的处理

为使屏蔽导线有更好的屏蔽效果，剥离后的屏蔽层应可靠接地。屏蔽层的接地线制作通常有以下几种方式：

①直接用屏蔽层制作

在屏蔽导线端部附近把屏蔽层编织线推成球状，在适当位置拨开一小孔，挑出绝缘线，然后把剥脱的屏蔽层整形、捻紧并浸锡。注意，浸锡时要用尖嘴钳夹住，否则会向上浸锡，形成很长的硬结。

②屏蔽层上绕制或焊接铜导线制作地线

A.绕制铜导线制作地线。在剥离出的屏蔽层下面缠绸布 2~3 层，再用直径为0.5~0.8mm 的铜导线的一端密绕在屏蔽层端头，宽度为 2~6 mm。然后，将铜导线与屏蔽层焊牢后，将铜导线空绕一圈并留出一定的长度用于接地。

B.焊接绝缘导线制作地线。有时并不剥脱屏蔽层，而是在剪除一段金属屏蔽层后，选取一段适当长度的导电良好的导线焊牢在金属屏蔽层上，再用套管或热塑管套住焊接处，以保护焊点。

③低频电缆与插头、插座的连接

低频电缆常作为电子产品中各部件的连接线，用于传输低频信号。首先根据插头、插座的引角数目选择相应的电缆，电缆内各导线也应进行剥头、捻线、搪锡的相关处理，然后对应焊到引角上。注意已安好的电缆线束在插头、插座上不能松动。电缆线束的弯曲半径不得小于线束直径的两倍，在插头、插座根部的半径不得小于线束直径的五倍，以防止电缆折损。

A.非屏蔽电缆在插头、插座的安装。将电缆外层的棉织纱套前去适当一段，用棉线绑扎，并涂上清漆，套上橡皮圈。

拧开插头上的螺钉，拆开插头座，把插头座后环套在电缆上，将电缆的每一根导线套上绝缘套管或热塑管，再将导线按顺序焊到各焊片上，然后将绝缘套管或热塑管推到焊片上。最后安装插头外壳，拧紧螺钉，旋好后环。

B.屏蔽电缆线在插头、插座上的安装。将电缆线的屏蔽层剪去适当一段，用浸蜡棉线或亚麻线绑扎，并涂上清漆。拧开插头上螺钉，拆开插头座，把插头座后环套在电缆上，然后将一金属圆垫圈套过屏蔽层，并把屏蔽层均匀地焊到圆垫圈上。将电缆的每一根导线套上绝缘套管或热塑管，再将导线按顺序焊到各焊片上，然后将绝缘套管或热塑管推到焊片上。再安装插头外壳，拧紧螺钉，旋好后环，最后再在后环外缠绵线或亚麻线，并涂上清漆。

④扁电缆线的加工

扁电缆线又称带状电缆，是由许多根导线结合在一起、相互之间绝缘、整体对外绝缘线的一种扁平带状多路导线的软电缆，是应用很广的柔性连接。剥去扁电缆线的绝缘层需要专门的工具和技术，也可以用偏嘴钳剥扁电缆的绝缘层，注意不要伤线芯。扁电缆线与电路板的连接常用焊接法或用固定夹具。

⑤绝缘同轴射频电缆的加工

因射频电缆中流经芯线的电流频率很高，所以加工时应特别注意线芯与金属屏蔽层的径向距离。如果线芯不在屏蔽层的中心位置，则会造成特性阻抗变化，信号传输受损。因此，在加工前及加工中，必须注意，千万不要损坏电缆的结构。焊接在射频电缆上的插头或插座要与射频电缆相匹配，如 50Ω 的射频电缆应焊接在 50Ω 的射频插头上，焊接处线芯应与插头同心。

4.线把的扎制

电子产品的电气连接主要依靠各种规格的导线来实现。较复杂的电子产品的连线较多，若把它们合理分组，扎成各种不同的线把（也称线束、线扎），不仅美观，占用空间少，还保证了电路工作的稳定性，且更便于检查、测试和维修。

（1）线束的分类

根据线束的软硬程度，线束可分为软线束和硬线束两种。具体使用哪一种线束，则由电子产品的结构和性能来决定。

①软线束

软线束一般用于产品中各功能部件之间的连接，由多股导线、屏蔽线、套管及接线连接器等组成，无须捆扎，只要按导线功能进行分组或将功能相同的线用套管套在一起。

②硬线束

硬线束多用于固定产品零、部件的连接。它是按产品需要将多根导线捆扎成固定形状的线束，这种线束必须有实样图。

（2）线把（线束）扎制常识

①线束扎制

线束扎制应严格按照工艺文件（线束图）要求进行。线束图主要包括线束视图和导线数据表及附加的文字处理说明等，是按线束比例绘制的。在实际制作时，要按图放样制作胎模具。

②线束的走线及扎制要求

A.输入/输出线尽量不要排在同一线束内，并要与电源线分开，防止信号受到干扰。若必须排在一起时，需使用屏蔽导线。

B.传输高频信号的导线不要排在线束内，以防止的干扰其他导线中的信号。

C.接地点尽量集中在一起，以保证它们是可靠的同电位。

D.导线束不要形成环路，以防止磁力线通过环形线，产生磁、电干扰。

E.线束应远离发热体，并且不要在元器件上方走线，以免发热元器件破坏导线绝缘层及增加更换元器件的困难。

F.轧制的导线长短要合适，排列要整齐。从线束分支处到焊点之间应有一定的余量，若太紧，则有振动时可能会把导线或焊盘拉断；若太松，不仅浪费，而且会造成空间零乱。

G.尽量走最短距离的连线，拐弯处走直角，尽量在同一平面内走线，以便于固定线束。另外，每一线束中至少有两根备用线，备用线应选线束中长度最长、线径最粗的导线。

③常用的几种扎线方法

A.线绳捆扎。线绳捆扎所用的线绳有棉线、尼龙线和亚麻线等，捆扎之前可放到石蜡中没一下，以增加导线的摩擦因数，防止松动。

对于带有分支点的线束，应将线绳在分支拐弯处多绕几圈，起加固作用。

B.专用线扎搭扣捆扎。由于线搭扣使用非常方便，所以，在现在的电子产品中常用线扎搭扣捆扎线束。用线扎搭扣时应注意，不要拉得太紧，否则会弄伤导线，且线扎搭扣拉紧后，应剪掉多余部分。线扎搭扣的种类很多，用线扎搭绑扎导线比较简单，更换导线也方便，线束也很美观，但搭扣只能使用一次。

C.用黏合剂黏合。当导线的数目很少时，可用黏合剂四氢化呋喃黏合成线束，因黏合剂易发挥，所以涂抹要迅速，且黏上后不要马上移动，约经过 2 min 待黏合剂凝固后再移动。

D.用塑料线槽排线。对于大型电子产品，为了使机柜或机箱内走线整齐，便于查找和维修，常用塑料线槽排线。将线槽按要求固定在机柜或机箱上，线槽上下左右有很多出线孔，只要将不同方向的导线依次排入槽内，盖上槽盖即可。

以上几种线束（线把）的特点：用线绳捆扎，经济但效率低；用线扎搭扣捆扎只能一次性使用；用线槽比较方便，但比较贵，也不适宜小产品；用黏合剂黏合较经济，但不适宜导线较多的情况，且换线不便。实际中采用何种线束，应根据实际情况选择。

（二）电子产品整机装配工艺

电子产品组装的目的，是以较合理的结构安排，最简化的工艺实现整机的技术指标，快速有效地制造出稳定可靠的产品。

1.组装的特点及技术要求

（1）组装的特点

电子产品属于技术密集型产品，组装电子产品的主要特点：组装工作是由多种基本技术构成的。例如，元器件的筛选与引线成形技术、线材加工处理技术、焊接技术、安装技术、质量检验技术等。

在很多情况下，装配操作难以进行定量分析，如焊接质量的好坏，插接、螺纹连接、黏结，印制电路板、面板以及机壳等的装配质量，常以目测判断或以手感鉴定等。因此，掌握正确的安装方法是十分必要的，切勿养成随心所欲的操作习惯。

（2）组装技术要求

元器件的标志方向应按照图样规定的要求，安装后能看清元器件上的标志。若装配图上没有指明方向，则应是标志向外易于辨认，并按照从左到右，从上到下的顺序读出。

安装元器件的极性不能按错，安装高度应符合规定要求，同一规格的元器件应尽量安装在同一高度上。

安装顺序一般为先低后高、先轻后重、先易后难、先一般元器件后特殊元器件。

元器件在印制电路板上的分布应尽量均匀，疏密一致，排列整齐美观。不允许斜排、立体交叉和重复排列。元器件外壳和引线不能相碰，要保证 1mm 左右的安全间隙。

元器件的引线直径与印制焊盘以应有 0.2~0.4mm 的合理间隙。

一些特殊元器件的安装处理，MOS 集成电路的安装应在等级电位工作台上进行，以免静电损坏器件。发热元器件（如 2W 以上电阻器）要与印制电路板保持一定的距离，不允许贴板安装，较大元器件的安装（质量超过 28g）应采取绑扎、粘固、支架固定等措施。

对于防振要求高的元器件适用于卧式贴板安装。

2.电子产品的组装方法

电子产品的组装在生产过程中占去大量时间，目前，电子产品的组装方法，从组装原理上可分为以下三种。

（1）功能组装法

功能组装法是将电子产品的一部分放在一个完整的结构部件内。该部件能完成变换或形成信号的局部任务（某种功能），这种方法能得到在功能上和结构上都较完整的部件，从而便于生产、检验和维护。不同的功能部件有不同的外形结构、体积、安装尺寸和连接方法，很难作出统一的规定，这种方法将降低整个产品的组装密度。此方法适用于以分立元器件为主的产品组装。

（2）组件组装法

组件组装法是制造一些外形尺寸上和安装尺寸上都要统一的部件，这时部件的功能将退居次要地位。这种方法是针对统一电气安装及提高安装密度而建立起来的。根据实际需要可分为平面组件法和分层组件法。此法多用于组装以集成器件为主的产品。

（3）功能组件组装法

功能组件法是兼顾功能组装法和组件法的特点，制造出既有功能完整性又有规范化的结构尺寸的组件。微型电路的发展，导致组装密度进一步增大，以及可能有更大的结构余量和功能余量。因此，对微型电路进行结构设计时，要同时遵从功能原理和组件原理。

3.电子产品组装的连接方法

电子产品电气连接主要采用印制导线连接，导线、电缆，以及其他电导体等方式进行连接。

（1）印制导线连接法

印制导线连接法是元器件间通过印制电路板的焊盘把元器件焊接（固定）在印制电路板上，利用印制导线进行连接。目前，电子产品的大部分元器件都是采用这种连接方式进行连接。但对体积过大、质量过大以及有特殊要求的元器件，则不能采用这种方式，因为印制电路支撑力有限、面积有限。为了避免受震动、冲击的影响，保证连接质量，对较大的元器件，有必要考虑固定措施。

（2）导线、电缆连接法

对于印制电路板之外的元器件与元器件、元器件与印制电路板、印制电路板与印制电路板之间的电气连接基本上都采用导线与电缆连接的方式。导线、电缆的连接通常是通过焊接、压接、接插件连接等方式进行连接的。现在也有的采用软印制线导线进行连接。

（3）其他连接方式

在多层印制电路板之间的连接是采用金属化孔进行连接。金属封装的大功率晶体管及其他类似器件是通过焊片用螺钉压接。大部分的地线是经过底板或机壳进行连接。

4.电子产品的布线及接线

电子产品的装配质量在一定程度上是由布线和接线的工艺决定的。各种元器件安装完毕后，要用导线在它们之间按设计要求连接起来。这些连接导线（包括印制导线）是用来传输信号和电能的。因此，除了正确选用合适的导线之外，还应该充分考虑合理的布局。布局又称走线，它是指整机内电路之间、元器件之间的布线。布线的好坏必然对整机性能和可靠性产生一定的影响。目前，由于集成电路的大量应用以及印制电路工艺技术的发展，不仅相互连接的导线减少，而且传统的手工布线和接线工艺也大为改进。现在大部分电子产品都采用印制电路技术和导线锡焊连接相结合的布线方法。合理的布线、整齐的装配和可靠的焊接是保证整机质量和可靠性的主要内容。

（1）配线

①导线的性能

电子产品常用的电线和电缆有裸线、电磁线、电缆和通信电缆四种。裸线是指没有绝缘层的单股或多股铜线、镀锡铜线等；电磁线是指有绝缘层的圆形或扁形铜线，一般由线芯、绝缘层和保护层构成，在结构上有硬型、软型、特软型之分，线芯有单股、二芯、三芯及多芯等，并有各种不同的线径；通信电缆包括电信系统中各种通信电缆、射频电缆、电话线和广播线等。电线电缆的性能有电气性能、力学性能、加工性能、安全性能、经济性。选用时首先要考虑电线电缆的电气性能，如工作电压、绝缘电阻、每平方毫米允许通过的电流等。从电线电缆使用的状态上要考虑电线电缆的力学性能，如抗拉强度、耐磨性、柔软性等。从端头的加工上要考虑电线电缆的加工性能，如端头的可焊性、包扎性等。从电路安全上要考虑电线电缆的安全性能，如耐燃性、阻燃性，还要考虑电线电缆经济性。

②导线的选用

A.导线选用时应考虑很多因素，且各种因素之间存在一定的影响。根据环境条件、装连工艺性选择导线的线芯结构；根据环境条件、装连工艺性、工作频率、工作电压选择导线的绝缘材料；根据工作电流选择导线的截面。

B.导线截面的选择。选用导线，首先要考虑流过导线的电流，这个电流的大小决定了导线的线芯截面积的大小。但绝缘导线多用于有绝缘和耐热要求的场合，导线中允许的电流值将随环境温度及导线绝缘耐热程度的不同而异，因此，要考虑导线的安全载流量。当导线在机壳内、套管内等散热条件不良的情况下时，载流量应该打折扣。在一般情况下，载流量可按 5 A/mm² 估算，这在各种条件下都是安全的。

单股导线一般用直径表示，多股导线常用截面积表示。

C.最高耐压和绝缘性能。随着所加电压的升高，导线绝缘层的绝缘电阻将会下降；如果电压过高，就会导致放电击穿。导线标志的试验电压，是表示导线加电 1 min 不发生放电现象的耐压特性。在实际使用中，工作电压大约为试验电压的 1/3~1/5。

D.导线颜色的选用。使用不同颜色的导线便于区分电路的性能和功能，以及减少接线的错误，如红色表示正电压，黑色表示地线、零电位（对机壳）等。随着电子产品的日趋复杂化、多功能化，有限的几种颜色不可能满足复杂电路布线的要求，因此，布线色别的功能含义逐渐淡薄了。现在布线色别的主要目的是减少接线的错误，便于正确连接，检查和维修。当导线或绝缘套管的颜色种类不能满足要求时，可用光谱相近的颜色代用，如常用的红、蓝、白、黄、绿色的代用色依次为粉红、天蓝、灰、橙、紫色。

（2）布线原则

①减少电路分布参数

电路分布参数是影响整机性能的主要因素之一。在布线时必须设法减少电路的分布参数，如连接线尽量短，尤其是高频电路的连接线更要短而直，使分布电容与分布电感减至最小；工作于高速数字电路的导线不能太长，否则会使脉冲信号前后沿变差。对于计算机电路则会影响运算速度。

②避免相互干扰和寄生耦合

对于不同用途的导线，布设时不应紧贴或合扎在一起。例如，输入信号和输出信号以及电源线；低电平信号与高电平信号线；交流电源线与滤波后的直流馈线；不同回路引出的高频线，继电器电路内小信号系统的结点连接线与线包接线或功率系统接点接线；电视中行脉冲输出线与中频通道放大器的信号连接线等，这些线最好的处理办法是相互垂直走线，也可以将它们分开一定的距离或在它们之间设置地线作简单的隔离。

从公共电源引出的各级电源线应分开并应有各自的去耦电路。有时为了减少相互耦合和外界干扰的影响，常采用绞合线的走线方法，可有近似于同轴电缆的功能。

③尽量消除地线的影响

在电子电路中，为了直流供电的测量及人身安全，常将直流电源的负极作为电压的参考点，即零电位，也就是电路中的"地"点。连接这些"地"的导线称为地线。一般电子产品的外壳、机架、底板等都与地相连。实际上地线本身也有电阻，电路工作时，各种频率的电流都可能流经地线的某些段而产生压降，这些压降叠加在电源上，馈入各个电路，造成其他阻抗耦合而产生大量干扰。

在布线时，一般对地线做如下处理：

采用短而粗的接地线，增大地线接地截面积，以减小地阻抗。在高频时，由于集肤效应，地线中的高频电流是沿地线的表面流过的，因此，不但要求地线的截面积大，而且要求截面周界长，所以，地线一般不用圆形截面，而是用矩形截面。

当电路工作在低频时，可采用"一点接地"的方法，每个电路单元都有自己的单独地线，因此不会干扰其他电路单元。当电路工作在高频时（工作频率 10 MHz 以上）就不能使用一点接地的方法。因为地线具有电感，一点接地的方法会使地线增长，阻抗加大，还会构成各接地线之间的相互耦合而产生干扰，因此，高频电路为减小地线阻抗，往往采用多点接地，以使电路单元的电流经地线回到电源的途径有许多条，借以减小地线阻抗及高频电流流经地线产生的辐射干扰。

对于不同性质电路的电源接地线，应分别连接至公用电源地端，不让任何一个电路的电源地线经过别的电路的地线。

对多极放大电路不论其工作频率相近或相差较大，一般允许电源地线相互连接后引出一根公共地线接到电源的地端，但不允许后级电路的大电流通过前级的地线流向电源的负极。

④满足装配工艺的要求

在电性能允许的前提下，应使相互平行靠近的导线形成线束，以压缩导线布设面积，做到走线有条不紊，外观上整齐美观，并与元器件布局相互协调。

布线时应将导线放置在安全和可靠的地方，一般的处理方法是将其固定于机座上，确保线路结构牢固稳定，耐振动和冲击。

走线时应避开金属锐边、棱角和不加保护地穿过金属孔，以防止导线绝缘层破坏，造成短路故障。走线时还应远离发热元器件，一般在 10mm 以上，以防止导线受热变形或性能变差。

导线布设应有利元器件或装配件的查看、调整和更换的方便。对于可调元器件，导线长度应适当留有余量，对于活动部位的线束，要具有相适应的柔软性和活动范围。

以上布设原则，对印制电路的布设同样适用，但印制电路板有其特殊性，具体要求在印制电路板的设计中介绍。

（3）布线方法

①布线要点

线束应尽可能地贴紧底板固定、竖直方向的线束应紧沿框架或面板走，使其在结构上有依附性，也便于固定，对于必须架空通过的线束，要采用支撑固定，不能让线束在空中晃动。

线束通过金属孔时，应在板孔内嵌装橡皮衬套或专用塑料嵌条。对屏蔽层外露的屏蔽导线在穿过元器件引线或跨接印制电路板等情况时，应在屏蔽导线的局部或全部加套绝缘管，以防止短路。

处理地线时，为了方便和改善电路的接地，一般考虑用公共地线，常用较粗的单芯镀锡的铜裸线作地母线，用适当的接地焊片与地座接通，也起到固定其位置的作用。地母线的形状决定于电路和接点的实际需要，应使接地点最短、最方便。但一般的母线均不构成封闭的回路。

线束内的导线应留1~2次重焊备用长度（约20 mm），连接到活动部位的导线长度要有一定的活动余量，以便能适应修理，活动和拆卸的需要。

为提高抗外磁场干扰能力以及减少线回路对外界的干扰，常采用交叉扭绞布线。单个回路的布线在中间交叉，且回路两半的面积相等。在均匀磁场中，左右两网孔所感应的电动势相等，方向相反。所以，整个回路的感应电动势必为零。在非均匀电磁场中，对于一个较长回路的两条线，应给予多次交叉，则磁场在长线回路中的感应电动势亦为零。

②布线顺序

在线路结构较为复杂的情况下，导线的连接必须以电烙铁不触及元器件和导线为原则，为此，布线操作按从左到右、从上到下、从纵深到外围的顺序进行。

（4）扎线

电子产品的电气连接主要是依靠各种规格的导线来实现的，但机内导线分布纵横交错长短不一，若不进行整理，不仅影响美观和多占空间，而且还影响电子产品的检查、测试和维修。因此，在整机组装过程中，根据产品的结构和安全技术要求，用各种方法，预先将相同走向的导线绑成一定形状的导线束（又称线扎）固定在机内，这样可以使布线整洁、产品一致性好，可以大大提高产品的商品价值。扎线应在整机装配的准备工艺中完成。

5.电子产品的整机装配

电子产品的整机装配是按照设计要求，将各种元器件、零部件、整件装接到规定的位置，组成具有一定功能的电子产品的过程。电子产品整机装配包括机械装配和电气装配两大部分，它是电子产品生产过程非常重要的环节。

（1）电子产品整机结构形式及工艺要求

①整机装配的结构形式

电子产品的整机在结构上通常由组装好的印制电路板、接插件、底板和机箱外壳等几部分构成。组成整机的所有结构件，都必须用机械的方法固定起来，以满足整机在机械、电气和其他方面的性能指标要求。合理的结构和装配的牢固性，是电气性、可靠性的基本保证。不同的电子产品其装配结构形式也不一样。

A.插件结构形式

插件结构形式是应用最广泛的一种结构形式，主要由印制电路板组成。在印制电路板的一端备有插头，构成插件，通过插座与布线相连，有的直接引出线与布线连接，有的则根据装配结构的需要，将元器件直接装在固定组件支架（板）上，便于元器件的组合以及与其他部分配合连接。

B.单元盒结构形式

这种形式适应产品内部需要屏蔽或隔离而采用的结构形式。通常将这一部分元器件装在一块印制电路板上或支架上，放在一个封闭的金属盒内，通过插头座或屏蔽线与外部接通。单元盒一般插入机架相应的导轨上或固定在容易拆卸的位置，便于维修。

C.插箱结构形式

插箱结构形式一般是将插件和一些机电元器件放在一个独立的箱体内，该箱体有插头，通过导轨插入机架上。插箱结构形式一般分为无面板和有面板两种形式，它往往在电路和结构上都有相对的独立性。

D.底板结构形式

底板结构形式是目前电子产品中采用较多的一种结构形式，它是一切大型元器件、印制电路板以及机电元器件的安装基础。与面板配合，很方便地把电路与控制、指示、调谐等部分连接，一般结构简单的机器采用一块底板，有些设备为了便于组装，常采用多块小面积底板分别与支架连接，这对削弱地电流窜扰有利，在整机装配时也很方便。

E.机体结构形式

机体结构决定产品外形。一般机体结构可分为柜式、箱式、台式和盒式四类，都能给内部安装件提供组装在一起并得到保护的基本条件，还给产品装配、使用和维修带来方便。无论哪种结构均服从于外形并顾及装配和加工工艺，力求简单。

②整机结构的装配工艺要求

电子产品的装配工艺在产品设计制造的整个过程中具有重要的意义，它将直接影响到各项技术指标能否实现或能否用最合理、最经济的方法实现。如果在结构设计中对工艺性考虑不周到，不仅会给生产造成困难，还将直接影响到生产率的提高。因此，在产品制造的过程中，要特别重视结构的装配工艺性。

A.结构装配工艺应具有相对的独立性

整机结构安装通常是指用紧固件和胶黏剂将产品的零部件、整件按设计要求装在规定的位置上，由于产品组装采用分级组装，整机中各分机、整件和部件的划分，不仅在电器上具有独立性，而且在组装工艺上也要具有相对的独立性，这样不仅便于组织生产，同时也便于整机的调整和检验。

B.整机机械结构装配工艺要求

在整机机械结构装配中所采用的连接结构，应保证方便和连接可靠，并能尽可能地采用有效的新型连接结构形式，如压接、胶合、快速拆卸连接。为保证电子产品在外界机械力作用下仍能可靠地工作，除了正确地在产品和支撑物之间安装减振器进行隔离外，还应该充分考虑对电子产品中的各元器件和机械结构采用耐振措施。

机械结构装配应有可调节结构，以保证安装精度。合理使用紧固件，可提高产品的可靠性和工艺性。例如，调节部件或整件安装位置，常采用长圆孔螺钉连接或调整垫片等结构。机械结构装配应方便产品的调整、观察和维修。保证操作调谐机构能准确、灵活和匀滑地工作，保证装拆及更换的方便，并且在更换及调整时不应影响其他元器件或部件。此外，还应该考虑整机维修时容易打开和便于观察修理等。

C.整机装配对线束及连接工艺要求

线束的固定和安装要有利于组织生产和整机装配整齐美观，线束固定要牢固可靠，线束的走向和布置一般要放在底座下面或机架的边沿等看不见的地方，保证线路连接的可靠性。

（2）常用零部件装配工艺

从装配工艺程序看，零部件装配内容主要包括安装和紧固两部分。

安装是指将配件放置在规定部位的过程。配件的结构组成一般有电子元器件、辅助构件和紧固零件等，安装的内容是指对配件的安放，应满足其位置、方向和次序的要求，直到紧固零件全部套上入扣为止，才算安装过程结束。

紧固是指在安装之后用工具紧固零件的工艺过程。通过紧固使配件在机械上得到固定。在紧固的过程中，有时还要对装配件位置、方向进行调整，使之对称、整齐，完全符合技术规程的要求。

在实际操作中安装与紧固是紧密相连的，有时难以截然分开。当主要元器件放上后，再将辅助构件和紧固件边套装边紧固，但是一般都不拧得很紧，待元器件位置初步到位得到固定后，稍加调整再作最后的固定。

下面介绍几种常见零部件的装配：

①陶瓷零件、胶木零件和塑料零件的安装

这类零件的特点是强度低，在安装时容易损坏。因此，要选择合适材料作为衬垫，在安装时要特别注意紧固力的大小。瓷件和胶木件在安装时要加软垫，如橡胶垫、纸垫等，不能使用弹簧垫圈。塑料件在安装时容易变形，应在螺钉上加大垫圈。使用自攻螺钉紧固，螺钉旋入深度不小于直径的两倍。

②仪器面板零件的安装

在仪器面板上安装电位器、波段开关和接插件等，通常都要采用螺纹安装。在安装时要选用合适的防松垫圈，特别要注意保护面板，防止在紧固螺母时划伤面板。

③电位器的安装

A.当电位器是用螺母安装于面板时，锁紧螺母应非常小心，锁紧力矩不宜过大，以避免破坏螺牙。当需用螺钉安装铁壳型直滑电位器时，避免使用过长螺钉，否则有可能妨碍滑柄的运动，甚至直接损坏电位器本身。

B.在对电位器焊接或安装过程中，不要对接线端子施加过大的力，否则可能引起接触不良或机械损伤。尽量避免来回弯折接线端子，以免接线端子因来回弯折而折断。对有定位要求的电位器安装时，应注意检查定位柱上是否正确装入安装位置的定位孔，注意不能使电位壳体变形。

C.在给电位器套上旋钮时，不要对转轴施加过大的轴向推/拉力，以避免破坏电位内部结构。

④散热器的安装

A.大功率半导体器件一般都要安装在散热器上在安装时，器件与散热器之间的接触而要平整、清洁，装配要准确，防止装紧后安装件变形导致实际面积减少界面热阻增加。散热器上的紧固件要拧紧，保证良好的接触，以有利于散热。为使接触面密合，往往在安装接触面上涂些硅脂，以提高散热效率，但硅脂的数量和范围要适当，否则将失去实际效果。

B.散热器的安装部位应在机箱的边沿或风道等容易散热的地方，以利于提高散热效果，叉指型散热器放置方向会影响散热效果，在相同功耗条件下因放置方向不同而温升不同，如散热器平放（叉指向上）比侧放（叉指水平方向）的温升稍低，散热要好。在没有其他条件限制时，应尽量注意这个环节。

（3）电子产品整机总装

电子产品的总装主要包括机械和电气两大部分工作。具体地说，电子产品的总装就是将构成整机的各零部件、插装件以及单元功能整件（如各机电元器件、印制电路板、底座、面板等），按照设计要求，进行装配、连接，组成一个具有一定功能的、完整的电子整机产品的过程。以便进行整机调整和测试。总装的连接方式可归纳为两类：一类是可拆卸的连接，即拆散时不会操作任何零部件，它主要包括螺钉连接、柱销连接、夹紧连接等。另一类是不可拆连接，即拆散时会损坏零部件或材料，它主要包括锡焊连接、胶粘、铆钉连接等。

电子产品的总装是指将组成整机的产品零件、部件，经单元调试检验合格后，按照设计要求进行装配与连接，再经整机调试、检验，形成一个合格的，功能完整的电子产品整机的过程。

①总装的顺序

电子产品的总装有多道工序，这些工序的完成顺序是否合理，直接影响到产品的装配质量、生产效率和操作者的劳动强度。

电子产品总装的顺序：先轻后重、先小后大、先铆后装、先装后焊、先里后外、先平后高，上道路工序不得影响下道路工序。

②总装的基本要求

电子产品的总装是电子产品制作过程中的一个重要的工艺过程环节，是把半成品装配成合格产品的过程。对总装的基本要求如下：

A.总装前组成整机的有关零部件或组件必须经过调试、检验，不合格的零、部件或组件不允许投入总装线，检验合格的装配件必须保持清洁。

B.总装过程要根据整机的结构情况，应用合理的安装工艺，用经济、高效、先进的装配技术，使产品达到预期的效果，满足产品在功能、技术指标和经济指标等方面的要求。

C.严格遵守总装的顺序要求，注意前后工序的衔接。

D.在总装过程中，不损伤元器件和零、部件，避免碰伤机壳、元器件和零部件的表面涂覆层，不破坏整机的绝缘性；保证安装的方向、位置、极性的正确，保证产品的电性能稳定，并有足够的机械强度的稳定度。

E.小型及大批量生产的产品，其总装在流水线上安排的工位进行。每个工位除按工艺要求操作外，要求工位的操作人员熟悉安装要求和熟练掌握安装技术，以保证产品的安装质量。总装中每个阶段的工作完成后应进行检验，分段把好质量关，从而提高产品的一次直通率。

（4）电子产品装配的分级

电子产品装配是生产过程中一个极其重要的环节，在装配过程中，通常会根据所需装配产品的特点、复杂程度的不同将电子产品的装配分为不同的组装级别。

①元器件级组装（第一级组装）：指电路元器件、集成电路的组装、是组装中的最低级别。其特点是结构不可分割。

②插件级组装（第二级组装）：指组装和互连装有元器件的印制电路中插件板等。

③系统级组装（第三级组装）：将插件级组装件，通过连接器、电线电缆等组装成具有一定功能的完整的电子产品设备。

在电子产品装配过程中，先进行元器件级组装，再进行插件级组装，最后是系统级组装。在简单的电子产品装配中，可以把第二级和第三级合并完成。

（5）整机总装工艺流程

电子产品的整机总装是在装配车间完成的。总装主要包括电气装配和结构安装两大部分，电子产品是以电气装配为主导、以印制电路板组件为中心进行焊接和装配的。总装的形式可根据产品的用途和总装数量决定，其装配工艺流程因设备种类、规模的不同，其组成部分也有所不同，但基本工序并没有什么变化，其过程大致可以分为装配准备、装联、调试、检验、包装、入库或出厂等几个阶段。

①零件、部件的配套准备

电子产品在总装之前应对装配过程中所需的各种装配件（如具有一定的印制电路板）和紧固件等从数量的配套和质量的合格两方面进行检查和准备，并准备好整机装配与调试中的各种工艺、技术文件，以及装配所需的仪器设备。

②零件、部件的装联

装联是将质量合格的各种零部件，通过螺纹连接、黏结、锡焊连接、插接等手段，安装在规定的位置上。

③整机调试

整机调试主要包括调试和测试两部分工作，即对整机内可调部分（可调元器件及机械传动部分）进行调整，并对整机的电性能进行测试。各类电子整机在装配完成后，进行电路性能指标的初步调试，调试合格后再把面板、机壳等部件进行合拢总装。

④总装检验

电子产品的总装检验是根据电子产品的设计技术要求和工艺要求，进行必要的检验，然后才能出厂投入使用。整机检验包括的内容：检验整机的各种电气性能、力学性能和外观等。通常按以下几个步骤进行：

A.对总装的各种零部件的检验

检验应按规定的有关标准进行，剔除废次品，做到不合格的材料和零件、部件不投入使用。这部分的检验是由专职检验人员完成的。

B.工序间的检验

即后一道工序的工人检验前一道工序工人加工的产品质量，不合格的产品不流入下一道工序。工序间的检验点通常设置在生产过程中的一些关键工位或易波动的工位。在整机装配生产中，每一个工位或几个工位后都要设置检验点，以保证各个工序生产出来的产品均为合格的产品。工序间的检验一般由生产车间的工人进行互检完成。

C.电子产品的综合检验

电子整机产品全部装配完之后应进行全面的检验。一般是先由车间检验员对产品进行电气、机械方面全面综合的检验，认为合格的产品，再由专职检验员按比例进行抽样检验，全部检验合格后，电子整机产品才能进行包装、入库。

⑤包装

经过前叙几个过程后，达到产品技术指标要求的电子整机产品就可以包装了。包装是电子整机产品总装过程中，起保护产品、美化产品及促进销售的重要环节。电子总装产品的包装通常着重于方便运输和储存两方面。

⑥入库或出厂

合格的电子整机产品经过包装，就可以入库储存或直接出厂，从而完成整个总装过程。总装工艺流程的先后顺序有时可以做适当变动，但必须符合以下两条：

A.使上、下道工序装配顺序合理且加工方便。

B.使总装过程中的元器件损耗最小。

由于电子产品的复杂程度、设备场地条件、生产数量、技术力量及操作工人技术水平等情况的不同，因此，生产的组织形式和工序也要根据实际情况有所变化。样机生产可按工艺流程主要工序进行；若大批量生产，则其装配工艺流程中的印制电路板装配、机座装配及线束加工等几个工序可并列进行。在实际操作中，要根据生产人数、装配人员的技术水平来编制最有利于现场指导的工序。

（6）电子产品生产流水线

①生产流水线与流水节拍

电子产品生产流水节拍是把一部整机的装联、调试工作划分成若干简单操作，每个装配工人完成指定操作。在流水操作的工序划分时，每位操作者完成指定操作的时间应相等，这个时间称为流水的节拍。

流水操作具有一定的强制性，但由于每一位操作人员的工作内容固定、简单、便于记忆，可减少差错，提高工效，保证产品质量，因而，在电子产品生产线上，基本要采用流水线的生产方式。

装配的电子产品在流水线上移动的方式有好多种。有的是把装配产品的底座放在小车上，由装配工人沿轨道推进，这种方式的时间限制不很严格；有的是利用传送带来运送电子产品，装配工人把产品从传送带上取下，按规定完成后再放到传送带上，进行下一个操作：由于传送带是连续运转的，所以这种方式的时间限制很严格。

传送带的运动有两种方式：一种是间歇运动（定时运动）；另一种是连续匀速运动。每个装配工人的操作必须严格按照所规定的时间节拍进行。而完成一部整机所需的操作和工位（工序）的划分，要根据所生产的电子产品的复杂程度、日产量或班产量来确定。

②流水线的工作方式

目前，电子产品生产流水线有自由节拍和强制节拍两种。

A.自由节拍形式

自由节拍形式是由操作者控制流水线的节拍来完成操作工艺的。这种方式的时间安排比较灵活,但生产效率低。它分为手工操作和半自动化操作两种类型。在手工操作时,装配工按规定插件,进行手工焊接,剪掉多余的引线,然后在流水线上传递。半自动化操作时,生产线上配备有波峰焊机。整块电路板上组件的插装工作完成后,由宽度可调、长短可随意增减的传送带送到波峰焊接机上焊接,再由传送带送到剪腿机,剪掉多余的引线。

B.强制节拍形式

强制节拍形式是指插件板在流水线上连续运行,每个操作工人必须在规定的时间内把所要求插装的元器件、零件准确无误地插到电路板上。这种方式带有一定的强制性,在选择分配每个工位的工作量时应留有适当的余地,以便既保证一定的劳动生产率,又保证产品质量。

这种流水线方式,工作内容简单、动作单纯、记忆方便、可减少差错、提高工效。目前,还有一种回转式环形强制节拍插件焊接线,它是将印制电路板放在环形连续运转的传送线上,由变速器控制链条拖动,工装板与操作工人呈15°~27°的角度,其角度可调,工位间距也可按需要自由调节。在生产时,操作工人环坐在流水线周围进行操作,每个人装插组件的数量可调整,一般取4~6只左右,而后再进行焊接。

(7)电子产品整机质量检查

产品的质量检查,是保证产品质量的重要手段。电子产品整机总装完成后,应按配套的工艺和技术文件的要求进行质量检查。检查工作应始终坚持自检、互检、专职检验的"三检"原则,其程序是:先自检,再互检,最后由专职检验人员检验。通常情况下,整机质量的检查有以下几方面。

①外观检查

装配好的整机,应该有可靠的总体结构和牢固的机箱外壳;整机表面无损伤,涂层无划痕、脱落,金属结构无开裂、脱焊现象,导线无损伤、元器件安装牢固且符合产品设计文件的规定,整机的活动部分活动自如,机内无多余物(如焊料渣、零件、金属屑等)。

②装联的正确性检查

装联的正确性检查主要是指对整机电气性能方面的检查。检查的内容是:各装配件(印制电路板、电气连接)是否安装正确,是否符合理论图和接线图的要求,导电性能是否良好。批量生产时,可根据有关技术文件提供的技术指标,预先编制好电路检查程序表,对照电路图进行一步步地检查。

③安全性检查

电子产品是给用户使用的，因而，除对电子产品要求性能良好、使用方便、造型美观、结构轻巧、便于维修外，安全可靠是最重要的。一般来说，对电子产品的安全性检查有两个主要方面，即绝缘电阻和绝缘强度。

A.绝缘电阻的检查

整机的绝缘电阻是指电路的导电部分与整机外壳之间的电阻值。电阻的大小与外界条件有关：在相对湿度为25%±5%、温度为25℃±5%的条件下，绝缘电阻应不小于2 MΩ。一般使用兆欧表测量整机的绝缘电阻。整机的工作电压大于100V时，选用500V的兆欧表；整机的额定工作电压小于100V时，选用100V兆欧表。

B.绝缘强度的检查

电子产品整机的绝缘强度是指电路的导电部分与外壳之间所能承受的外加电压大小，其检查方法是在电子设备上外加试验电压，观察电子设备能承受多大的耐压。一般要求电子设备的耐压应大于电子设备最高工作电压的两倍以上。

注意：绝缘强度的检查点和外加试验电压的具体数值由电子产品的技术文件提供，应严格按照要求进行检查，避免损坏电子产品或出现人身事故。

（三）印制电路板的组装

印制电路板的组装是根据设计文件和工艺规程的要求,将电子元器件按一定的规律,顺序装到印制基板上,通过焊接把元器件固定起来的过程。

1.印制电路板组装的基本要求

电子元器件种类繁多，外形不同，引线也多种多样，所以，印制电路板组装方法也就有差异。在组装时，必须根据产品结构的特点、装配密度以及产品的使用方法、要求来决定组装方法。元器件装配到印制电路板之前，一般都要进行加工处理，即对元器件进行引线成形，然后进行插装。良好的成形及插装工艺，不但能使产品的性能稳定、防振、减少损坏，而且还能得到机内整齐美观的效果。

（1）元器件引线的成形

①预加工处理

元器件引线在成形前必须进行预加工处理。这是由于元器件引线的可焊性虽然在制造时就有这方面的技术要求，但因生产工艺的限制，加上包装、储存和运输等中间环节时间较长，在引线表面产生氧化膜，使引线的可焊性严重下降。引线的再处理主要包括引线的校直、表面清洁及上锡三个步骤。要求引线处理后，不允许有伤痕，镀锡层均匀，表面光滑，无毛刺和焊剂残留物。

②引线成形的基本要求和成形方法

引线成形工艺是根据焊点之间的距离，做成需要的形状，目的是使它能迅速而准确地插入孔中，基本要求如下：元器件引线开始拐弯处，离元器件端面最小距离应不小于 2 mm；弯曲半径不应小于引线直径的 2 倍；怕热元器件要求引线增长，形成时应绕环；元器件标称值应处在便于查看的位置；成形后不允许有机械损伤。

为了保证引线成形的质量和一致性，应使用专用工具和成形模具。成形工序因生产方式不同而不同。在自动化程度较高的工厂，成形工序是在流水线上自动完成的，如采用电动、气动等专用引线成形机，可以大大地提高加工效率和一致性。在没有专用工具或加工少量元器件时，可以采用手工成形，如使用平口钳、尖嘴等工具。

（2）元器件的安装方法

元器件的安装方法有手工安装和机械安装，手工安装简单易行，但效率低、误装率高。机械安装效率高，但设备成本较高，对引线成形要求严格。元器件的安装形式有以下几种：

①贴板安装

贴板安装适用于防振要求高的产品。元器件紧贴印制电路板面，安装间隙小于 1mm。当元器件为金属外壳时，安装面又有印制导线时应加绝缘衬垫或绝缘套管。

②悬空安装

悬空安装只适用于发热元器件的安装。元器件距印制基板面有一定的高度，安装距离一般在 3~8mm 范围内，以利于对流散热。

③垂直安装

垂直安装适用元器件密度较高的场合。元器件垂直于印制电路板面，应保留适当长度的引线。引线保留太长会降低元器件的稳定性或者引起短路，太短会造成元器件焊接时因过热而损坏。一般要求距离电路板面 3~8mm，组装中应注意元器件的电极极性，有时还需要在不同电极上套绝缘套管，以增加电气绝缘性能和元器件的机械强度等，但对质量较大、引线较细的元器件不宜采用这种形式。

④埋头安装

埋头安装（又称嵌入式安装）如图 2-6 所示，这种安装方式可以提高元器件防振能力，降低安装高度。

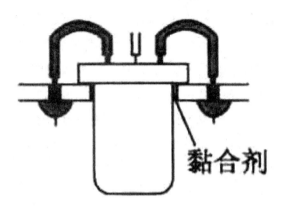

黏合剂

图 2-6　埋头安装

⑤有高度限制的安装

元器件安装高度有限制时，一般在图样上是标明的，通常处理的方法是垂直插入后，再朝水平方向弯曲。对于大型元器件要特殊处理，以保证有足够的机械强度，经得起振动和冲击。

⑥支架固定安装

这种方法适用于质量较大的元器件，如小型变压器、继电器、扼流圈等，一般用金属支架在印制基板上将元器件固定。

（3）元器件安装注意事项

安装二极管时，除注意极性外，还要注意外壳封装，特别是玻璃外壳体易碎，安装时可将引线先绕 1~2 圈再装。对于大电流二极管，一般采用悬空安装，以利于散热，也不宜在引线上套绝缘套管。大功率晶体管一般不宜安装在印制电路板上，因为它发热量大，易使印制电路板受热变形，应将其装在金属机壳上或装在专用的散热片上。

2.印制电路板组装的工艺流程

印制电路板组装工艺主要分为手工装配工艺和自动装配工艺两大类,在实际操作时,可根据电子产品制作的性质、生产批量、设备条件等不同情况，选择不同的印制电路板组装工艺。

（1）手工装配工艺流程

手工装配工艺流程分为手工独立插装和流水线手工插装两种形式。

①手工独立插装

在产品的样机试制或小批量生产时,常采用手工独立插装来完成印制电路装配过程。在这种操作方式中，每个操作者都要从头装到结束，效率低，容易出错。

②流水线手工插装

对于设计稳定、大批量生产的产品，其印制电路板装配工作量大，宜采用插件流水装配，这种方式可提高生产效率，减小差错，提高产品合格率。

插件流水手工操作是把印制电路板整体装配分解成若干道简单的工序，每个操作者在规定的时间内，完成指定的工作量（一般限定每人约六个元器件的工作量）。在划分时要注意每道工序所用的时间要相等，这个时间称为流水线的节拍。装配的印制电路板在流水线上的移动，一般都用传送带的运动方式进行。运动方式通常有两种：一种是间歇运动（定时运动）；另一种是持续匀速运动，每个操作者必须严格按照规定的节拍进行。在分配每道工序的工作量时，要根据电子产品的复杂程度、日产量或班产量、操作者人数及操作者的技能水平等因素确定；以确保流水线均匀地流动，充分地发挥流水线的插件效率。一般流水线装配的工艺流程如下：

全部元器件插入→一次性焊接→一次性剪切引线→检查。

其中，焊锡一般用波峰焊机完成，剪切引线一般用专用设备——剪腿机（切脚机）一次切割完成。

手工装配方式的特点：设备简单、操作方便、使用灵活；但装配效率低、差错率高，不适用于现代化大批量生产的需要。

（2）自动装配工艺流程

对于设计稳定、产量大和装配工作量大、元器件又无须选配的产品，宜采用自动装配方式。自动装配一般使用自动或半自动插件机和自动定位机等设备。先进的自动装配机每小时可装配一万多个元器件，效率高，节省劳力，产品合格率也大大提高。

自动装配和手工装配的过程基本一样，通常都是在印制基板上逐一添装元器件，构成一个完整的印制电路板。所不同的是，自动装配要限定元器件的供料形式，整个插（贴）装过程由自动装配机完成。

自动插装配工艺过程如图 2-7 所示。经过检测的元器件装在专用的传送带上，间断地向前移动，保证每一次有一个元器件进到自动装配机的装插头的夹具里，插装机自动完成切断引线、引线成形、移到基板、插入、弯角等动作，并发出插装完了的信号，使所有装配回到原来位置，准备装配第二个元器件。印制电路板靠传送带自动送到另一个装配工位，装配其他元器件，当元器件全部插装完毕，自动进入波峰焊接的传送带。

印制电路板的自动传送、插装、焊接、检测等工序，都是用计算机进行程序控制的。它首先根据印制电路板的大小、孔距、元器件尺寸和它在板上的相对位置等，确定可插装元器件和选定装配的最好途径，编写程序，然后再把这些程序送入编程机的存储器中，由计算机控制上述工艺流程。

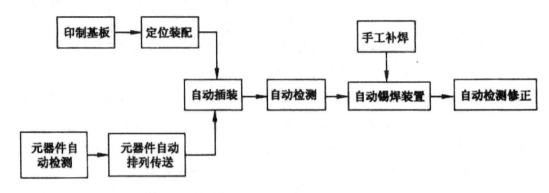

图 2-7　自动装配工艺流程

　　自动插装是在自动装配机上完成的，对元器件装配的一系列工艺措施都必须适用于自动装配的一些特殊要求，并不是所有的元器件都可以进行自动装配，在这里最重要的是采用标准元器件和尺寸。

　　对于被装配的元器件，要求它们的形状和尺寸尽量简单、一致，方向便于识别，有互换性等，元器件在印制电路板中的取向，对于手工装配没有什么限制，也没有什么根本差别。但自动装配中，则要求沿着 X 轴和 Y 轴取向，最佳设计要指定所有元器件只在一个轴上取向（至多排列在两个方向上）。如果希望机器达到最大的有效插装速度，就要有一个最好的元器件排列。元器件的引线孔距和相邻元器件引线孔之间的距离，也都应标准化，并尽量相同。

　　对于非标准化的元器件或不适合于自动装配的元器件，仍需手工进行插装。

二、电子封装模具

（一）概述

1.电子封装模具分类与简介

　　半导体器件的后工序生产过程中，模具是不可或缺的。电子技术日新月异，电子产品不断更新换代。IT 产业正在高速发展，这是我们每个人在日常生活、工作中都能感受到的事情。在电子市场上买来的电子产品的管脚，看起来整齐规则、排列有序，设计上让人感觉到它能很方便地在线路板上安装。与半导体外管脚相连的内管脚、芯片（晶圆）、引线等构成的内电路则被黑色（大多数为黑色，也有白色，黄色）的绝缘体所包裹，确保芯片与内电路有一个安全可靠的工作环境。这层保护外壳除了对芯片内部微电路起到绝缘的作用，对焊接、连线后的芯片、引线、内外管脚同时起到固定和支撑的作用，我们把这层外壳称为塑封体（package）。整齐有序的引脚的制成，内电路的封装保护，都离不开电子封装模具。

常见的电子封装模有引线框架模具、塑封模具、切筋成形模具等。另外，还有一些用来完成辅助工序的模具，如冲流道模具、塑封模具、切筋成形模具在半导体制造过程中，是后工序阶段必备手段。塑封体的引脚事先被制作在一条多位的引线框架之上。引线框架模具是用来冲制引线框架的。塑封模具通过用树脂实现对芯片进行封装保护。切筋成形模具完成对封装成品的引脚进行冲切成形。这些模具都是为封装产业服务的，统称为电子封装模具。由于半导体电子产品的多品种化，这几种模具分化出多种结构形式，每种结构形式针对不同半导体电子产品品种，技术要求上存在个性化差异。

2.引线框架模具

引线框架是用于安装集成电路芯片的载体，是一种借助于键合引线实现芯片内部电路引出端与外引线的电气连接，形成电气回路的关键结构件，它起到了和外部导线连接的桥梁作用，绝大部分的半导体芯片中都需要使用引线框架，是半导体产业中重要的基础材料。

引脚被预先制作在整条多位的引线框架（lead frame）之上。半导体器件引脚的主要作用是连通芯片和印制电路板上电路。通过内引线与芯片电极引线连接，外引线与印制电路板连接，在整机中起着电信号快速传递作用。引线框架的多位相连的结构特点适应了半导体电子产品的规模化生产。

引线框架随集成电路等半导体元器件的产生而产生,伴随半导体技术的发展而发展。随着集成电路集成度的迅速提高以及高可靠性、小型化、表面贴装化的发展，对引线框架的设计、加工、质量均提出了更高的要求，引线框架新产品的更新换代和新工艺的问世，又促进了半导体行业的发展。随着产业的发展，引线框架所占成本的比例越来越高，大规模、超大规模集成电路引线框架可达成本的五成。因此，发展微电子技术必须重视引线框架的研制与生产，这为半导体集成电路引线框架提供了极大的潜在市场空间。

引线框架通常采用导电性能良好的材料，如铜、铝、铁镍等的合金作为冲切卷带材料。基体里铜的成分占多数，称为铜基框架；铝的成分偏多，可称为铝基框架；铝、铁的成分偏多，称为铁基框架。材料硬度很低，一般在 200HV 以下。

传统的引线框架生产采用卷带连续冲切工艺。引线框架模具是一种高速的连续、级进冷冲模，冲切速度可达每分钟 500 次。另外，还有一种采用腐蚀原理来制造引线框架的方法，在小批量生产或产品试制阶段常常用到。这种情况不需要用到这种引线框冷冲模。引线框架模具安装在快速冲床上工作。冲床配备卷盘式送料装置、快速步进装置等。

引线框架上复杂的镂空不是一个工步冲切出来的。复杂的模具一般分为多个工步，这样的冲模可达 1m 的长度。模具过长时就要分成多台模具来完成，但冲切时必须保证同步。卷带被步进装置送进模具以后，自动冲床带动各个工步同时工作，每个工步完成某种孔型的冲切，比较密集的孔型要分散到不同工步来冲切。冲压凸模、凹模工件尺寸加工精度精确到微米。量产下的引线框架冲切尺寸精度一般能控制在 ±0.03mm 以内。凸模、凹模磨损以后，会导致尺寸超差，需及时予以维修或更换。以保证冲压精度。

随着加工水平的提高、加工设备的更新换代，引线框架逐步向着高精度、高密度、高产量的方向发展。具体体现在以下几个方面：

贴装类元器件外引脚数量逐渐增多，引脚节距向着高密度化发展；相同、相近功能的半导体元器件引脚精细化。外引脚发展趋势为更短、更窄、更薄；带状引线框架位数增多，满足高产量的需求。单排的引线框架向阵列式排布发展。

国外模具标准化程度较高，广泛应用标准零件，配磨零件，制造周期大大缩短。能够较好地满足商业化效率需求。

产业模式上国外商业化程度较高。国内模具自产自配较多，尚未形成一定的商业化规模。商业化规模程度的提高，有利于模具专业化程度的提高。

目前国内引线框架模具技术水平与使用寿命已大大提高，但与发达国家相比还存在一定的差距。国内制造的多工位级进模，工位数最多可达 160 个，精密部件加工可达 1μm，寿命达到 5000 万模次。

CAD/CAM 应用技术的发展，大大提高模具加工质量与效率。国内模具的个性化发展，在模具数控技术应用这一块与固定流水生产线产业对比，如汽车行业，存在较大的差距。

引线框架技术水平，一定程度上影响着半导体产业发展的产品质量、规模效益、新品开发进度等。

3.塑封模具

在引线框架中心基岛上固定好芯片，通过引线将引线框架上引脚与芯片上电路节点连接起来以后，还需要将整个基岛上芯片及其连接电路进行塑封保护。塑封模具就是用来完成这道工序的。塑封工序是半导体生产后工序主线上的第一道工序，同时也是产业链的基础。

塑封模是塑料模中的一模多产模具。一套塑封模具可以同时对多条引线框架进行塑封。模具上有多个型腔。塑封模具的高产特点满足了半导体电子行业的飞速发展。

塑封模具平面排布上往往对共用流道的两条或多条引线框架设计在一个模块上，多个模块组成整套模具。每组模块称之为模盒（chase）。一套塑封模具可以有两个或两个以上偶数个的模盒。模盒之间完全互换，便于维修与管理。

任何电路工作时都会发热，微电子电路也是一样。从电脑、电视机主板上被安装的

IC 块可以看出，塑封体是有一定耐热能力的。塑封料（compound）是一多种物质的复合物，主要成分是环氧树脂（epoxy resin），用得比较普遍的是热固性树脂。塑封模具的工作温度在 175℃左右。与热塑性塑料模具比较，热固性树脂不能循环使用，模具不需冷却装置。引线框架一般借助送料架摆放在模面上。每个被封装单元对应一个型腔，基岛与内管脚部分伸入型腔，外管脚伸出型腔外。外管脚间的连筋与上下型腔共同组成一个封闭的空腔。

加热后软化成膏状的塑封料被挤入型腔里，将封装单元包裹，在保温保压过程中逐渐固化。保温时间达到固化时间要求后，塑封体完全固化，才可以开模、出模。

由于塑封料的黏性大，流动性与热塑性塑料相比较差，成膏状以后，需要约 70kgf/cm^2 左右的注射压力来挤入型腔。所以，塑封模具是压注模（transfer mold）。为防止挤塑时树脂沿引脚面渗漏，影响后续镀锡工艺，合模压力达数十吨甚至一百多吨。巨大的合模压力将引线框架管脚与连筋压扁堵住树脂料向型腔外渗漏，以达到保护引脚不受树脂黏附的效果。塑封模具工作离不开专用的塑封油压机。塑封模具体积较大，质量达到 1t 以上。塑封压机是立式油压机，为模具同时提供合模压力（clamping pressure）与注射压力（transfer pressure）。

塑封工艺仅指包封过程。塑封工艺是后工序中段工序之一。使用单料筒模包封时，常用到塑封料饼高频预热器、排片机、引线框架上料架等辅助设备与装置。排片机含引线框架预热台。引线框架上模前须预热到 140℃以上。在手工排片时少不了独立的框架预热台这一辅助装置。使用多注射头模具（MGP）包封时，常用到冲流道机、排片机等辅助设备。冲流道机与排片机的使用，大大提高了手动模具的生产效率。高频预热器是单料桶模的专用辅助设备，进入料筒前的料饼须经过高频加热到 80℃~90℃方可使用。习惯上常用手抓捏饼料柔软度来把握它的预热状态。单料筒模整模制品（mold shot）为一个整体，通常用手工方式去除残流道。引线框架强度较差时可借助冲切装置进行。MGP 料饼采用入模后自热的生产方式。因为料饼个数众多，需要使用到塑封料上料架。MGP 整制品每组模盒为一个整体，实际生产常用冲流道机来去除残流道。自动模则是通过将塑封料上料、引线框架上料、包封、清模、去流道、下料等工艺步骤集中在一台自动封装系统（auto mold system）来实现自动化生产。

4.切筋成形模具

塑封工序以后，接下来的工序是引脚的切筋成形（trim/form）。这一道工序主要包括冲浇口、冲废塑飞边、切管脚、切横筋、管脚成形、管脚整形、产品分离等多个工步。根据半导体电子产品不同的结构特点，不同产品工步排布稍有区别。通常对应不同工序的子模，有不同的名称。自动切筋成形系统（auto trim/form system）设备就是用来完成整道切筋成形工序的。完成整道切筋成形工序要用到一台或多台切筋成形设备。如某两工步中间需要穿插电镀等其他工序时，则需要两套系统来共同走完多个工步。自动切筋成形系统里一套子模可以排列一个或多个工步。因为是步进送料，每个循环的冲切位数与步进位数对应。每个循环的冲切位数由一个或多个工步来共同完成。条式（strip type）引线框架首尾相接处常用空步方式来处理，确保步进的连贯性。手动冲模多数情况一次冲切一整条引线框架，工步排列较多时，需要配备数台模具。自动切筋成形系统工步排列时往往穿插一些辅助冲切、成形、步进用的工步。切筋成形模具根据冲切工步的作用来命名。同时完成多种任务的工步，是复合工步。

体积较大的 IC 或半导体器件，产品分离后整齐有序地存留于步进轨道上，这时可实现产品装管或装盘。装管与装盘是 IC 常见的两种包装方式。自动切筋成形系统里有一套自动装管或装盘装置。在无装管或装盘要求时，设计上将分离后的产品导入料斗。对于体积很小的半导体元器件，如小外形三极管 SOT23、SC59，小外形二极管 SOD123、SOD323、SOD523 及其系列产品，分离之后不能实现在轨道上按序行走，只能让它们散落到承接盘里。然后用选料振盘设备重新排序后再进行编带包装。

手动冲模占用人力、设备资源较多，效率远低于自动切筋成形系统。操作员根据熟练程度，每分钟可完成 5~10 次冲切。系统模具根据配置不同，被冲切产品品种的不同，冲切速度一般为 50~150 次/min 不等。自动化程度较高的发达国家所研发的高端产品系统，速度可达每分钟 200 次之多。系统模具产能远胜手动模具。在这里做一个计算举例。表 2-1 所示的是 TO2207 Leads 的手动模与系统模具的产能计算对照表。从表中数据看出，手动模具三倍的人工、设备占有量，产能却只占自动系统的 1/3 左右。三套手动模具所对应的工步与系统模具大致相同。手动模具结构简单、修理方便。手动冲模一般在 50kg 左右，有的可重达 65kg 以上。系统子模较为轻巧，便于搬运、安装。质量一般可控制在 25kg 以内。有些设计轻巧的模具甚至只有 5~10kg。同种工步的模具因为冲切位数的多少，体积大小、重量也有区别。

表 2-1　切筋成形手动模与自动模产能对照

TO2207 Leads 模具种类		每分钟冲切次数	冲切位数	每天 2 班，每班 8h 理论产出	效率/%	月产能 KK/M
手动冲模	冲浇口/废塑模具	6	20	115200	70	2.4
	切管脚/横筋模具	6	20			
	成形/分离模具	6	20			
系统模具		60	5(空一步)	274286	85	7.0

（二）电子封装模具结构特点

1.引线框架模具的结构特点

引线框架模具结构上可以分为上模、下模两部分。模具中包括冲压成形部分、卸料机构、废料检测机构、误送料检测机构、计数切断机构等几大部分。经过大批量生产实践验证，模具的这些机构协调搭配，确保模具数百次冲切速度与数千万次的冲切寿命。图 2-8 所示是模具总装结构示意图。

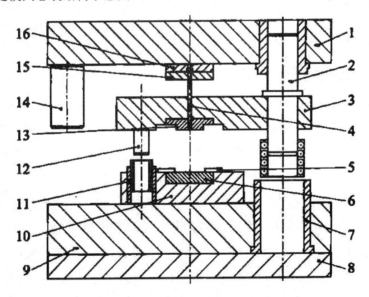

图 2-8　引线框架模具总装结构示意图

1-上模板；2-主滚珠导柱；3-卸料板；4-凸模；5-导料板；6-凹模镶件；7-主滚珠导套；
8-辅助板；9-下模板；10-凹模座；11-小滚珠导套；12-小滚珠导柱；13-卸料镶件；14-
止动柱；15-凸模垫板；16-凸模固定板

引线框架模具要求结构合理、寿命长、强度好、装配简单、易于维修，最重要的是在高速冲压的情况下，能够保证精密稳定的工作状态。另外，根据引线框架产品产量及品种的要求，来确定模具采用标准结构还是模块式结构。标准结构可以实现大批量、单品种的生产，模具状态稳定、易于维护、使用寿命长。模块式结构可以实现多品种、中小批量的生产，且模具成本低，适应于快速跟进市场的变化，加速新产品的开发进程。

2.塑封模具的结构特点

（1）塑封模具的分类与结构

常见塑封模具结构形式有单料筒模（single pot mold）、多料筒模（即 MGP）、自动模（auto mold）三种。多料筒模替代单料筒模，技术上缩短塑封料流动距离，能更好地实现流动平衡，更加易于在多个塑封体间实现同步填充和同步固化，最终达到更好地控制塑封体产品质量的目的；用料上可以选择注塑时间、固化周期更短的塑封料，缩短循环周期，提高生产效率；残流道的相对减少，节约了塑封材料。自动模盒通常与塑封压机、送料系统、下料系统组成一台自动化程度相对较高的自动封装系统。单料筒模、MGP 按照模盒的结构形式有固定式模盒（fixed chase）和快换型模盒（QCC，quick changeable chase）两种。由于各半导体器件及其 IC 电路间引线框架外形尺寸、位数排列不同，QCC 模盒概念的引入，对产品品种的快速转换带来了方便。同时可以满足产量较少的不同品种之间进行匹配生产，节约设备资源。与此同时，QCC 模盒大大方便了模具核心部件的维修保养。不同品种的产品集中在同一套模具时，称之为复合模具（family mold）。

塑封模是立式结构的模具，分为上模和下模两部分。上模是定模，下模为动模。开模行程一般保持在 220mm 以上，以便于上下料操作，或模面清理。从使用功能上划分，塑封模上、下半模均可按模盒、模架两部分来划分。对单料筒模、MGP、自动模具三种不同结构的模具来说，模盒或模架结构上都存在一定的区别，但工作原理相同。

模盒分为上模盒、下模盒，模架分为上模架、下模架。上、下模盒整齐对称地分别排布在上、下模板之上。模盒与模板的固定方式有固定式安装和快换式安装。单料筒模一般采用固定式模盒安装方式。MGP 一般采用快换式模盒安装方式。

上、下模板是模盒的安装基板，正反两面平面度要求极高。厚度一般在 50mm~80mm 之间，厚重而结实。在模盒安装面的另一面强壮有力的支撑柱或支撑块的支撑下，确保在强大的合模压力作用下模板无弯曲变形，这样才能保证模具工作时所有模盒分型面共面。

模板同时又是所有模盒的热源体。模具的工作温度一般在 175℃左右。合理的模温也正是塑封料固化成形的最佳温度。为了维持恒定的模温，上下模板的四周均匀插装若干筒式加热棒。

　　模盒组件是构成塑封模具的核心部件。单料筒模模盒排列紧密，可排列模盒数较 MGP 略多。对应不同的种类、排数的引线框架，塑封模能排列的模盒数量会有所不同。模盒数可以是 2 组到 10 组不等，甚至更多。模盒数过多，导致模面进深大，给操作人员带来不便。排布模盒数时，综合考虑单模产能、每模操作效率、操作方便性等的需要。单料筒模常用的是六模盒模具、八模盒模具。MGP 常见的是四模盒模具、六模盒模具。中心流道板是单料筒模特有的部件，众多模盒共用一个料筒。塑封料在注射头的挤压下，通过中心流道板将来自料筒的塑封料分流给各个模盒。中心流道板履行分胶板的作用。料筒安装在上模中心流道板的正中心，对应下中心流道板的位置是分流井（cull）。单料筒模使用的料饼较粗，所以注塑时需要用到塑封料高频预热机，它可以在较短的时间里使料饼软化，节约注射时间。直径较大的塑封料饼在它一二十秒的填充时间里，靠自热的方式，由表及里以热传导的方式慢慢加热到芯部，时间是不够的。小料筒在模盒中心等步距线性排列是 MGP 最常见的一种料筒排列方式。料筒直径较单料筒模小许多，料饼放入料筒后，吸收模温，进行自预热。料筒直径相对于料饼直径选择得当。MGP 模具根据料筒相对位置，进料方式显得多样化，MGP 模盒自带分流板（cull block），它的作用与单料筒模的中心流道板相同，但它安装了多个料筒，并对应有多个分流井，注塑时塑封料通过很短的流道到达浇口，流入型腔，缩短了塑封料流动时间，从而做到充分利用注射时间。有些情况下，料筒位于模盒两端，或者两侧边。当料筒集中排列模板中心的固定座时，模盒上不再自带料筒，流道也有一定长度，但仍比单料筒模流道短。这种结构形式，是单料筒模与 MGP 的一种过渡结构形式，这是半 MGP（semi-MGP）。料筒位于上模，利用注射压机上顶部的注射油缸进行注塑（射）的模具，是上注射模具（top transfer mold）。料筒位于下模，利用模架自带油缸与注射机构，塑封时注射头自下而上地完成注射过程的塑封模，是下注射模具（bottom transfer mold）。单料筒模都采用上注射结构，大多数 MGP 采用下注射结构。下注射模具的注射压力来自下模架自带的油缸。油缸通过油路与塑封压机供油系统相连，通过行程传感器与油压机控制系统相连。上注塑单料筒模具又称为传统模（convention mold）。

　　（2）固定式模盒的结构特点

　　模盒结构有固定式、快换型两种。

　　固定式模盒总体上包括镶条、模盒座、端盖三部分，镶条是模盒的核心部件，根据各自功能与作用，每种镶条的名称不一样。

　　模盒底座是一个槽形工件，称为模盒座（chase）。内槽安装的条形镶件有型腔镶条、流道镶条、浇口镶条、边侧镶条等。多排的引线框架封装时，模盒内还有分隔各型腔镶条的中间侧镶条。侧镶条的意思是组成型腔的一个侧面的镶条。分离器件类模具还包括齿形镶条。引线框架位数排列为多排的 SOT、SOP、TSOP、TSSOP、QFP 等半导体电子产品封装形式的型腔镶条通常与齿形镶条、浇口镶条、中间浇口镶条、边镶条等制成一个整体，统称为整体式型腔镶条。某些单排 DIP、SOP 的单排型腔镶条也与浇口镶条、边镶条做成整体式。相对于整体式的单排型腔镶条，是拼装式型腔镶条。拼装型腔镶条型腔可通过磨削的方式加工，而整体式型腔镶条因为型腔四周封闭，只能用电火花方式加工。

分离器件、开放型窗口设计的 IC 模盒镶条，设计上少不了齿形镶条。齿形与引脚间隙控制合理时，可以有效地控制管脚侧溢出树脂流出长度。齿形镶条根据位置与作用不同有侧边齿形镶条、中间齿形镶条、带浇口齿形镶条。MGP 模盒还有料头镶条，它在模盒内的作用类似于单料筒模具的中心流道板。所有镶条都是构成模盒组件的核心零件。每个镶件经过精密加工，外形尺寸精确到微米级。分型面一般经过抛光、电镀处理，以保证良好的表面光洁度及抗腐蚀能力。型腔尺寸要求精确，它的精度直接决定产品塑封体的尺寸精度。型腔常用的加工工艺有精磨、抛光、电火花等。

引线框架排数过多时，如果采用拼装式结构，难以避免加工积累误差的影响。这些误差导致镶条间相对位置不固定，从而引起上、下塑封体错位超差。拼装式镶条叠装数目较多时，可以采用插槽式结构来避免积累误差。

模盒内各镶条保持与模盒座等长，通过前、后端盖对其长度方向固定与定位。模盒内置销钉来管住镶条沿长度方向的定位，可以辅助端盖定位。镶条与模盒座之间以螺钉连接紧固，常用的螺钉规格为 M3、M4。较薄镶条在不能钻孔攻螺纹时，要在拼装面处设置台阶、斜面，与旁侧镶条衔合固定。组装后模盒组件整体性好，互换性好。模面结构复杂，每项结构在功能上各司其职，必不可少。

对型腔与流道来说，设计上都有一定的拔模斜度，出模时需要在顶料杆的推动下顶出。当型腔中设置型腔顶杆时，塑封体会因而留下成形时候顶料杆的印记。塑封体上不宜设置顶料推杆时，在流道、引线框架无封装区域的合适位置设置有顶杆，通过顶框架来将塑封体带出。出气槽用来释放注射过程中存留于型腔、流道里的混合气体。这些气体有空腔内自身存在的空气、塑封料产生的水汽和一些混合气体。标记芯的作用是为了区分第一管脚的位置或者管脚的排列次序。在不同 IC 上以不同的表现形式出现，名称也不一样。双列直插式 DIP 系列产品，一般在近第一管脚的上塑封体侧，设计出一个半月形标记（notch）。平面贴装的标记一般在塑封体正面，近第一管脚的角落上，以圆形平底或圆形球底的形式出现。用来完成塑封体第一脚标记的镶针，称为标记针（ID pin）。

引线框架用送料架托板来运载，送到下模分型面。一条引线框架需要用两个或多个托板来运送。整模的托板安装在一个轻质结实的铝合金框架上，这就是引线框架上料架。模盒表面四周开设的托板槽（finger slot）是托板的让位槽。合模面上开设许多的让位面，它是用来减轻合模压力。合模压力将引线框架压扁，以防止塑封料渗漏。所以，合模接触面面积越小，合模压力将更为集中有效地作用在引脚与封胶横筋上。

（3）快换型模盒的结构特点

快换型模盒与固定式模盒比较起来有以下几个不同之处：

快换型模盒自带顶料结构；

快换型模盒安装结构上带有滑道式台阶；

快换型模盒为浮动对中式设计。共用中心流道板的快换型模盒在初次合模对中完成以后，应在后挡板上开设固定结构，将模盒沿主流道方向抵紧。以防止模盒与中心流道板结合处产生渗漏，影响上下模盒对中错位。QCC MGP 模盒则可以完全采用浮动式安装。

（4）固定式模盒单料筒模模架的结构特点

了解模具的动作原理之前，先了解模架的结构。

单料筒模模架总体上包括以下几个组成部分：上、下模板；浇注系统；上、下顶料机构；上、下模板支撑件；上、下安装夹板；隔热层。

模板既是用来承载所有模盒的平台基础，同时又是模盒加热所需的热源。上、下模板的反面，即安装模盒的背离面，紧邻顶料机构。这套顶料机构主要包括顶料板、复位板、顶料杆、复位杆、弹簧等组成件。顶料板弹簧要求寿命高、弹力大。上模弹簧弹力方向垂直向下，使得上顶料机构在开模时总是处于向下运动的趋势，开模时顶杆始终处于顶出状态。顶杆处于合模位时每个弹簧弹力达到最大。下模弹簧为顶杆复位出力。下顶料板弹簧使合模与开模状态顶杆均处于缩回状态。开模以后，下模向下运动到一定的位置，碰到油压机顶棍，撞击下模顶料机构向上顶出，继续压缩弹簧，此时顶杆顶出，弹簧力达到最大值。下模上升，离开顶棍，在弹簧回复力的作用下，顶料机构复位。上模弹力是顶出力，下模弹力是回复力。在下顶料机构上设置复位杆的目的，在于弹簧力不足或者各顶料推杆存在不正常阻力，如顶杆孔磨损后卡料时，通过合模来强制性回位。也可以说是为下复位机构设置了一道保证装置。上、下模各有上、下夹板。支架将夹板与模板连接。支撑柱或支撑块将模板中央虚处予以支撑，确保在强大合模压力下，模板不至于弯曲变形。顶料推板与复位板则在模板、夹板构成的空间内循环动作。油压机常见的螺纹规格有 M12，1/2-12UNC，M14。模具固定方式有夹板螺钉直接安装、螺钉模压块安装两种。模压块可以压在夹板伸出部位，也可以压在支架槽位上。上、下夹板有安装固定模的功能。所以称为安装夹板，它们其实就是模架的上、下垫板。模板左、右方向配有加热管孔，筒式加热管插入其中，将热量传递给模板。模板再将热量传递给模盒。模盒表面温度一般要求在 175℃ 左右。模盒工作时模板在持续不断通过热传导来维持模盒的稳定模温的需要。而模板自身温度的稳定则通过压机控制系统对加热管通电、断电进行控制来完成。模板侧面还配有测温孔与高温过载保护孔，用来插装测温计、高温过载保护传感器。为有效防止温度散失，对模具有隔热保温要求。单料筒模具上、下垫板设计成三明治一样的夹板形式，中间所夹的那一块隔热材料板就是用来隔热的。MGP 模具的隔热板则是直接设置在模板后面。模板或垫板所衬隔热板，还要求能够承受合模高压。目前一般使用进口材料，国产材料保温、耐压、机加工性能有待提高。模具外表一般还要装上保温模套，就像给它穿上衣服一样。保温模套的隔热板材料无须承载能力的要求。

下垫板上设置了气浮孔与气浮槽。气浮功能在模具安装、对操作起到很重要的作用。它的原理是通过下垫板的气浮孔注入压缩空气，从而在油压机台板与模具下垫板之间产生一层空气薄膜，移动模具时就会很轻松，感觉模具在漂浮。对一套模具来说，顶杆的数量是所有工件中数量最多的，有时达到 1000 多支。除了这些主要的构件外，还有一些结构上必需的定位块、止动块等。

（5）QCC MGP 模的模架结构特点

QCC MGP 模与单料筒模的模架比较起来，有以下不同之处：

模盒安装位设计成抽屉式滑槽位，用来安装模盒；模架自带复杂的浇注结构系统；这一套浇注结构系统的核心部件是注射推板。所有的注射头对应于模盒位，设计成模盒底座的结构形式，统一安装在注射推板上。注射推板自带推力油缸与平衡机构。

顶料推板结构较为简单，负责模盒自带的一级顶料系统力量的传递，称为二级顶出系统。

3.半导体切筋成形模具的结构特点

（1）模具简介

半导体切筋成形模具根据其完成的工步可以分为冲废塑（溢料）模具；切筋冲模；成形冲模；分离模具；复合工步冲模等。

下模部分主要由下模座、下模固定板、下模镶块和载片板、定位针以及二支或四支大导柱组成。

上模部分主要由上模座、冲头、冲头座、冲头导向件以及卸料板、片位检测针、检测件、定位针和导套、弹簧等组成。

定位针和检测针是料片放置准确和定位精确的保证，是实现安全可靠剪切和成形的保障。

在模具工作时，上模由压机带动向下运动，与固定的下模结合进行剪切或成形过程之后，压机冲头回缩并带动上模向上，模具打开，完成了一次动作循环。对系统子模而言，接下来由送片机构将塑封条带移动一个步进距离，开始下一个动作循环。步进距离的大小与一次冲切的位数有关，它一般为引线框架步距的倍数关系。系统子模都是装在自动冲切成形系统上，由 PLC 程序控制进行动作。手动模具多数情况为一次冲切一整条塑封产品。

常见冲切产品类型包括以下几类：

双列直插件：DIP 系列。

表面贴装件：PLCC 系列、QFP 系列、SOP 系列、SOT/SOD 系列等。

分离器件：TO 类产品。

其他：光电耦合器，桥路等。

（2）模具结构介绍

每种类型的模具除了它的冲切、成形等工步的内容有些区别以外，模架部分的功能与结构基本相同。模具为立式结构，一般上模为动模，下模为定模。通过压机的带动，上模安装在下模上的精导柱上，进行上下快速往复运动。为减少阻力，提高精度，导柱导套间使用滚珠轴承。

半导体技术日益发展，半导体电子产品精度要求越来越高。横筋、管脚的冲切精度要求均较高。冲头（punch）、凹模（die）是直接用来完成冲切、成形的关键工件。冲头又叫凸模。对切筋用凸模、凹模可以叫作切筋凸模、切筋凹模。两者共同构成冲切刃口。成形模具凸模、凹模可以叫作成形凸模、成形凹模。切削间隙是切筋成形模具一个很重要的概念，根据被切削的金属硬度、厚度的不同，切削间隙会有所不同。

为了凸、凹模对刀精准，卸料板、凹模固定板间又装有精密级小导柱、导套。下模固定，上模为动模。上模在压机的带动下，沿下模导柱做上下往复运动，并带动凸模与卸料板（stripper plate）完成各自的动作。卸料板与上模板间安装卸料弹簧。工作时卸料板与凹模模面弹性接触，合模时将引线框架压住，避免了钢性合模时对框架带来的挤压伤害。开模时，上模板上升，带动凸模回升，但卸料板在弹簧回复力的作用下暂时不动，直到凸模脱离引线框架，并退回卸料板内。这时冲头完全脱离引线框架，与切屑并不发生黏附。这就是卸料板的卸料作用。没有卸料板的作用，凸模是很难单独完成快速冲切任务的。卸料板自身与凹模间有精确对中，卸料板上的凸模安装孔有给凸模定位的作用。这些形状各异的凸模安装孔用线切割的加工工艺精割而成，位置精度与配合间隙达微米级。各不同工步卸料孔常常做在卸料镶件上。

凹模形状较为复杂，从工艺上也常常考虑分块加工，这种组件式卸料装置与凹模座结构有利于提高模架结构的通用性。凸模从结构上一端是模曲面或刀口，另一端是安装端，通过端部台阶或槽位与冲头座（punch guide）衔接。上、下模板为凸、凹模的动作提供了一个稳定平整的台面。手动模在使用时将下模固定于油压机下工作台上，上模则通过快接式连接块与压机冲头相连。开模行程根据送料、取料需要手动模大于系统子模。开模行程主要分为维修行程与工作行程，维修行程大于工作行程。

系统子模的送料、出料都由系统配备的机械手来完成，引线框架在轨道与盖板的保护下经由凸、凹模的各工位步进时完成冲切、成形、分离等动作。为了预防发生错误，模具上装有必要的传感器。常用的传感器有机械式、光电式、金属接近感测试等。片位检测针与传感器共同检测引线框架定位孔是否经过检测针位置。引线框架在设计上一般都有防错识别孔。进入轨道或模具的引线框架要求有片位识别能力，因为一旦放错，除了冲切出的产品有错之外，极有可能同时损坏模具。切筋成形系统工作时一旦检查出错放，系统报警并停机。操作员应时刻区分各种警报，及时消除故障，确保生产正常进行。分离出来的产品可以在系统上实现自动装盘、装管。体积过小的产品，如封装形式为SOT23的产品外形尺寸只有米粒般大小。它的长、宽、厚度分别为2.9mm、1.3mm、1.0mm。这时候则需要特殊的选料机来对其排序、编带。系统子模结构轻巧，当自动冲切成形系统出现故障停机时，拆装、维修方便。其他各项配套结构在设计上也要遵循这一原则。为了减缓上、下模间的冲击，降低噪声，上下模板间常常设有弹性止动柱。止动柱一般的结构形式是在等高钢柱的合模接触部位垫放聚氨酯类的弹性材料，以减少合模时带来的冲击与噪声。

手动模工作过程中引线框架手工进行摆放，操作时应特别注意安全。冲切完毕，通过辅助取料连杆将整料取出。散料则借助机械连杆或气动的方法在手动成形分离模上实现产品装管。这时候还要在模具后面增加滑道与料管固定装置才可以。废料则在自身重力作用下，经由斜坡或废料孔滑落到废料盒里。

比较起来，系统子模工位安排引线框架位数比手动模具要少。为了更好地了解模面结构，以20引脚的SOP系统子模为例来作简单介绍。引线框架的排列位数为5排10列。具有8引脚的SOP塑封产品外观。

有两点值得注意：其一，我们用来冲切的封装产品是经过清洗、电镀工序后的产品，引线框架由裸铜金属颜色转变为涂银层的颜色了；其二，每个8引脚的SOP的一个封装窗口有两颗塑封体，而20引脚的SOP外形较8引脚的SOP长，只有一颗。引线框架相同长度的条件下，8引脚的SOP的列数为14列，而20引脚的SOP只能排到10列。这两款不同形式的封装产品在冲切成形时的基本原理与工步排列是基本一致的。

（三）电子封装模具技术特点

1.引线框架模具的技术特点

引线框架模具结构上要求设计合理、装配方便。通常情况下，尽可能地采用标准化结构，模块化结构。

模具排样有以下几个技术方面的考虑：

合理确定工位数。在不影响凹模强度的前提下，尽量减少工位数排布。工位数少时，模具的累积误差小，冲出制件的精度易控制。为了兼顾凹模强度，有时也需要增加一些空位工步，将凹模线切割孔由一个工位分散到多个工位，改良结构，提高强度。

合理确定冲切工位。冲切工位除了完成功能需要外，还应该考虑凹模的强度以及冲裁可能带来的引线变形等影响，冲切排布时尽量采用对称形式，以保证冲压时引线受力平衡，防止引线在冲压时变形或产生应力不均衡情况。

导正孔冲制放在靠前工位。冲出导正孔后，其后续工位应设置导正钉。引线框架冲制过程，都是应用其先冲出的导正孔来实现精确定位，以保证各工位间的位置精度。

合理设置导正钉的位置及数量。导正钉的设置保证了步进送料的精度需要。形位公差要求较高时，在不影响凹模强度的前提下，尽量安排在同一工位冲出。在引线框架内、外引线的工位设计时，有对称要求的引线空位安排在同一工位进行冲切。

（1）模架及导向机构的技术特点

为了保证模具的工作精度及稳定性，采用钢制滚珠导向模架结构。上下模板均调质处理，厚度均大于 50mm，确保模板刚性。模架上所有销钉孔及导套孔均用坐标磨床一次装夹加工完成，保证了高精度孔的坐标及孔径的精度要求，同时也满足了高精度滚珠导套及销钉的装配要求。

导向结构采用滚珠导柱及导套，其中导柱安装在卸料板上，使得卸料板与上下模板的位置精度保持相对精确。为确保模具在合模的瞬间维持住凸模与凹模的位置精度，在卸料板与每个凹模座之间再设计多个辅助滚珠导向系统。凸凹模采用了双级导向对中系统。卸料板上所有的销钉及导柱安装孔采用坐标磨床一次装夹加工而成。

在这样的模架结构及导向结构下，保证了模具在 500~600 次/min 高速冲压时不产生变形，从而保证了凸模与凹模间冲裁间隙的均匀性。而这两点，对于满足模具的设计寿命及引线框架尺寸的稳定性是至关重要的。

（2）卸料机构的技术特点

模具采用弹性卸料形式。弹性卸料板在冲压时可以起到压料的作用，这是引线框架冲压生产所必需的。卸料板有了足够的压紧力，可大大地减少被冲压材料的变形。卸料板的厚度合适，强度足够，使之能承受长期工作压力，减少变形。卸料镶件被安装在卸料板上，且卸料镶件上有凸模的导向型腔，型腔与凸模配合间隙极小且均匀。卸料镶件的外形公差需达到±0.5μm 精度，并与卸料板的安装槽为过盈配合，销钉孔、导柱孔由坐标磨床一次装夹精加工而成。技术上确保凸模在模具中的位置精度。卸料板需经热处理并深冷处理，以防加工过程中的变形，并提高模具零件的稳定性。

（3）凸模、凹模的技术要求

凸模、凹模工作件均采用硬质合金材料。形状尺寸及外形公差要求控制在±1μm 精度以内，冲裁凸模按企业标准采用标准长度，并且按标准确定凸模进入凹模的深度。其余的非冲裁凸模的长度均按此标准长度计算。实际上，这也就确定了模具的闭合高度。凸模固定在凸模固定板中，并与之按一定的间隙配合。凸模的工作形状用光学曲线磨床加工，确保加工纹路与冲压方向保持一致。

凹模分为整体和分体形式结构，当冲压形体较大、凹模强度足够时，通常采用整体凹模，并利用线切割加工成形；当冲压形体很小，采用整体凹模强度不足时，常采用分体凹模形式，并利用精密平面磨床和光学曲线磨床进行加工成形。

凸模、凹模固定装置的技术要求如下：

凸模固定在凸模固定板中，并利用压板进行压紧，凸模固定板使用销钉（螺钉）与上模板准确定位。固定凸模的孔位利用四坐标慢走丝机床加工成形。凸模固定板根据凸模的排布情况可以分段设置，以长度在 150mm 以内为宜，这种做法避免了板料在加工中的变形。凸模的工作长度可以根据其形状采用标准长度，同时也可根据实际情况确定其工作段长度，在设计凸模工作长度时，必须保证其具有足够的强度，以防止工作时凸模折断。

凹模固定在凹模座内。凹模座常见的结构形式有孔式和槽式。通常采用槽式。槽式凹模座优点在于：易于加工及维护，凹模定位精度高，易于调整。根据排样原则，常将内、外引线部分分别设计在两个凹模座上。凹模座以销钉与下模板定位，特别指出的是凹模座上需设计辅助导向机构，以保证凸模、凹模的准确定位。

（4）导向机构的技术特点

导向机构按作用的不同分为主导向机构、辅助导向机构、导正销及初始导正装置等。导正销的作用很重要。主导柱、导套是对对模具的上下两部分进行导向，辅助导柱、导套是对卸料板与下模的导向，导正销是对冲压材料进行精定位，初始导正装置是对冲压材料刚进入到模具中的粗定位装置，与此同时，为了保证冲压产品的精度，有时还需要增加其他一些定位导向装置。模具在冲压生产时，为了保证送料步距精度，在模具内常设置较多的精定位导正销，并将其设计安装在卸料镶件中，以保证它和凸模孔位的位置精度。导正销一般安装成弹性活动销，工作时可避免意外折断。

（5）误送料检测机构的技术特点

在高速冲压作业时，冲床可能发生送料精度不稳定的意外状况，如果模具不能检测这些意外情况而停止工作，会造成模具的严重损坏或导致生产时产生大量的不合格产品。为此，在冲裁工位设置了两个误送料检测装置，当冲床送料精度不准确时，设置在模具中的误送料检测机构就发出感应信号使冲床紧急停机，并在冲床的操作面板上显示停机原因。

（6）托料及导料装置作用

为了保证步进送料的顺畅，材料在传送过程中不可与凹模面接触，为此需要有托料装置。当模具开启瞬间，托料装置将材料托离凹模平面，然后由冲床送料机构进行送料。

导料板的作用是为了保证条带在送料时维持方向的一致性，使条带在规定的方向及范围内稳定地运动。

（7）限位装置的作用

为了保证模具闭合状态的唯一性，引线框架冲压模具需设计限位装置即限位柱，限位柱不仅能够有效防止因冲床闭合误调整对模具损伤，同时，也使模具内有深度方向要求的尺寸得到了稳定控制。

（8）废料检测机构的作用

在高速冲压时，还要对模具表面状况施行实时监控，以避免废料或意外物体落在模具表面对模具造成致命的损坏。因此，引线框架模具需设计废料检测机构。

两只距离感应装置设计安装在模具的两端处，模具装配时应根据冲压产品的材料厚度，设定距离感应装置参数。当模具工作表面有废料残留时，通过与设定好的距离感应装置参数对比，高度变化超过规定范围时，距离感应装置就会发出信号，使冲床停止工作并报警。

（9）计数切断机构技术特点

计数切断机构，是通过计数方式由模具自动完成切断动作，并保证一条引线框架的要求长度。切断用浮动凸模不执行切断动作时与卸料板一起运动。接触器与冲床的计数器连接，当达到设定切断的累计冲数时，冲床计数器发出信号，完成一次切断动作。计数器的作用是确保每条引线框架具有相同的位数或者相同的长度。

2.半导体塑封模具的技术特点

首先要了解一套完整塑封模具设计制成的技术依据：引线框架图纸；塑封料性能资料；塑封工序图；切筋成形产品图；塑封油压机有关模具安装、加热的相关资料；以及为了满足塑封工艺要求的塑封模具技术规范书。了解引线框架、塑封树脂等的技术指标，对把握模具技术要求有很大帮助。

引线框架图纸。生产批量大的引线框架一般采用冲切生产工艺。引线框架图纸中冲切尺寸、冲切技术指标、框架材料、表面镀层情况、材料硬度、热膨胀系数等相关信息，给塑封模具提出相应的技术要求。冲切技术指标有外形尺寸，引脚、基岛尺寸，冲切单元步距，引脚步距，定位孔，方向识别孔，及其冲切尺寸精度、形位公差。形位公差包括框架本体的共面性，侧向弯曲等。同时图纸技术规定还包括冲切圆角、毛刺面方向、毛刺大小等的要求。这些信息在模具设计中都是不可或缺的。引线框架材料以铜基、铁基两种基体材料为主。

塑封料性能资料。半导体电子产品的封装一般使用热固性塑封材料。它是一种环氧树脂与二氧化硅等的复合物。二氧化硅的晶粒是塑封料的主要填料，它有几种晶体结构形式，即结晶型与熔融型。熔融型的硅晶粒有片状和球状两种形状，其颗粒的大小、形状影响塑封料的填充性能。塑封料其他添加剂有硬化剂、催化剂、阻燃剂、离型剂、颜料等。塑封料的主要性能指标有：流动长度、固化时间、黏度、强度、密度、收缩率等。固化前塑封料的物理性能影响塑封过程的成品率，同时也决定固化后塑封体自身的物理性能。塑封材料对电子元器件的作用可概括成以下几点：

保护电子元件免受环境因素影响，环境因素有温度、湿度、大气中的污染气体等；保护被封装的芯片、引线（有金线，银线，铝线等）不受外界机械损伤；为半导体产品提供一定的结构支撑；为半导体产品提供一个绝缘体。

塑封工序图与切筋成形产品图。塑封工序图与切筋成形产品图提供了塑封模具型腔尺寸的原始依据。塑封体的外形尺寸、拔模斜度决定两个半模即上、下型腔的长、宽、深度、拔模斜度。习惯上，塑封工序图技术要求对上、下塑封体的错位指标，塑封体对引线框架单元中心的偏心指标提出具体要求。这两项在塑封工艺中相当重要，偏位、错位的多少除了直接影响塑封体自身的外形外，还影响塑封工序的后道工序生产的正常进行。例如，错位过大时，塑封体外形尺寸偏大，切筋时有可能切到塑封体。半导体电子产品的表面观存在要求，如表面粗糙度，出模顶杆位置，第一引脚标识等都有相应规定。半导体产品的技术要求，对塑封模具提出相应的技术要求，都在塑封工序图上反映出来。为方便不良品的追溯，型腔顶料杆印记上往往刻印出腔位标号，有的刻上制造商指定标识。

塑封模技术规范。塑封模技术规范是对塑封工序图的技术规范的一个延续。塑封工序图体现的一些技术要求，在技术规范里有更为详细的表述。同时技术规范又对模具使用性能，结构特点，必需的附件备件配备，商业条款有了更为详细的规定。塑封工序图、产品图与技术规范是供需双方验收塑封模具的重要依据。

（1）塑封模具的技术特性

①核心部件的高硬度、高稳定性。模盒及各组件采用特种模具钢材制成，经过淬火，达到 57HRC 以上的硬度。粉末冶金钢材、硬质合金等能达到更高的硬度。淬火后钢材通常经过回火、深冷处理，确保内部组织的稳定性。这很重要，组织不稳定，在使用过程中工件尺寸不稳定。

②模具的高产出特性。现在的塑封模具，一组模盒一般同时封装两条或多条引线框架，一条框架有一排或多排封装单元，每排又有多个封装单元，成矩阵形式。手动模同时可安装多组模盒。尤其是固定式安装模盒的单料筒模具，模盒外形较小，排列集中，可布置的模盒数更多。

③模具的等步距性。因引线框架封装单元呈现等步距的阵列排布，模盒的型腔、浇口、顶杆、齿槽、排气位等的排列同样遵循等步距特性。步距的计算在模具的设计上反复应用到。

④镶件的互换性。同一模具上不同模盒间的同种镶件外形尺寸、特征尺寸、加工的一致性精度等级控制在误差为 5μm 以内，高度尺寸控制在 3m 以内。确保它们可在不同模盒间可调换装配。

⑤模盒的互换性。装配好的同种模盒组可在模板的不同模盒工位间任意调换安装。

⑥镶件的对称性。模盒宽度中心为对称中心，模盒两边安装的同种镶条可以在旋转 180°的对称位置安装。在大多数情况下，中间镶件就是流道镶件，这时的流道镶件流道为贯通式，流道截面形状固定，镶件上所设浇口或支浇道截面无阶梯式截面设计。对尾端为盲端，流道截面、浇口或支浇道截面为阶梯式截面设计的流道镶件不满足对称性。阶梯式截面设计是对挤塑时均衡流动设计的应用。镶件的对称性在同一根镶条上也有体现。如对称式设计的型腔、齿槽在镶条的长度对称中心左、右排布呈镜射对称。

⑦模盒的对称性。中间分流式、两端对称分流板式 MGP 模盒设计上具有对称性，在模架上安装时无头尾差别。

⑧镶件、模盒的方向性。设置定位钉的镶件在长度对称中心上通常不呈左右镜射对称。完成引线、芯片键合后的框架要求封装摆放时位置的唯一性。有些情况引线框架定位孔为对称设计时，可在镶件上增设防反针来保证框架摆放正确。单料筒模流道为均衡流动设计的流道镶条、浇口镶条在模盒里排布上对长度中心无左右镜射对称，流道镶件无旋转 180°对称。这时候的模盒组也有头尾之分了。一般来讲，所有单料筒模模盒，安装好前后端盖后，都具有了方向性。模具的方向性与对称性并不矛盾，两者必居其一。

模具的这些特性决定模盒推料系统、支撑部件做成有规律的排布。

（2）型腔尺寸的确定方法

根据塑封模产品图给出的上下塑封体的长度、宽度、厚度、拔模斜度，结合塑封料的收缩率，确定上下型腔的大小、形状。确定必要的型腔顶针，型腔标记芯的位置。在零件图上需要对型腔表面粗糙度予以标注。型腔尺寸的计算方法如下：

$$L_{cav}=（1+R_{cpd}）\times L_{pkg}\times\Delta C_{te}$$

$$W_{cav}=（1+R_{cpd}）\times W_{pkg}\times\Delta C_{te}$$

$$D_{cav}=（1+R_{cpd}）\times H_{pkg}\times\times\Delta C_{te}$$

式中 L_{cav}，W_{cav}，D_{cav}——分别为型腔长度、宽度、深度，mm；

L_{pkg}，W_{pkg}，D_{pkg}——分别为塑封体长度、宽度、深度，mm；

R_{cpd}——塑封料收缩率（shrinkage）；

C_{te}——型腔条材料与塑封料材料的热膨胀系数差。

材料的热膨胀系数差概念：塑封体外形尺寸指的是在模温（约 175℃）态下膨胀以后的型腔尺寸下模制出来，再经过自然冷却后测量所得。而型腔镶条为模具钢材，与塑封树脂材料的热膨胀系数有差异，所以，两种材料之间存在热膨胀系数差。计算公式如下：

$$\Delta C_{te}=\frac{1+C_{te1}\times\left(T_1-T_0\right)}{1+C_{te2}\times\left(T_1-T_0\right)}$$

式中 C_{te1}——塑封料材料热膨胀系数，单位长度/℃×10^{-6}，取值一般在（6~7）×10^{-6}左右；

C_{te2}——型腔条材料热膨胀系数，单位长度/℃×10^{-6}，取值一般在 11×10^{-6}左右；

T_1——模温，单位为℃；

T_0——室温，单位为℃。

有时候计算结果与实际有些出入，那是因为塑封体的收缩受到引线框架、芯片的制约。这时候可通过试验结果或实践数据来修正。

塑封料所选型号不同，收缩率有别。收缩率大的材料在封装外形尺寸较大的平面插装件与平面贴装集成电路块时，固化冷却后因收缩产生的内应力导致塑封体弯曲，严重时甚至产生裂纹。弯曲的机理在于树脂料与引线框架、硅晶板料的收缩率不一致。超薄的平面贴装 IC，如高密度引脚的 QFP、TSSOP、QFN、BGA 等，考虑到塑封体弯曲的影响，需要选择收缩率较小的塑封料。收缩的不一致，也带来塑封体内部分层的隐患。不同级别的塑封料性能指标不相同。某些绿色环保型树脂，收缩率只有 0.12%，而常用塑封料收缩率一般在 2‰~5‰左右。

（3）浇口的设置与技术要求

分析塑封体的特点，分析引线框架的结构特点，找出合适的位置设置浇口。浇口截面的大小与塑封体尺寸、塑封料的填充能力有对应性。浇口尺寸过小，不易填充满型腔，所引起的塑封不良称为不完全填充。腔内压力不足时还产生塑封工艺中常见的产品不良，内部气泡或表面针孔。当然，产生这类不良的原因还有气槽不畅，注射压力设定值偏低，塑封料含水汽较重等其他因素。浇口深度偏大，在去除浇口时容易出现浇口残留超标。一般在塑封模技术规范或冲切模技术规范去浇口工序的相关条款中，对浇口残留作出要求。有时候出现的不良品是去浇口时断裂口吃进塑封体所致。所以浇口的位置、深度应该综合考虑各方面影响因素后确定。

不同类型的半导体产品，受引脚排列的影响，只允许设置较小尺寸的浇口时，填充时间长，浇注型腔时压力损耗大，实际生产中要求选用填充能力较强的塑封料。如 QFP 四面管脚型 IC 块，只能在角部开设较小截面的浇口。体积较小的小外形三极管、二极管，浇口深度一般不超过半塑封体厚度的 1/2，要求塑封料选择颗粒较细的球状硅填料。瘦薄类平面贴装件因灌填型腔阻力较大，浇口深度受到限制，塑封时常选用更高级别的塑封料。

封装相似类型产品，使用同种塑封料，当塑封体尺寸较大时，浇口尺寸可适当加大。浇口位置与填充角度的不同，可改变膏状塑封料流体灌填型腔的方向。不合适的位置与填充方向引起引线扫偏或冲断。上下型腔的不均衡灌填会引起芯片、基岛的上浮或下沉。严重时可导致引线暴露，芯片暴露，基岛暴露等问题。浇口平直段的设置，可以延长浇口磨损寿命。

浇口镶件属易损件。为延长寿命，通常采用硬度较高、耐磨性能较好的粉末冶金钢材或者钨钢制成。

（4）压印面、减压面的技术要求

过压量的概念。引线框架放置于下模面，合模后与上下半型腔共同构成封闭的空腔。为防止冲胶时发生溢漏，设计上处理方式是将引线框架厚度方向通过合模压力压扁，达到上下模面将引线框架封胶横筋"咬紧"的效果。上下半腔之间的间隙层高度比引线框架厚度值要小。这个差值就是压印深度。也称为引线框架过压量。半导体分离器件的压印面在引脚槽深度值确定时考虑。压印深度取值一般在 0.01~0.025mm 之间，引线框架较薄时取小值，较厚时取较大值。引线框架弹性模量较大时取小值，弹性模量较小时取较大值。

过压量的经验计算公式如下：

$$\Delta T = T \times R_c + 0.01$$

式中，ΔT 为过压量，mm；T 为引线框架厚度，mm；R_c 为引线框架的压缩比，取值一般在 2%~2.5%；常数 0.01 是考虑引线框架厚度的一致性的经验取值。

过压量计算结果为名义值，考虑到模具零件存在加工误差，实际过压量有时更大一些。

模面大小不同时，所需合模压力不同，现在的油压机压力吨位可达到250t。模面大小确定后，对合模压力作出估算是很有必要的。合模压力计算应考虑以下几点因素：

①引线框架过压力。将引线框架材料沿厚度方向按压印量压缩，以使得型腔里半流态的模塑料在保压时，不会沿引线框架与模型贴紧面溢出。在总的合模压力消耗中，压缩引线框架基体材料所消耗的压力占较大比例。我们把这个力用符号 F_l/f 表示。

②流塑在受到挤压时对模面产生的反作用力。冲胶时，模塑料在冲满流道、型腔后，半流态的模塑料对分型面产生一个压力，这个压力作用下使模面呈张开趋势。注射压力产生的张力，就是注射张模力，用符号 F_c 表示。

③合模阻力。包括合模时克服弹簧所需要的力，模具重量，模面啮合阻力等。这些力的大小一般能达到1500kgf以上。合模阻力在总合模压力中占比例最小。用符号 F_s 表示。

合模压力用 F_m 表示，计算公式如下：

$$F_m = F_l/f + F_c + F_s$$

$$F_l/f = A_m \times C_l/f$$

式中 A_m——压印总面积；

C_l/f——压印系数；铜基引线框架取2000kgf/cm^2，铁基引线框架取2500kgf/cm^2，镀钯框架取3500kgf/cm^2，压印系数的概念与材料的抗拉强度有一定的对应性。

F_m 的计算结果习惯上换算成吨位数来表示。如16引脚的DIP六个模盒的单料筒模合模压力计算为125tf，表示合模时所需要的合模压力为125tf。

既然合模压力主要消耗在压缩引线框架基体材料上面，模面在技术上就要考虑尽量地减少引线框架与模面的接触面积。通常的做法是在模面上加工出一些比较浅的压力让空面（减压面）出来。减压面的深度一般在5~20μm之间。实践也证明，减压面的设置确实可以大大地降低合模所需的压力值。

引线框架上料方法与技术要求如下：

单排较窄的引线框架。通过对引线框架位数与长度进行分析，找出同一排定位孔里的两个来作为上料框架托板定位孔。在模盒对应位置为托板开设让位槽。让位槽设置位涉及边镶条，整体式型腔条，模盒侧墙。

单排较宽、位数步距较大的引线框架。一般也在以上所述位置开设个托板槽位。但托板槽长度可适当加长，托板托片时重心落在托板上，确保托片平稳。

矩阵式排列的引线框架。在位数步距较密不能设计较长托板，在上料架压盖帮助下引线框架仍会倾斜乃至脱落的情况下，需在引线框架定位孔对侧的两角头部位增设辅助托板，在模盒端盖、型腔条端部对应位置开设让位槽。

（5）排气槽的技术特点

一个合格的电子产品，不允许存在内部气孔、气泡，以确保其在电路上有工作稳定的电性能。当气孔、气泡严重时，电子块有可能被击穿。注塑时塑封料自身析出部分水汽，同时又有如型腔、流道等的空腔里存在空气。为了让这些气体顺利排出，不至于裹入塑封体，需要在型腔合适位置开设排气槽。排气槽不允许通过引脚所在位置，否则因黏附汽化树脂对后道引脚电镀构成影响。排气槽应避开引线框架定位孔位置，避免从排气槽溢出的塑封料堵塞切筋工序步进时有用的定位孔。排气槽相对于塑封料的流动性深度有不同的深度要求，一般在 0.02~0.03mm。SOT23 等小产品气槽深度在 0.02mm 以内，40 引脚的 DIP 在远离浇口端的气槽则可深达 0.05mm。各相同作用的排气槽深度需保持较好的一致性。否则，在相同注射压力下，排气槽的排气效果，溢料情况都会大有差异。多个气槽间深度差一般要求控制 0~3μm 以内。

（6）定位方式的选择与技术要求

引线框架摆在模盒分型面上，一般通过定位针来定位。定位针位置精度要求定在±3μm 以内。确定定位针在模盒面位置时需考虑热膨胀影响。热膨胀系数差的计算按照前面介绍的计算公式进行计算。

$$X_{cav}=X_{1f}\times \Delta C_{te}$$

$$Y_{cav}=Y_{1f}\times \Delta C_{te}$$

式中 X_{cav}，Y_{cav}——分别为定位针在模盒平面 X、Y 方向相对于定位原点的相对坐标；

X_{1f}，Y_{1f}——分别为定位针在引线框架 X、Y 方向对应于定位原点的相对坐标；

ΔC_{te}——引线框架材料与型腔条材料的热膨胀系数差。

同一个模盒上定位针与型腔相对位置精确，误差不能超过±5μm。这样才可以确保引线框架封装窗口中心与型腔中心保持相对准确。

定位针的固定方式有多种，原则上要求便于维修，更换。

①带定位针固定座定位方式

为了更换方便，将定位针安装于定位针固定座上，定位针固定座再用螺钉固定在模盒座对应的定位针座安装槽位。因受到尺寸限制，定位针块常用 M3 螺钉来固定。它的弱点是用清模胶条方式清模时，定位针块容易松动。

②定位针直接安装定位方式

定位针从模盒的正面或底面插入，用螺钉压住定位针头部或者借助定位键来压住开设在定位针上的键槽位，以防止定位针上下窜动。

（7）引线框架上料方式

目前手动模具常用的引线框架上料方式是用上料架来完成的。上料架一般用 AL

6061 制成。AL 6061 是航空用铝合金，这种铝合金材料强度高、刚性好、重量轻。上料架上安装有带定位针的托指，它们用来托住引线框架。一条引线框架配有两个以上的托指。操作时引线框架连同上料架一起摆在模面上。所以，模盒与边镶件的边缘要设置托指的让位槽。为防止操作过程中引线框架脱落，可加设上料架压盖。压盖上设有与托指对应的压指。

DIP 系列的引线框架步距较大，托指可以伸出较长，使引线框架重心完全被托住。分离器件的托指只能托住引线框架宽度方向的一小部分，端起上料架以后，引线框架容易倾斜。这时候压盖的作用就显得很重要了。对多排多列的引线框架，宽度较大时，在引线框架下垂的另一侧的两端，可设置两个辅助托指，将运输过程中的引线框架托平。较长的引线框架，尤其是刚性较弱时，长度方向两个托指是不够的。这时可在中间段较合适的位置增加一到两个辅助托板，防止中心部位下垂。无论是中间辅助托指，还是两端辅助托指，都可以不设压指。

托指上带有定位针。这个定位方式只是粗定位。引线框架定位孔与托指配合间隙较大，一般在单边间隙 0.25mm 以上。计算经验公式如下：

$$\varphi_{LOC}=\varphi_{LF}-0.5$$

式中 φ_{LOC}——托板定位针直径，mm，计算结果往往根据接近的钢材棒取整数；

φ_{LF}——引线框架定位孔直径，mm。

托指定位针保持较大间隙对上料时引线框架的顺畅入位有帮助。当间隙设计偏小时，入位后托板定位针在模盒定位针的干涉下，托板定位针拉扯引线框架，引线框架在模面上膨胀后不服贴。间隙偏大则会带来入位不顺畅。另外，从工作温度的角度来考虑，上料架在引线框架预热台上温度为 140℃，进了模具以后温度会逐渐升高到与模温一致，达到 175℃。在温差为 20℃~30℃的热膨胀差影响下，引线框架定位针也需要有一个较大的间隙来满足送料框架膨胀时托板针的移动。有些情况下，可以计算出来，0.25mm 的间隙是不够的。这种情况下设计者可将托指设计成浮动形式或者可调整式。浮动式托板的设计对自动排片机的适应能力不强。可调整式托板的工作原理是：在试上料时，松动托板固定螺钉，等温度到位后通过反复摆动上料架来使引线框架入位达到最佳，然后再锁定托板螺钉。引线框架没完全入位而强制合模后往往引起引脚压伤。

上下模盒对应托指、压指的地方，需开设让位槽。托指定位针从下模通过分型面伸向上模，所以在上模对应位置需开设定位针让位坑或槽。

另一种引线框架上料架的结构形式是旋转托板式。旋转托板式上料架上料后需从模面拿走。这种结构的托板不适合在模盒上开设让位槽。

流道的技术要求：流道截面采用梯形截面，或者半圆底面，以便于脱模。从分流道到主流道，到中心流道板，到分流井，流道截面逐渐变大。单料筒模具主流道较粗，靠近中心流道板附近宽度达 10mm 甚至更宽。流道内壁一般予以抛光处理，以减少流动阻力。主流道截面一般宽度 3~5mm 左右。MGP 模具主流道较细，难以进行抛光处理，内部多数情况下保持电火花加工的毛面粗度。主流道宽度一般在 mm 左右。流道拔模斜度常用角度有 7、10°、12°、15°等。

MGP 模流道总长一般在 10cm 以内，而单料筒模流道长度流得最远模盒远端型腔的距离可达 35cm 以上。尽管塑封料流长远远长过这个距离，但在有限的固化时间里要使得塑封体达到较好的品质，有时候要在流道设计时考虑均衡流动。均衡流动常用的方法是：流道截面按塑封料流动方向从近到远过流截面按梯次减小；浇口截面从近到远过流截面按梯次加大。

溢料井的作用。模盒流道的近端与远端往往需要设置溢料井。有时溢料井只在远端单独开设。溢料井也称为"假型腔"（dummy cavity）。通过设置溢料井来改变流速与压力对填充多个型腔的影响，将废品腔位置推移到溢料井所在位置。流道末端溢料井对 TO 类分离器件、DIP 类集成电路块等的气孔、气泡问题的改善作用是显著的。经过实际生产验证，40 引脚的 DIP 模盒流道前、后的溢料井的设置，对金线扫偏、气孔、气泡等的封装不良现象改善作用都是相当明显的。

因为塑封料存在黏性，在塑封过程中，塑封料固化后容易粘在模具型腔、流道面上。顶料杆的作用是开模时，通过顶料杆的顶出进行脱模。流道、型腔、引线框架覆盖区域需设置顶料杆，尺寸较小的型腔不能设置顶料杆，有些电子产品要求表面不可产生顶料杆印记，也不能设置顶料杆。这些情况下塑封体的顶出，往往通过引线框架或流道顶出的同时带出。开模时上模顶杆先顶出，下模在下降过程中制品仍留在下模。开模行程达到设定范围，在塑封油压机顶杆迎碰下，下模顶杆顶出制品，这时方可取走料架与制品。流道顶杆步距在设计上按一定的间距排列。单料筒模流道常用直径φ2mm、φ3mm 的顶杆，间距保持在约 25~~30mm 之间。MGP 模具流道常用直径φ1mm、φ1.2mm、φ1.5mm、φ2mm 的顶杆。因受到顶杆孔加工方式的限制，直径小于 1mm 的顶杆不建议使用。顶杆分布步距保持在 15~20mm 之间较为合适。溢料井也要设置顶杆。各个支流道与主流道，主流道与分流井连接弯道处通常加工圆角形状。这样更加有利于流道脱模。

（8）模盒的分型面技术要求

组成分型面的各镶件顶面，模盒座侧墙，边挡板，中心浇道板等的顶面要求抛光处理。为增加分型面硬度、光亮度、抗腐蚀性能，可进行镀硬铬处理。镀层要求薄而均匀，一般在 2~4μm 之间。镶件总高是指含镀铬层的总高度。

组成分型面的各镶件贴装面顶角保持尖角。即不允许倒角。不小心倒了角的镶件组装在模面上，分断线处产生 V 形窄缝。塑封料注射时会漏料；同时塑封料及其清模胶条挤入贴装面夹层的危险性更高。

所有减压面要求有一定的光洁度，以便于更易清理模面废塑。

（9）引脚槽的技术特点

分离器件模具引脚放在引脚槽内。槽底深度确定方法如下（单位为 mm）：

$$D=T_{lf}-\Delta T$$

式中 D——引脚槽深度；

T_{lf}——引线框架的厚度；

ΔT——引线框架的过压量。

引脚槽宽度的计算方法为：

$$W=W_{lf}+0.10$$

式中 W_{lf}——引脚的宽度，mm。

从公式可以看出，引脚在槽内左右理论设计间隙为单边 0.05mm。有时要求塑封料从齿槽间隙溢出距离越小越好，但间隙过小时容易引起引线框架入位不畅。引脚槽采用斜度侧壁设计时可减小槽底间隙，对引线框架初步导入有帮助。但由于引脚步距、引脚槽步距存在加工误差，当引线框架初步导入后仍不服帖，而靠合模强制压平的话，可能存在合模拉扯引线，导致引线松脱的危险。

引脚槽步距计算与型腔步距计算的方法一致，都需要考虑材料热膨胀差异的计算。为了保证槽侧间隙有较好的均匀性，要求引线框架自身引脚步距精度一致性要好，引脚步距精度应保持在 ±0.02mm 以内较为合适，引脚槽步距精度保持在 ±5μm 以内较为合适。

（10）塑封模防溢料要求

引线框架与流道镶件结合边存在间隙，一般为 25~50μm 左右。取值原则与塑封料流动性、引线框架的侧弯度有关。塑封料流动性较好时取较小值，引线框架侧边较为平直时可取较小值。为防止塑封料从缝隙渗出，使用压印拼块将引线框架侧边的两端各取一压印点，合模时将引线框架材料挤压变形以贴紧台阶，可以达到封流目的。

半导体器件类产品的引线框架两端，其产品引脚侧面的塑封料有机会沿着引脚侧、横筋流出模腔。为防止树脂渗漏，齿形镶件的两端设计成压印拼块，合模时将横筋挤扁使得横筋侧缝隙变小以达到封胶的目的。

（11）模盒自对中块结构的技术特点

对中块是用来给上下模盒合模时对中用的。在设计上要求对中块自身保持一定的尺寸精度与安装精度。有对中块的模盒，一般要求模盒为浮动式设计。浮动式模盒在 MGP

模具中应用较广。浮动有以下几种形式：

上模盒浮动，下模盒固定。这种结构形式在单料筒模中应用较多。上模盒浮动方法是将模盒与模板连接固定螺钉加限高套、垫片结构。限高套高度一致性控制在 ±0.01mm 以内。安装好以后，上模盒在模板平面圆周晃动量一般为单边 0.05mm。上下方向晃动间隙保持在 0.15mm 左右。这种浮动方式对胶条式清模方式不利。

上模盒较大间隙的浮动，下模盒为较小间隙的浮动。上模盒在模盒位 X、Y 方向各有 0.10mm 的浮动间隙，下模盒浮动间隙为 0.05mm；这种模盒浮动结构形式是 MGP 模盒常用的结构形式。因为 MGP 模盒之间并不共用中心流道板，所以不存在胶条清模时胶条将浮动间隙堵塞的现象。

上下模盒浮动安装，锁定后工作的浮动方式。这种浮动形式是介于两者之间的一种对中形式，常常应用于单料筒快换型模盒。上下模盒都为浮动式安装。初次合模自对中后，按先后次序将模盒固定锁紧在各自模盒位。接下来的频繁合模过程中，上下模盒能保持较好的对中。这种浮动形式要求上下中心流道板有很好的对中。即是要求上下中心流道板的边缘合模后能重合在一条线上；否则，对中块在合模后会很快啃伤啮合面。

（12）镶件的固定方式

模盒内镶条与模盒座通常用内六角螺钉连接，固定。螺钉位置排布时应避开顶杆孔，标记芯孔，镶针孔或者其他镶块安装槽。螺钉不允许从镶条分型面方向装入。螺纹一般设置在镶件的背面，沉头孔与螺栓过孔设置在模盒座底面。螺纹预孔深度不允许穿透分型面。一般在设计时保持距离分型面或型腔面 5mm 以上。螺纹规格通常选用 M4 或者 M3。间距一般在 30~40mm 左右。镶件够大时优先选用 M4。考虑拆装重复性，塑封模具避免使用 M3 以下尺寸的螺钉。攻螺纹镶件的安全宽度为螺纹公称直径大 0.8mm 以上。镶件底面小到无法安装螺钉时，可通过取台阶或利用贴装斜面的办法，借助旁边的镶件将其压住。顶杆数量较多的镶条排布可以增加螺钉数量，镶条无顶杆、注射头分布时，可以选择更大距离的螺钉排布。对 35mm 以上较宽的型腔镶条可设置两排螺钉的设计。必要时可根据顶杆顶料时的推力对螺钉总拉力进行校核计算。

（13）模盒座的结构特点

模盒座是镶条安装的基座。组装后的模盒组有了很好的整体性。模盒座通常制作成精度很高的槽形，内槽宽度是镶件总宽度的基准。模盒座槽底面厚度较厚，维持很好的强度与刚性。模盒底槽厚度推荐为 16mm、18mm、20mm。构成模盒座槽的两侧壁厚度不小于 8mm 厚，以确保强度与刚性。挤胶时，模盒内组件在侧向长期受到注塑压力的作用，使之呈张开趋势，一旦塑封料被挤入镶条间隙，形成夹层，这组模盒的镶条就发生偏位。这将使得上下塑封体的错位值超标。抵抗侧向注射压力的结构就是模盒的侧壁。

由此可见，侧壁越厚越结实，塑封料与清模料挤进镶条间隙的可能性越小，模盒内镶条的错位可能性越小。当镶条间隙出现塑封料残料夹层后，需要及时地拆开清理后重新组装。模盒侧壁严重变形难以恢复时需进行修理或更换。

①模盒侧壁上开设上料架托板让位槽

为提高上下模盒对中精度，上下侧壁上可开设对中块精定位槽，保证模盒长度方向的自动对中。模盒的前后端盖锁紧后各镶条长度方向保持非常整齐。端盖上可开设溢料井。有对中设计时，端盖上可用来设置模盒宽度方向对中块精定位槽。

单料筒模模盒侧壁外侧一般做成台阶状。低于侧壁的台阶是用来让位给引线框架上料架的。在此台阶上开设模盒座与模板之间的连接螺钉过孔与沉头孔，螺钉一般保持80~120mm 的间距，通常采用 M6 的螺钉。开设两个或四个与模板定位的定位销孔，定位销钉常用直径为 8mm。开设四个取模螺纹孔，取模孔螺纹通常为 M8 普通螺纹或细牙螺纹。

②塑封料用料量计算

型腔、浇口、流道、分料井、溢料井、料筒尺寸确定以后，就可以对用料量进行估算，以便于合理控制用料。先算出型腔、浇口、模盒流道、中心流道板主流道与分料井、溢料井、料筒残留的用料量容积，然后统计起来，根据塑封料压实后的密度算出用料的质量。根据总的质量、打饼密度、用料规格推算出料饼个数。用料量计算如下：

$$V_{TOTAL}=V_{CAV}+V_{GATE}+V_{RNR}+V_{CULL}+V_{D\mu mMY}+V_{POT}$$

式中 V_{TOTAL}——整模用料量总容积；

V_{CAV}——型腔部分用料量总容积；

V_{GATE}——浇口用料量总容积；

V_{RNR}——模盒流道用料量总容积（MGP 模此项容积为除了中心流道板以外的各分支流道的总容积）；

V_{CULL}——中心流道板主流道与分料井用料量总容积；

V_{DUMMY}——溢料井用料量总容积；

V_{POT}——料筒残留用料量总容积。

$$M=V_{TOTAL}\times D$$

式中 M——按模具总容积计算出的塑封料质量；

D——塑封料压实后的密度。

根据塑封料料饼规格，可换算出料饼个数。换算结果取整时既要遵循节约的原则，又要便于管理。计算结果小数点后面尾数接近 1 时，取整为 1。小数点后面尾数远小于 1 时，可根据料筒残留量调整到 M 刚好被单个料饼质量数整除。料筒残留量与分料井最薄处厚度，为注射保压安全厚度。该厚度小于保压厚度要求时，应调整塑封料饼规格。分料井安全保压厚度建议值：单料筒模为 3mm，MGP 模为 1.5mm。塑封料饼打饼密度一般不小于压实密度的 87%。根据打饼密度计算每模料饼总高度。料饼高度决定模架设计时注射行程的选择。

③顶杆与顶杆孔的配合

顶杆与顶杆孔的配合为间隙配合。直径小于 3mm 的顶杆封胶段配合公差推荐为 H6/g6 或 H6/g5。单料筒模具顶杆较长，一般在 110mm 以上。MGP 模具顶杆长度则在 40~50mm 之间。直径较小的顶杆可采用台阶式顶杆，以增加强度。顶杆的头部高度、直径，台阶高度根据规格表进行选择。顶杆过孔直径呈阶梯式放大，目的是组装方便。过孔交接处通常倒角，大小控制原则上做到插装顶杆时，不至于引线顶杆端面撞到台阶引起崩角。

④模架的技术要求

塑封模的发展过程是先有单料筒模，再有 MGP 模。先以单料筒模为例来说明其技术要求。按照塑封压机的类型，对确定好的模具总高、大小进行校核。设计模具总高及大小须注意以下几点：

（1）模具总高在油压机行程范围之内；

（2）开模距离满足上料、取料、清模的开模空间需要；

（3）上注射式模具注射头行程在注射油缸行程范围之内；

（4）注射头起始位满足塑封料投料空间的需要；

（5）模具大小适合压机台面安装。

油压机上下台板开模距离有 750mm、800mm 两种常见规格。压机动板行程一般为 300mm。安装模具后，开模空间保持在 220mm 以上较为合适。开模空间过小，会带来上料、取料、清模等操作上不便。模具总高一般设计在 490～~530mm 之间为宜。在确定单料筒模总高时，一般选择上模架高过下模架。原因是上模需考虑从料槽放置塑封料饼的投料空间。一般上模总高在 300mm 左右，下模总高在 200mm 左右。注射头及注射头连接杆组装在一起后，安装在油压机注射油缸柱塞头端部，伸出上台面。注射头离料筒口之间的距离，就是塑封料的加料空间。加料空间一般要求 90mm 以上。注射行程一般在 300mm 左右。注射头下降，空走到行程尽头时，要求注射头从上模面能够伸出 5~10mm 或以上。在模具安装调试时必须确保注射油缸"注射最低位"在行程范围之内。如可伸出长度不够，注射塑封料时可能引起压力不足而导致型腔注塑不满。

模架各板件、承载隔热层都要求有很好的平面度及其平行度；同一半模的支撑柱保持等高。组装后才可以保证整个分型面上各点合模压力相同。

⑤模板的技术特点与要求

模板一般选厚度 60mm 左右、硬度 20~30HRC 左右钢板制作。单料筒模模板的中心安装有中心流道板。左、右模盒沿模具进深方向等步距排列，且相对于流道板中心对称排布。左前位模盒与右后位模盒相对于模板中心旋转 180°对称，左后位模盒与右前位模盒相对于模板中心旋转 180°对称。对固定安装的模盒或者中心流道板，在它们的取模孔相对的位置，可在模板上开设直径大于取模孔直径的低位孔。目的是防止取模操作时将模板表面划伤或产生毛刺，从而影响模面平整度。

发热管孔一般沿模板左、右方向对插。模架发热管为圆形直筒式，塑封模常用的规格直径为 12.5mm 或 12.7mm。孔的直径按加大 0.3~0.4mm，确保合理间隙。若间隙过小，发热管加热后会胀紧，冷却后难以拔出。间隙过大，会影响到热传导，严重的情况则会导致烧管。管孔内壁要求有较好的光洁度和圆度。发热管排布要求均匀，并刻印允许插装发热管的功率瓦数。排布的规律是一般从中间到两边瓦数逐渐加大。目的是控制模面各点温度能保持基本均衡。一般要求模面各点测试温度控制在±5℃以内。按照单块模板左右各半位置，发热管的排列的个数为半模盒数加 1。

对多点测温的油压机温控系统，要求上、下模板每支发热管附近，可插装测温热电偶。无多点测温要求时，一般分别在上、下模板的后侧左右对称位置各安装一支，总共每模四支的测温热电偶，分别对模具的上、下、左、右四个区域模温进行控制。油压机温控系统还要求上、下模板各插装一支超温切断保护传感器。

⑥模板导向对中要求

模板四个角部位置设置四副合模对中导向用的精配合模导柱导套，四边位置设置四组精配合对中导向块。从导柱、导套，模板精对中块，到模盒自浮对中块，按三个梯级精度等级逐级提高。模架的一级与二级对中导向结构，使得上下模板对中。对无第三级导向结构也就是模盒对中块设计的固定式安装的模盒，靠定位销的位置精度与模板的一、二级对中结构来维持对中精度。

导柱导套要求有较好的耐磨损性能。通常选择 M2 的材料进行表面渗碳或渗氮处理。

为完成模具开合动作的要求，需要设置顶出弹簧、复位弹簧。按照动作区分，上模弹簧为顶出弹簧，下模弹簧为复位弹簧。为限制弹簧顶出与复位，需配有复位杆、止动块结构。为了便于吊装，各种模架的板类零件都需要开设起吊孔。为防止吊装时滑落，起吊孔通常在板的侧面做成螺纹孔的形式。模板通常选 M16 或者 M20 螺纹孔作为起吊孔。顶料推板、底板重量较轻，可以开设 M1O 或者 M12 的起吊孔。

⑦支撑柱与支架的技术要求

厚重的塑封模板应有很好的强度与刚性。但在较大的合模压力作用下，受到来自模盒自身的反作用力，模板仍会产生轻微弯曲变形。另一方面，在塑封料张模力的作用下，注塑料很容易从合模面间隙向外渗漏，严重时引起引脚正面溢漏。支撑柱排布时要求模板背面每个模盒正对位置排布均匀，支撑接触面充分，排列间距上维持一定的密度，不能过于稀松。支撑件的位置不能与动作工件如顶杆、复位杆等产生干涉。顶杆比较密集时，应在它们间缝中对支撑柱进行规律有序的合理排列。

合模压力高达上百吨，要求支撑柱强度与刚性保持好的一致性。同一个支撑面上的截面面积相当的支撑件要求等高。高度误差控制在 5μm 以内。直径相对其他支撑柱小得多的支撑件，可适当加高 0.01~0.02mm，目的是让它们在受压弹性变形后维持相当的支撑能力。支撑件的淬火硬度一般在 35HRC 以上，同模支撑件须保持硬度的一致性。

为了方便管理，通常将上下模支撑柱做成高度一致。单料筒模上面推板空间不足的高度用形状较为厚实的等高支撑块来撑垫。

（四）电子封装模具制造与调试

1.模具制造与工艺

电子封装模具的制造过程当中需使用到多种类型加工设备。传统的车、铣、钻、磨等机械加工方法自然必不可少；由于模具制造的高精度和结构上的特殊性，异形槽、孔位的需要，经常用到电火花、线切割等高精度的电腐蚀加工方法；为提供电火花机加工零件过程中尺寸精度极高的电极，数万转速高速加工中心设备显得极为重要；塑封模的模盒内镶条、引线框架模具、冲切成形凸、凹模等关键工件往往需要有高精度、高硬度、高稳定性要求，使用特殊的模具钢材，在经过热处理后得到要求的硬度，深冷以后可得到好的稳定性，这就需要用到热处理设备；为了得到工件尺寸的高精度，常用到高精密的平面磨床、光学曲线磨床、坐标镗磨床等关键磨床；构成模架的大型板类零件，为了满足平面度、平行度的要求，通常需要配备一台大型平面水磨设备；塑封模具因为是在高温状态下工作，发热管孔、气浮孔等深孔加工难度较高，普通钻床难以控制精度，通常是在专用深孔钻床上加工深孔。

（1）设备类型

①磨床

在实际生产中用到的磨床设备有工具磨床，平面磨床，光学曲线磨床，大型平面磨床，坐标镗磨，内外圆磨床等。小型磨床和平面磨床常用来加工塑封模模盒组件中各类零件的外形，开通型、光亮型腔面，磨削贯通型让位槽、齿槽、气槽，冷冲模刀具、模架小型板件、凸模固定镶件、卸料镶件、凹模镶件等；光学曲线磨床主要用来加工梳形凸模的齿形，成形凹模轮廓，或其他复杂轮廓的淬火零件等；大型平面磨床为引线框架模具、塑封模具模板等尺寸较大的板类零件平面度、平行度提供加工保证；坐标镗磨一般用在直径精确、内壁光滑的孔的加工，如定位销孔、导柱导套安装孔、顶杆孔等；内外圆磨床用来生产轴类零件，导柱导套，塑封模料筒，顶杆等。对已标准化的零件，建议直接订购，以节约设备投资。

②铣床

铣床主要有工具铣，数控铣，加工中心等。普通铣削加工无须多叙。高速加工中心在紫铜、石墨等电极材料铣削加工时需达到两万转以上的转数，切削面才能保持好的表面光洁度要求。普通加工中心常常用来对板类零件进行钻孔、铣孔、铣槽，经过编程，所有粗加工孔一次定位或加工，能使它们保持很好的相对位置准确度。

③电火花机

电火花加工对针对机械方式难以完成的零件意义重大。塑封模的封闭式型腔，复杂窄小流道，特殊角度、曲线度的槽位等都少不了电火花机。在电火花加工型腔时，得出的毛面粗糙度等级需根据塑封的需要确定。

④线切割机

线切割机有慢丝、快丝两种。线切割对冷冲模加工生产应用较为广泛。凹模、卸料板、凸模固定板等，通常需加工出许多异形孔。特别是凹模刃口，需要用到慢丝线切割。塑封模模盒内零件也少不了慢丝线切割。快丝线切割则常常用来开料，或粗割外形轮廓、孔形等。

⑤卧式深孔钻床

模具发热管孔、气浮孔常设置在板类零件侧壁。深孔钻加工深孔时孔径均匀，内壁光滑。

⑥热处理设备

热处理设备主要包括淬火炉、回火炉、深冷箱、表面热处理炉等。模具钢材在淬火炉内升温至1000℃以上的某个温度点，保温一段时间后淬火，内部组织奥氏体化。淬火后的工件通过回火、深冷、时效处理，使组织稳定性提高，同时可消除内部应力。模具表面热处理常用工艺为钢材发黑，铝合金表面阳极氧化等。

⑦电镀设备

目前常用的表面工艺是化学镀铬的方法。为满足环保树脂脱模要求，也会用到特殊的表面涂层工艺，如真空离子注入等。

（2）典型加工工艺示例

塑封模SOT23型腔条。使用材料为粉末冶金钢材，牌号代码为Asp23，热处理后硬度要求达到62~64HRC。工艺流程如下：

备料（外形尺寸按长、宽、厚度各留加工余量2~3mm）→立铣完成外形至长、宽留量0.2mm，厚度留量0.5~0.6mm。铣槽位，钻预孔→攻螺纹机攻螺纹→铣加工检验→热处理。淬硬、-120℃~-140℃深冷，使金属晶体组织转化为马氏体→使用平面磨精磨长、宽到数，精磨厚度并留加工余量0.2mm。过程中确保各外形面之间的垂直度、平面度、平行度→穿丝机预孔加工，留量0.1~0.15mm→外形检验→电火花机粗加工型腔，以外形作为定位基准→电火花机按步骤逐步精加工型腔，按加深型腔深度0.2mm加工深度，并确保换算后的型腔开口长、宽度→电火花加工引脚槽，深度以型腔深度为参照→电火花加工流道、浇口、减压让空面，深度以总高为参照→电火花表面检验→磨床加工。以型腔、引脚槽深度为参照，精磨分型面加工余量；精磨总高；精磨镶条顶面气槽、让位槽→去毛刺处理→馒丝线切割加工流道顶杆孔、引线框架顶杆孔到图纸尺寸要求→坐标镗精磨定位钉孔至大图纸尺寸要求→电镀前检验→电镀→电镀后检验→入库。

梳形凸模。使用材料为钨钢。工艺过程如下：

快丝线切割下料（外形尺寸按长、宽、厚度各留加工余量0.1~0.2mm）→使用平面磨精磨外形到数，粗磨齿槽各侧留加工余量0.1mm→外形检验→以外形作为定位基准，利用光学曲线磨床磨齿槽宽到图纸尺寸要求，各刃口组成面粗糙度要求在Ra0.40以内→QC总检→入库。

2.引线框架模具的安装与调试

零件需要全检。依据模具设计图纸的技术要求，对各模具零件进行全部尺寸检查，主要包括零件表面粗糙度检查，检验合格后方可进行待装配。各模具零件配合精密，零件数量繁杂。杜绝不合格品。在模具调整调试过程中产生的问题需做出分析与判断时，不会扰乱思路。

组装前准备工作。再次确认图纸和模具零件一致与否；根据图纸编号在上模板、凹模座上用钢印刻字；用金刚石锉刀对犀利尖角处进行圆角修正；对导料板进行外形处圆角修正，并利用抛光轮进行抛光，不可出现尖角与毛刺，防止冲压时材料在运动过程中被划伤。

上模组装注意事项。在上模板上装配卸料弹簧柱，装配后进行配磨；导向件组装并添加润滑脂；通过单件试装的办法检查凸模与卸料镶件之间的配合状况，按照设计要求组装凸模并紧固，组装时要特别小心以防凸模折断；组装卸料镶件、辅助导向件并添加润滑脂。

凹模部分组装注意事项。首先组装下模部分的导向件并添加润滑脂；组装凹模镶件，装配时必须对照模具组装图，按由外向内安装方法进行装配，装配时需将各零件清洗干净，防止杂物带入模具内，装配时检查凹模镶件刃口部，不能有崩刃现象发生。

组装模具限位柱。

模具总装过程与注意事项。模具间隙的均匀性检查，可采用试料通过试冲，并在投影仪上检查各凸模、凹模的间隙情况，出现间隙偏位时进行调整，直到符合技术要求；模具间隙调整好后，对上模、下模进行刀口刃磨；上模、下模部分磨好后，配装有深度要求的凸模及相应的凹模。

总装各部件，上、下模合模，带模具在冲床上调试。

引线框架模具调试。调试工作通过实际打样来进行。对卷带进行一段产品的冲切，将反应各工步冲切成形结果的完整段位进行剪裁；目测剪口整齐度，毛刺情况；在投影仪上对尺寸精度进行测试，判断结果是否符合要求；对平面圆角、竖向圆角进行尺寸测量；对打沉部位深度进行测量；对定位孔、冲切单元步距进行精度测量；按照产品技术要求确定不符合项的修配方案，确定配磨量；重新打样，并重复上述过程直至打样结果理想。

3.半导体塑封模具的安装与调试

（1）模具装配注意事项

①模盒与模架分开装配。模盒在钳工台上进行手工装配。在装配过程中注意装配环境的防尘要求；使用软垫翻模操作；使用橡胶榔头、铜棒等软质工具敲打镶条与模盒。模架须在有轨起重设备的工作台上进行装配工作。在装配过程中注意安全操作，翻模时由两人配合进行。装配好的模盒整体上往模板上进行装配。

②模盒与模架装配螺钉需使用高温油。

③单料筒模架的装配顺序按照模板、复位板、顶杆、推板、支撑柱与支架、垫板的顺序进行。翻模过程中可以使用软垫块，或翻模手柄，对模板面、模盒等精密部件进行保护，谨防压伤、划伤；MGP 模下模架装配顺序为垫板、油路系统安装调试、注射系统安装调试、支撑件、模板。

④固定式模盒在安装模盒以后进行模架组装，更有利于保护顶杆端面；快换型模盒是在模架整体组装好以后，再向模盒位推入模盒组。

⑤装配好的模盒组件必须有总装检查过程。确认总装后各点高度符合技术要求；引线框架试放，检查是否吻合；上下模盒对合，检查是否合拢。

（2）模具安装过程及注意事项

①拆除包装箱。小心除去模具包装箱，取走备件、附件。打开模具真空包装，取走防潮剂同时用有机溶剂将模具擦洗干净。

②安装前对油压机进行仔细检查。确认上下台面洁净，确保无油污、锈蚀、残渣或其他异物。同时检查压机台面用来固定模具的螺纹孔是否堵塞，必要时进行清理；试运

行油压机。确认动作无障碍。并检查油位，润滑情况；选择手动操作，将按钮打到相应位置，并锁定；将油压机下台板下的四支顶杆旋至离最低位置约 20~30mm 位置，并保持等高，尽量地降低下台板，并停留在顶杆尚未露出位置。按"注射下降"按钮将挤胶活塞杆伸出，用高温油润滑螺纹后，装上注射头。将活塞杆缩回至最高位。

③检查模具。检查确认上下模具安装夹板无油污、锈蚀、残渣或其他异物；确认模具表面防锈油已被清洗干净；借助起重车将模具推上油压机下台板，操作过程应特别注意安全。所使用起重车吨位足够安全。模具从起重臂推向压机台板时可借助约两到三根 6~8mm 直径的圆铁棒垫底，使模具移动方便。调节压机下顶杆高度，下降台板将模具顶起，取出铁棒；利用模具气浮结构来将模具移至台板中央。

④调整模具。调整模具主要包括模具对中调整，加热调整，顶出调整几项工作。

A.模具对中。将油压机控制按钮设为"手动"位，将合模油缸、冲胶油缸均设为慢速位和低压位，在模具下垫板前后对角位置各装一颗螺钉，旋至一半深度，置于未压紧状态。此举的目的是确保使用气浮移动模具时操作安全；开启气浮系统，移动模具至目测台面中心。同时将挤胶冲头伸出，并使之逐渐沿导向口进入模具料筒。这时候需要两个人同时配合操作，确保注射头入料筒时，模具整体处于气浮状态；将冲头完全缩回，升起压机下台板使得模具到达压机上台板约 25mm 处；伸出冲头至离料筒约 5mm 处；重新启动气浮，重复注射头料筒对中过程；用一张薄纸盖住料筒口，或贴在注射头端面，进行一次用注射头、料筒冲切纸片的过程，目的是记录注射头在料筒内偏心情况。观察冲切好的圆纸片周边切口整齐情况。注射头与料筒单侧配合间隙较大时，切口较为毛糙；间隙较小时，切口较为整齐。启动气浮或者在无气浮状态用木头、铜棒振动模具，按分析结果方向微调对中。以上切纸微调过程反复进行，直到料筒注射头无明显偏移存在。操作者在此过程中应有耐心，小心行事，避免操作过程中损伤注射头料筒光亮面。对中完成，缩回注射杆，合模至有合模压力产生。上下模各用八组以上的螺钉、垫片固定。垫片厚度不得小于 5mm。固定上下模具前，应关闭油压马达，避免事故。

B.模具加热。短时间试通电以检查加热棒功能，检查是否漏电；按照设计好的功率排列顺序正确插装加热管；插装热电偶、高温切断保护开关，检查对应温区或者加热棒位是否正确，并试运行确认；将加热棒电线分组扎成束，确认开合模具时对加热管没有拉扯、干涉，或者被绞住；正式加热前，将模具导柱导套涂上高温油。

注意事项。切忌将温度感应元件装反，否则将导致不正常模温，并使模具过热，从而严重损害模具；建议使用高温计测量模面温度，对比油压机表示值差异。避免被表示值不真所蒙蔽。压机表示值为模板中心的温度，测温计测量的是分型面温度，分型面温度低于模板中心温度；热电偶与切断保护开关的敏感范围在设定温度 10~15T 左右，工作温度超出此范围，元件失灵，在升温过程中应注意经常查测模面温度。一旦发现温控元件失灵现象，应查看温度设置范围，短暂停止升温，将温度降至合理范围。模具加热过程中，将模具打开，使导柱导套保持非啮合状态。合模前，测量温度，上下模温差须控制在5℃以内。

C.顶出调整。上模顶出系统不需要调整。下模顶出系统需要调整。下模顶出系统安装步骤如下：检查确认压机顶杆处于最低位置，开模至最低位以后，模具顶杆完全处于缩回状态；轻按合模按钮，将下模及台板升起约2mm；旋动压机顶杆向上直到顶住模具顶料推板为止，同时锁紧紧固螺母，升起下模约20mm，在此手动状态下开模至最低位，观察顶杆顶出长度是否符合要求。顶出长度不理想时，重复上述过程。

⑤模具卸装。需要从压机卸下模具时，先在确认上下模温均衡的情况下合模；关闭马达、加热管，并拆卸上下夹板锁定螺钉；模具冷却后，将模具与机台下降到合适高度，利用起重设备将模具卸下，并运往安全场所。长时间储存期间，模具宜做好防锈工作。

⑥模具清洁。模具闭合之前，气槽或分型面上，不能有残胶遗留在模具上。使用尼龙或猪鬃刷子清理模面。个别顽固的残胶可用黄铜针剔除。不能使用钢制或其他硬质工具去除残渣。

⑦清模。清模包括压饼清模，注塑清模，胶条清模几项内容。

A.压饼清模。选择较低的模温，设置模温范围为140℃~175℃。设置合模压力为5~10tf，将白色饼料摆放模盒表面，需要足够的数量以保证充满上下型腔。合上模具直到清模三聚氰胺化合物熔化并从模具中挤出；打开模具，清除已固化的化合物。重复数次（一般4~6次），直到型腔面没有污渍；恢复正常生产操作之前，检查清模过程中模具无损伤，清模料硬物被清除干净。应用此种方法清模应注意的是：型腔条型腔间齿深、瘦薄，镶针形状复杂的模具不适合用此种方法清模。应用此种方法清模时，合模应及时，模面闭合前清模料确认处于未固化状态。

B.注塑清模。按照塑封料饼配备的合适型号的清模料饼（一般为白色）、脱模料饼（一般为灰色）来清模。这种清模方式使用时宜放置引线框架，一般需清模4~6次，脱模1~~2次。但分型面、气槽等位置难以清理干净。在确认对模具无损害的情况下，设定合适的参数，可以进行无框架清模。但一般情况下不建议使用。

C.胶条清模。使用指定的清模胶条均匀摆放模面，使用较小的合模压力，3~4min的合模时间进行清模；使用指定的脱模胶条均匀摆放模面，使用较小的合模压力，3~4rmin的合模时间进行脱模；胶条清模气味难闻，需采取通风措施。废料应及时予以处理。

4.半导体切筋成形模具的安装与调试

切筋成形模具整体组装完毕，手动模具搬运至手动压机台面，连接块与冲杆进行挂接，并将下模予以固定；系统子模推入系统压机子模工位，将连接块与冲杆进行挂接，将下模予以固定；在操作过程中注意借助合适的举升装置与设备；特别要注意操作安全。

切筋成形模具安装与调试过程中更应重点注意的是模具推入压机前的组装与调整。上了压机的模具一定要处于组装合理、动作顺畅状态。下面就典型的切筋模具与成形模具的组装过程及注意事项做一些介绍。

（1）模板组装

将导套按正确方向压入上模板；导柱按正确方向压入下模板；分别以上下模板作为组装基板，开始其他工件的组装；凸模导向装置的组装；凸模导向块与导向针的组装；把导向针插入凸模导向块的孔中；用直径小于导向针的钉铣敲击导向针；确定凸模导向块的安装位置，把它们固定在卸料板上，从卸料板的后部用螺钉固定；导向钉必须完全敲入，但过分敲击可能损伤凸模导向块；测量每个凸模导向块的高度，确保公差在±0.01mm以内。

（2）凸模组装

切筋模凸模的组装过程如下：

①把刃模垫片和凸模固定块放入凸模固定座，注意不要使灰尘进入方孔中；

②移走旋在固定块上的螺钉，把凸模嵌进标记槽中；

③在嵌入凸模时，参照固定板来安装凸模；

④在连接固定板后，轻轻移动凸模，检测是否有间隙，如果凸模完全紧固，检测安装方向和固定板的类型是否正确，然后固定凸模。

（3）凸模成形

①凸模的组装过程如下：

②把弹簧放入顶出器中的裂槽中，并且把顶出器夹在成形凸模中间。固定垫块，穿入轴杆；

③锁紧调节螺钉；

④装入凸模板内的方孔内；

⑤在这一条件下，使模具朝它原来的横向位置倾斜；

⑥装入卸料板弹簧，紧固连接板及连接头。

防误探针、辅助定位钉、挡钉的拆卸和组装。仔细分析装配结构，按正确顺序安装针杆、弹簧、紧定结构；组装完毕，要检测每根钉的活动性，组装存在失误的钉可能导致框架的入位不当，产生模具损坏。

（4）卸料板的组装

通过小导柱安放卸料板，同时注意方向性，缓慢放低卸料板，不要损坏凸模；确信卸料板与凸模固定板通过卸料板固定套已经连接好；切记安装卸料板固定螺钉；否则，卸料板可能脱落，导致模具在工作过程中坠下，产生不可预计的损伤。

（5）凹模的组装过程

①根据安装图纸确定凹模的位置，把刃磨垫片及凹模放入凹模座；

②对用螺钉紧固的凹模，先暂时拧紧螺钉；

③装入压紧块后，把锥度锁紧块轻轻压入；

④慢慢旋紧锥度块的紧固螺钉，注意保持凹模的浮动；

⑤当凹模位置正确时扭紧螺钉。

⑥在紧固过程中可用铜棒敲击凹模（非刃口部分），并最终确保各凹模高度差在0.01mm 以内。

（6）送料板的组装过程

①检查送料导板的导柱及下模的导套，使其表面无灰尘附着；

②如果需要的话，用去污水擦拭表面，并涂上润滑油；

③在装配送料导板时，应注意导向孔的位置，以防装反送料导板；

④用螺钉固定送料导板。用大约 90~100kgf/cm^2 的短力固定螺钉；

⑤最终平衡放置放料拨爪。

（7）对刀方法

①安装、更换凸凹模刃口时一定要调整刀具。从下模板底部拆下滑导弹簧螺塞，取出弹簧；

②拆下连接板可以取出卸料弹簧和垫片；

③在凸模上涂上红粉，然后缓慢对齐上、下模，移动上模开始检查红粉摩擦的情况，如果红粉均匀，表示模具凸、凹模刃口间隙状态好，如果红粉不均匀，则需要检查安装状态。

（8）合模过程与注意事项

①在对刀状况达到最佳后连接与固定上模板与凸模固定座总成；

②在注意上模的方向时，应该使上模的导套和下模的导柱在同一条直线上；

③在对齐后保持平衡，缓慢放下；

④如果上模不能自如地进入，用塑料锤敲击导套。

此时，不要立即放开双手，而是用一只手握住上模，直到下模的送料导板和上模的卸料板配合好，然后慢慢放低上模。注意不要把手夹在上下模之间。

（9）模具打样调试

模具通过打样后对产品进行检测，从投影仪检测结果判定是否需重新调整模具。如产品出现长短脚，打开模具对塑封体定位间隙进行检查，查看是否存在间隙过大现象；对塑封条带状产品进行投影，排查是否存在严重错位。又例如，打样时出现产品左右站立高度有规律的明显偏差，检查引脚厚度情况；检查模具组装是否正常，并重新清洁；对凹模曲线进行检查，是否需要修配。打样缺陷排除的方法需要逐步积累。

三、电子封装工艺与设备

（一）概述

根据电子产品的构成以及产业链的形态，可以将电子制造总结为几个关键生产环节：半导体芯片制造、晶圆测试、芯片封装、基板与膜电路制造、电子组装。产业界通常将晶圆测试、芯片封装和电子组装称为电子封装。本书将围绕电子封装产业，以晶圆测试、芯片封装、基板与膜电路制造及电子组装为主线，介绍电子封装的主要工艺方法及关键设备。

从载有集成电路的晶圆到封装好的芯片，这一过程通常称为集成电路的后道制造，也就是半导体芯片的封装与测试过程。芯片的封装对集成电路起支撑和机械保护作用，是芯片进行信号传输、电源分配、散热及环境保护的需要。半导体芯片的封装与测试主要工序包括晶圆测试、晶圆减薄和划片、贴片与键合、芯片封装、芯片成品测试等过程。

随着人们对芯片上集成电路数量的追求，传统的封装形式已经无法满足人们的需要。芯片封装形式随着技术发展产生了巨大变化，当代先进的芯片封装形式包括倒装芯片、球栅阵列、板上芯片、卷带式自动键合、多芯片模块、芯片尺寸封装、圆片级封装等。

无论传统封装还是先进封装工艺，有一种封装工艺就有一类相应的工艺装备。一种封装形式的诞生意味着大量新工艺装备的出现。目前，芯片封装的主要工艺设备包括：晶圆测试设备、晶圆减薄与划片设备、（粘片）固晶机、引线键合机、倒装键合机、注塑设备、芯片打标机、芯片测试设备等。

电子终端产品制造的主要工序是板级封装，也称作电子组装或二级封装。电子组装常用的工艺设备有：丝网印刷机、插件机、点胶机、贴片机、回流焊机、波峰焊炉、自动光学检测系统（AOI）等。

元器件、基板、焊料、助焊剂在投入组装工序之前需要检测，组装工艺过程以及组装好的电子产品也需要检测。电子组装各个环节的检测与质量分析设备是电子产品制造不可或缺的装备。

（二）晶圆检测

晶圆检测在产业界称为晶圆测试。晶圆测试已经成为芯片封装行业的一个独立生产环节。在晶圆被分割成单个芯片之前，对晶圆上的单个芯片进行测试，这种测试可确定各个芯片的功能和性能是否达到设计要求。这种测试通常使用探针测试，一般称为中测。测试结果对稳定和提高产品合格率及产品质量有着极其重要的作用，同时也是降低封装成本的一种重要手段。

晶圆测试有两种类型的电学测试：在线参数测试和晶圆分选测试。

1.在线参数测试

在线参数测试在完成第一层金属刻蚀后马上进行，主要目的是验证工艺方法的正确性和可靠性，是对工艺问题的早期鉴定。测试结构在晶圆上芯片之间的空隙区（也叫街区），不影响正常芯片的制造。测试结构常常做成分立晶体管、电阻率结构或电容阵列结构等等。在线参数测试与芯片的金属层加工同时进行，因此，在线参数测试可以验证金属薄膜层加工结果是否满足工艺要求。在线参数测试方法是在晶圆不同位置加工多个样本进行测试，以统计分析法评估加工性能。晶圆的在线参数测试一般使用自动参数测试仪。在线参数测试系统主要包括以下子系统：

（1）探针接口卡：测试仪与待测器件之间的接口。

（2）晶圆定位系统：实现探针接口卡上探针与晶圆上待测接触点的对准。晶圆定位系统的伺服驱动系统在光学对准系统的支持下，实现晶圆在 X、Y、Z 和θ方向的移动或转动，X、Y 和θ坐标保证探针与压焊点中心的对准。Z 轴运动保证探针与压焊点有微量的接触压力，也就是探针运动到铝压焊点表面时，探针有 50~100μm 的过操作以保证探针刺穿要探查的铝压焊点表面。

（3）测试仪器：用于测量集成电路上亚微安级电流和微法级电容，以及通过测试电流、电压值得出被测试电路的电阻值。

（4）计算机系统：包括测试软件、测试控制系统和计算机网络。

2.晶圆分选测试

晶圆分选测试是集成电路制造的重要测试阶段，它在晶圆制造完成后进行，可以分选出合格芯片和失效芯片。测试后晶圆上的失效芯片需要做出标记，并且将失效芯片的位置信息提供给后续工艺系统，以备后续封装工艺只对合格芯片进行贴片、键合、封装等操作。

随着晶圆直径增大，晶圆上芯片数量剧增，测试环节又不能减少，因此，测试就会增加许多成本。一般芯片测试覆盖率为95%以上，对于重要产品需要100%测试。晶圆分选通常进行以下测试：

（1）DC 测试：连续性、开路/短路和漏电流测试。连续性测试是指确保探针和压焊点之间的电学接触的连续性检查。

（2）输出检查：测试输出信号以检验芯片性能。

（3）功能测试：检验芯片是否按照产品数据规范的要求工作。

晶圆分选测试与在线参数测试的过程及设备系统基本相同，测试过程也需要实现探针卡上探针与晶圆上芯片的输入、输出焊盘进行对准。

晶圆进行在线测试与分选测试时，测试探针与晶圆的对准是采用计算机视觉检测系统配合精密伺服驱动系统完成的。对准系统工作原理如图 2-9 所示，晶圆对准摄像头（或者下视相机）负责测量晶圆相对工作台的位置，针尖对准摄像头（或者上视相机）负责测量探针相对工作台的位置，对得到的上视及下视图像分析后得出探针（或者晶圆）需要沿 X、Y、θ 轴移动的位移量及角度值经过伺服系统驱动执行相应位移后，实现对准。

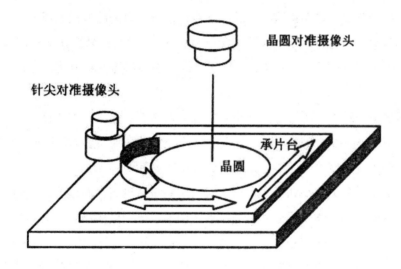

图 2-9　探针测试台对准系统工作原理图

对准问题在其他工艺过程中也会用到，例如，光刻过程中掩膜版与被光刻晶圆的对准，芯片封装时裸芯片与引线框架的对准，引线键合时引线与焊盘的对准，倒装键合时芯片凸点与基板上焊盘的对准，焊料涂覆中丝网印刷网版与基板的对准，贴片工艺中芯片引脚与基板上焊盘的对准，等等。这些工艺中的对准实现方法基本相同。

对准问题贯穿于芯片制造、封装及表面组装的各个工艺阶段。工作设备的对准精度及速度对生产效率影响巨大。对准精度及对准速度代表着制造装备的能力和装备制造的水平。

（三）芯片封装

1.传统装配与封装

在传统芯片封装工艺中，先对晶圆进行减薄、划片加工，然后再进行装片、键合，最后进行塑封、打标和测试加工。从晶圆上分离出经过分选测试好的芯片，并将好的芯片黏附在金属引线框架或管壳上，随后用细的金属线（铜、铝或金线）将芯片表面的金属压焊点（I/O接口）和引线框架上引线内端进行互连。最后将芯片与引线框架一起放在一个保护壳内，也就是进行封装。

（1）传统装配

目前大部分芯片封装仍在使用传统封装方式，基本过程主要包括晶圆背面减薄、分片、装片、引线键合、塑封和测试。

①背面减薄

在完成晶圆测试工艺流程后，成品晶圆将通过背面研磨的方式减薄，以使得芯片能够封装进封装体中。以12英寸晶圆（直径300 mm）为例，晶圆在前道制造时厚度是775μm，经过背面研磨厚度一般减到200~300μm，有时甚至只有几十微米厚。研磨过程通常有两种方式。

晶圆研磨第一种方式是缓进式。这种方法的基本原理是将晶圆通过一个杯形砂轮的底部进行研磨。研磨砂轮旋转并轴向进给实现晶圆逐层减薄。通常晶圆研磨机有三个轴，每个轴上安装不同粒度的砂轮，分别做粗磨、中度磨和精细磨。

晶圆研磨第二种方式是切入式。切入式研磨系统通过将晶圆放置在载台上旋转，同时杯形砂轮逐渐下切来实现研磨。研磨机有两个轴，分别做粗磨和精细磨。

两种晶圆研磨加工过程基本相同。首先由粗磨轴进行粗磨，磨掉大约80%~90%的厚度余量，剩余磨量通过精磨轴完成。研磨加工的关键点在结束前的驻留（消痕）阶段。杯形砂轮在研磨过程中会产生弹性形变，造成研磨痕迹。磨削时需要做消痕处理，也就是说，一旦测得研磨即将结束（通过在线测量仪的反馈），轴杆便停止下切，晶圆载台在此状态下继续旋转数圈。

一般晶圆研磨机系统由以下子系统构成：

A.承片台：多套承片台分布在360°圆周上。

B.分度工作台：实现多套承片台的分度。

C.空气静压电主轴：研磨轴采用空气静压电主轴。

D.磨轮进给系统：磨削量精密微进给系统。

E.折臂式机械手：由承载晶圆的手爪和机械手组成，用于晶圆研磨机的上料、下料。

机械手具有四个自由度，实现定位精度约为 0.01 mm。

F.在线测量系统：晶圆研磨过程实时测量晶圆的厚度，通常使用接触式在线测量探针监控系统。

晶圆研磨机的主要技术指标有加工精度（包括片间误差、总厚度误差、研磨表面粗糙度）、减薄厚度、亚表面损伤、崩边等。

②分片

分片是将经过背面研磨工艺减薄的晶圆切割成单个芯片的工艺制程。常用分片工艺主要包括砂轮划片、干式激光划片、微水导激光划片等。

A.砂轮划片

晶圆固定在划片机刚性框架的黏膜上，黏膜用于支撑分离后的芯片。划片刀通常使用 25μm 厚的金刚石圆形刀片，刀片旋转速度约 30 000~60 000 r/min。切割时沿 X 和 Y 向分别划片，并用去离子水冲洗晶圆以去除划片过程中产生的硅浆残渣。划片时可以划透晶圆（刀片切入黏膜），也可以不划透晶圆（待装配时再用机械方式分离）。

砂轮划片有多种方式，如半切式划片、胶带切法、不完全切法、双刀片划片法等。

半切法：将晶圆用真空直接吸附在晶圆载台上，刻划晶圆形成深入晶圆 2/3 的凹槽。接下来，晶圆放在特殊的具有延展性的胶带上，晶圆在一个滚筒下面通过时胶带被拉伸，由此晶圆在贴片前被破开。

胶带切法：晶圆通过划片胶带放置在不锈钢的划片框架中间，晶圆被完全切开，并深入胶带 20~30μm。

不完全切法：这种方法在切割晶圆时保留 10~20μm 厚度不完全切穿，然后在贴片工艺中用顶片针将芯片分离。

双刀片划片法：采用并列两个刀片同时进行切割。

划片机分为半自动和全自动划片机。全自动划片机设备一般具备对准系统、划片和晶圆清洗一体化功能。全自动和半自动划片机都由四维工作台（X、Y、Z、θ轴）和主轴系统（划片主轴）构成。主轴采用空气静压电主轴，刀片安装在主轴前端。在晶圆被划片之前，切割部位必须对准，知道刀片和晶圆载台的相对位置对于划片机的控制是非常重要的。半自动划片机采用人工对准，全自动划片机采用视觉检测对准系统。一般划片机的精度在几微米之内。划片过程中切割刀片容易破损，因此，机械划片设备需要配置刀片破损探测装置。全自动划片机通过视觉检测系统识别划痕来检查划片的质量。划片时使用去离子水做冷却液，其方法是将二氧化碳溶入去离子水中，形成微弱的碳酸，从而将去离子水中的电阻率降到 1 MΩ·cm，这样可起到降低刀片冷却液表面张力、清除颗粒污物以及延长刀片使用寿命的作用。划片工艺使用 UV 胶带时，在划片后将晶圆放入框架匣内之前用紫外线照射以降低 UV 胶带的黏性，以便在划片工艺结束后直接进行贴片工艺。

B.干式激光划片

干式激光划片工艺是利用激光束刻蚀晶圆表面来实现晶圆的切割，相比砂轮划片有很大优势，例如切缝小、划痕小，没有刀具破损带来的问题。干式激光划片机与砂轮划片机功能结构基本相同，只是砂轮划片刀具换成了激光束，刀具主轴系统被激光器及导光系统取代，四维工作台及相应功能、划片质量检测系统与砂轮划片机基本一致。干式激光划片主要考虑加工部位散热、粉尘处理及抗污染措施等。紫外激光划片则重点考虑紫外激光传输、聚焦镜片设计制造及镀膜处理，尤其是整个紫外激光器及光路系统的可维护性等。

C.微水导激光划片

微水导激光划片是在干式激光划片的基础上改进而来的，增加了高压水柱用于散热，两者设备结构基本相同。高压纯净水经钻石喷嘴上的微孔喷出，水柱的直径根据喷嘴孔径而异，一般有 30~100μm 等多种规格。激光被导入水柱中心，利用微水柱与空气界面全反射的原理，激光将沿着水柱行进。在水柱维持稳定不开花的范围内都能进行加工。

微水导型激光划片机主要包括耦合装置、液压系统、激光光路传递系统、X/Y 型二维精密工作台系统、电气控制系统等。在系统需要时可以在 X/Y 型二维精密工作台上增加旋转台，即增加θ轴。

瑞士 SYNOVA 公司研制出了半导体晶圆划片水导激光切割系统，该系统采用人工或视觉系统自动瞄准，切割完后自动以超纯水清洗，手动进退料，适合量产。微水导激光划片加工工艺为低压纯净水从压力水腔左边进入，经钻石喷嘴上的微孔喷出。由于喷嘴考虑到流体力学的设计，出来的水柱像光纤一样既直又圆。激光束从上方导入，经过聚焦镜及水腔的窗口进入，聚焦于喷嘴的圆心。水柱的直径为 30~100μm，激光被导入水柱中心，利用微水柱与空气界面全反射的原理，激光将沿着水柱前进。这样激光束的作用距离为喷嘴直径的 1000 倍。如 100μm 喷嘴直径，其有效工作距离为 100mm。

③装片

装片操作是将芯片从经过划片处理的晶圆上分离出来，粘贴在封装基座或引线框架上。装片操作在自动装片机上完成，该类设备通常被称为固晶机（Die Bonder），因此，装片过程也被称作固晶或贴片过程。在工作时，固晶机的输送轨道将封装底座或引线框架送到固定位置并定位，在每个芯片安装位置滴涂黏结剂（环氧树脂粘片），固晶机上的专用夹头夹住（或用真空吸嘴吸附）芯片并将其放在要装配的封装底座或引线框架上。芯片的分选方法是，根据探测有无墨水（有问题芯片用墨水标识）标识点识别或者通过晶圆测试分选系统提供的合格芯片分布坐标数据选出无问题芯片。

一般采用下列方法之一将芯片黏结到引线框架或封装基座上。

A.环氧树脂粘贴。滴涂系统将环氧树脂以不同图案形式（通常为 X 型或 Z 型）滴涂到引线框架或封装基座上，贴片工具将芯片背面朝下放在滴涂了环氧树脂的位置处，经过循环加热固化环氧树脂。如果芯片工作时发热量较多而需要通过引线框架或封装基座散热，一般使用含有银粉的导热树脂进行粘贴。

B.共晶焊粘贴。如果采用共晶焊粘贴，则在晶圆减薄后在其背面淀积一层金。陶瓷基座上也有一层金属化表面。共晶粘贴时加热温度为 420℃（该温度高于 Au-Si 共晶温度），加热时间约 6 s，这种方法使得芯片与引线框架之间形成共晶合金互连。

C.玻璃焊料粘贴。在有机媒介质中加入银和玻璃颗粒组成玻璃焊料，玻璃焊料粘贴用于陶瓷基座。玻璃焊料具有较好的密封性，可以防止潮气和沾污。粘贴时首先将玻璃焊料直接涂在 Al_2O_3 陶瓷底座上，贴装芯片后加热固化。

④引线键合

引线键合（Wire Bonding）是将芯片,上的金属焊盘（输入/输出接口）与引线框架或封装基座上的电极内端进行电连接的最常用的方法。引线材料通常使用 Au、Al 或 Cu，引线材料做成丝线状或带状。早期标准丝线状键合线直径为 25~75μm。焊线一端连接芯片上的金属焊盘，另一端连接引线框架或基座。键合工具将金属线引线到每个芯片的焊盘处键合（称为第一焊点），然后再引线到引线框架的焊点处键合（称为第二焊点），依次完成所有键合点。键合点位置精度为 3~5μm，键合速度达到 25 线/s。按外加能量形式的不同，引线键合可以分为热压键合、超声键合和热超声键合三种形式。按键合工具，也就是毛细管劈刀的不同，可以分为楔形键合（Wedge Bonding）和球形键合（Ball Bonding）。

键合前芯片、引线、引线框架表面必须保持清洁。长期放置的芯片、引线、引线框架在键合前需要经过超声或等离子清洗。

A.热压键合。在热压键合时热能和压力一起分别作用到第一、第二键合点。键合时使用毛细管劈刀用机械力将引线定位在被加热的芯片键合点上，并施加压力，在力和热的共同作用下形成键合。第一、第二键合点分别键合，依次完成所有键合点。

B.超声键合。超声键合以超声能和压力共同作用作为键合的能量来源完成各个点的键合。这种方式能满足不同金属间的键合，如 Al 和 Al、Au 和 Al。超声键合的过程，使用劈刀为楔焊劈刀。引线从毛细劈刀底部的孔中输送到第一键合点并定位，劈刀尖部加压并在超声作用下快速机械振动，振动摩擦产生的热及压力作用在键合金属之间形成冶金键合。振动频率为 60~100 kHz。用同样方法完成第二键合点，之后劈刀上移扯断引线，进入下一个循环直到完成芯片与引线框架之间所有的连接点。

C.热超声球键合。这是结合了超声振动、热和压力作用的键合技术。热超声键合以金丝线和铜丝线为主。工作时首先将基座加热到 80℃~150℃，毛细管劈刀前端伸出少量引线，通过放电打火产生的高温将引线融化成球状，劈刀下移到第一键合点，劈刀加压，同时超声振动，在焊线球和芯片上焊盘之间产生冶金键合。之后劈刀上移并释放一定长度的焊线，然后移动到第二键合点，同样施加压力和超声能形成第二键合点。劈刀上移扯断焊线，进入下一个循环直到完成芯片与引线框架之间所有的连接点。

芯片封装大批量生产时使用全自动引线键合机，小批量生产时一般使用桌面型手动或者半自动键合机。全自动引线键合机以热超声球焊机为主，桌面型手动或者半自动键合机一般兼容楔焊、球焊两种形式。

（2）传统封装

芯片与引线框架或基座连接后需要外封装使芯片应对工作环境的考验。早期半导体芯片封装采用金属封装形式，现在金属封装仍然用于分立器件和小规模集成电路。传统封装最广泛使用的两种形式是塑料封装和陶瓷封装。

①塑料封装

塑料封装使用环氧树脂聚合物将已完成引线键合的芯片和模块化工艺的引线框架完全包封。塑封后芯片管壳伸出的仅为二级封装必需的管脚。目前，塑封后的管脚形式使用最多的是插孔式和表面贴装（SMT）管脚。插孔式管脚穿过电路板，SMT 管角粘贴到电路板的表面。塑料封装的典型形式有双列直插封装（DIP）、单列直插封装（SIP）、薄型小尺寸封装（TSOP）、四边形扁平封装（QFP）、具有 J 型管脚的塑料电极芯片载体（PLCC）、无管脚芯片载体（LCC）等。

塑封过程基本是传统的注塑加工过程。首先由自动输送装置将已贴装了芯片的条状引线框架置于注塑机的封装模具中。塑封的预成形树脂经过 85℃~95℃预热后储存在中间容器中。在注塑机活塞的压力下，封闭上下模具再将半熔化后的树脂挤压到浇道中，并经过浇口注入模腔中。塑封料在模具中快速固化，保压一定时间后塑封件被推出注塑模具，注塑过程结束。芯片塑封过程使用设备有排片机、预热机、压机、模具和固化炉，在自动化生产线中这些设备构成一套系统，通常称为自动塑封系统，集成了排片、上料、预热、装料、清模、去胶和收料功能。

经过塑封后的引线框架是多个芯片的组合体，需要先将引线框架上的多余残料去除，并且经过电镀以增加引脚的导电性及抗氧化性，而后再进行剪切成形，将引线框架上已封装好的芯片分离成单个芯片。

切筋成形机具备自动上料、自动传递、自动成形、自动检测、自动装管、自动收料的功能，代表设备如 ASM 公司的 MP209 机械压力切筋成形系统。

引脚电镀在流水线式的电镀槽中进行。浸锡处理工艺流程为：去飞边、去油、去氧化物、浸助焊剂、浸锡、清洗、烘干，浸锡在引脚浸锡机上进行，其代表设备如 ACE 公司的 LTS200 引脚浸锡机。

塑封后在芯片上表面用喷墨印刷或激光打标方法打上标记，用于标明芯片的代号、生产厂家、商标等信息。

②陶瓷封装

陶瓷封装的特点是气密性好、可靠性高，主要用于大功率器件封装。陶瓷封装主要有两种技术：耐熔陶瓷和陶瓷双列直插。

A.耐熔陶瓷。用氧化铝（Al_2O_3）粉和适当玻璃粉及有机媒介质混合成浆料，通过压铸、干燥制成 1 密耳厚（25.4μm）的薄片。将电路连线通过淀积方式制作在单层陶瓷上，用金属化通孔互连不同的层。几个陶瓷片精确对位后碾压在一起，在 1600℃烧结后成为高温共烧结陶瓷（HTCC），如果烧结温度在 850℃~1050℃则生成低温共烧结陶瓷（LTCC）。

陶瓷封装最常使用的是针栅阵列（PGA）封装形式，管壳的管脚形式是 100 密耳（2.54 mm）间距的铜管脚。芯片封装时芯片被粘贴在陶瓷的底座上，通过引线键合方式使得芯片与底座上的引脚相连。最后用一个盖封闭合形成陶瓷的管壳，管壳内可以是真空，也可以充入氮气或稀有气体。

B.陶瓷双列直插。将芯片粘贴在陶瓷基座上，芯片通过引线键合方式与引线框架连接。引线框架被夹持在陶瓷基座和陶瓷盖之间，最后用低温玻璃材料将陶瓷盖和基座密封。这种封装称为陶瓷双列直插（CERDIP）。

2.先进装配与封装

随着终端产品尺寸日益减小，集成电路的外形尺寸也要随之减小，那么封装好的芯片上的 I/O 管脚的密度就要增加，这给传统芯片封装工艺带来了巨大挑战。为解决芯片封装的难题，近年来发展了一些新的集成电路封装形式。封装形式发展的方向是单位面积或单位体积内容纳更多的 I/O 管脚数或者更多的集成电路数。例如，使用倒装芯片、球栅阵列方式可以提高单位面积的 I/O 管脚数，采用三维封装技术可以提高单位体积内的集成电路容量；另外一个技术是解决芯片封装的效率问题，解决方法是晶圆级封装，也就是在划片之前在晶圆上制造出 I/O 管脚然后再分离成单个芯片。近十年来已在大量使用或者正在成熟的封装形式主要包括倒装芯片、球栅阵列、板上芯片、载带自动键合、晶圆级 CSP 封装、系统级封装、三维封装技术等。

（1）倒装芯片

倒装芯片（Flip Chip，FC）封装技术是将芯片表面焊料凸点面向基座的粘贴封装技术。由于芯片凸点与基座之间的连线变短，这为高速信号提供了良好连接，电信号经过基座上的金属通孔最后传递到基座上的连接管脚。芯片上的凸点采，用面阵方式，改变了凸点周边阵列方式，从而提高了单位面积的 I/O 管脚数。芯片与基座键合时采用一次键合方式，改变了引线键合时逐点键合的方式，大大提高了键合效率。

芯片上的焊料凸点工艺称为 C4（可控塌陷芯片连接，Controlled Collapse Chip Connection）。典型 C4 焊料凸点使用蒸发或物理气相淀积（溅射）法淀积在硅的芯片压焊点上。凸点生成方法也可以采用"电镀焊料凸点""锡球置放""印刷焊料凸点""激光凸点制造法"等，或者使用基于引线键合工艺法在晶圆上形成凸点（称为机械打球凸点，采用引线键合方法在芯片上形成球形后就将引线剪断，这样就会形成一个球形凸点）。目前普遍采用的凸点制造方法是电镀工艺，焊球植球工艺也是应用较广的工艺。DEK 公司开发了 DirEKt Ball Placement（焊球置放印刷机）。芯片上的凸点由 UBM（Under Bumping Metallization，凸点下金属）和焊料球两部分组成，焊球通过植球机置放。UBM 是芯片和焊球之间的金属过渡层，位于晶圆钝化层的上部，与金属层有着非常好的黏附特性，也有着润湿特性，同时也可以阻挡扩散层来保护芯片。

倒装芯片装配到基座上使用了 SMT 技术，它利用自动对准显示系统将芯片准确放置在基座上，芯片的 C4 焊料凸点被定位在基座相应焊盘上，经过回流焊建立电学和物理连接。为有效避免焊点承受附加应力作用，保证焊点连接的可靠性，在芯片和基座之间用流动环氧树脂填充芯片和基座之间的空隙。由于面阵贴装结果的不可见性，贴装后需要使用 X 射线检测系统检查焊点的完整性。

倒装芯片封装工艺主要包括晶圆检查、减薄、划片、芯片键合、塑封、焊球制备、印刷、回流焊等主要流程，其中最为重要的是倒装芯片键合、倒装芯片表面制作球下金属层（UBM）以及凸点生成等工艺。

（2）球栅阵列

球栅阵列（Ball Grid Array，BGA）与针栅阵列（PGA）是相类似的封装设计。如图 2-10 所示，BGA 的芯片使用倒装键合、引线键合或自动载带键合技术将芯片粘贴到基座的顶部。基座由陶瓷或塑料构成，基座（BGA 衬底）上分布有连接基座与电路板的共晶焊料球阵列，基座上下表面之间有金属通孔构成电连接。BGA 焊球间距可以做到 20 密耳（0.5 mm），因此，高密度的 BGA 封装可有多达 2400 个管脚。BGA 封装芯片可以与其他表面贴装元件一样采用 SMT 技术贴装到电路板上，最后一起采用回流焊方式形成互连。

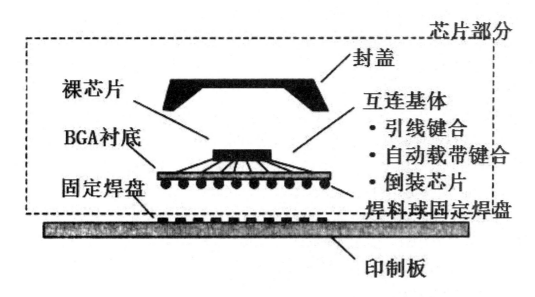

图 2-10 球栅阵列芯片封装结构

BGA 芯片封装中基座上的焊料球与基座的连接工艺主要包括植球、回流焊、植球后的检测等，所用设备主要包括植球机、回流焊炉、自动光学检测设备（AOI）等。

（3）板上芯片

将集成电路芯片直接用环氧树脂固定到其他 SMT 组件（如印制电路板）上，再用引线键合法将其与基座（印制电路板等）互连，最后将芯片与连线用环氧树脂封盖。这种工艺方法通常称为板上芯片（Chip On Board，COB），其目的是减少传统 SMT 封装尺寸，主要用于图像卡和智能卡的设计制造中。

（4）载带自动键合（TAB）

TAB 技术是在类似于 135 胶片的柔性载带上黏结金属铜箔薄片，经刻蚀作出引线框图形，铜引线有内外连接端。铜引线内端与芯片采用热压键合过程。键合后用环氧树脂将芯片覆盖进行保护，并将带卷成卷用于二级装配。在二级装配过程中，将芯片和电极从带上取下，然后用焊料回流焊工艺与电路板连接。

载带内引线键合区与芯片凸点键合，外引线与 PCB 板连接时主要使用的设备有热压焊机和回流焊机。载带自动键合设备工作时需要芯片与载带的对准，因此，该类设备同贴装设备一样需要有视觉对位系统。

（5）晶圆级 CSP 封装（WLCSP）

晶圆级 CSP 封装是指芯片封装尺寸为芯片大小，封装过程在晶圆上进行，有别于以前的先分割后封装的过程，因此称为 WLCSP。晶圆级封装将传统的半导体前后道生产过程联系在一起，将第一级互连和在划片前在晶圆上进行封装的 I/O 端放在一起进行，这种方法增加了生产效率，同时大大降低了生产成本。这种封装方法的关键技术是要在芯片焊盘的细间距尺寸和第二级电路板所需的大间距尺寸焊点之间建立界面。晶圆上单个芯片上的铝旧焊区一般分布在芯片的四周,经过晶圆级重新布线(RDL)、电镀铜和凸点下金属化以及凸点制作,最后转换成面阵分布的凸点,凸点用于二级封装时与电路板互连。封装好的芯片经过划片分割后称为面阵列凸点式 CSP。

晶圆级封装同时也改变了晶圆测试方法,原有的晶圆测试、分选变成了对晶圆上芯片的测试和分选,减掉了原有工艺中单个芯片的测试。晶圆级 CSP 封装方法在管壳尺寸、芯片封装后高度、组件可靠性、焊接点可靠性、电学性能、封装成本等方面与其他封装技术相比都有巨大优势,与现有 SMT 基础结构的集成度较高。

晶圆级 CSP 封装完全利用现有半导体制造工艺设备。晶圆级封装工艺过程的重布线/UBM 制作/凸点生成用到的工艺设备有:光刻机、刻蚀机、溅射台、CVD、电镀设备、丝网/模板印刷机、改进金丝球焊机、回流炉等。

(6)系统级封装

系统级封装(System-in-Package,SiP)是指把不同功能的有源器件、无源器件、MEMS、光学等其他器件封装在单一标准体内,作为一个单一器件用于实现多种功能。这种封装方法主要是使用成熟的商用元器件在短期内开发出消费产品。

通过成熟的芯片封装技术如引线键合、倒装芯片、堆叠器件、嵌入式或多层封装技术的组合,SiP 可实现高密度和多功能系统或子系统。当前以智能手机为代表的消费类产品促进了系统集成技术的发展。系统集成采用了系统级封装技术、多芯片封装技术(MultiChip Module,MCM)和系统级芯片集成技术(System-on Chip,SOC)。

系统级封装工艺是多种封装工艺技术的组合,其使用设备与晶圆级 CSP 封装工艺基本相同。

(7)三维封装技术

三维立体封装(3D)是在垂直于芯片表面的方向上实现多层裸片的堆叠、互连,是一种高级的 SiP 封装技术,其目的是实现占用空间小,电性能稳定的系统级封装。三维立体封装采用硅通孔(Through Silicon Via,TSV)、倒装键合和引线键合等互连技术实现裸片、微基板、无源元件之间的互连。三维立体封装器件的主要优点包括:体积小、质量轻、信号传递延迟短、噪声低、功耗低、可靠性高、成本低等。目前三维封装技术主要包括以下几种:

①芯片堆叠互连。芯片堆叠互连主要有三种基本形式:封装叠层(芯片先封装后叠层最后再封装)、裸芯片叠层(芯片分割后叠层,上下片间用 TSV 互连)和硅圆片叠层(晶圆叠层,上下层间用 TSV 互连,最后再分割)。

②硅通孔(TSV)3D 互连技术。TSV 技术通过在芯片和芯片、晶圆和晶圆之间制造

垂直通孔，实现叠层芯片之间的互连。使用 TSV 技术实现芯片的三维堆叠。TSV 互连的 3D 芯片堆叠技术主要包括硅通孔制造技术，绝缘层、阻挡层和种子层的淀积技术，通孔中铜的电镀、CMP 平坦化和重新布线电镀技术，晶圆减薄技术，堆叠时的对准技术、键合及后续的芯片分割技术等。

③叠层多芯片模块 3D 封装。按照一定的组装方式把集成电路与其他各种功能元器件组装到 MCM 基板上，再将组装有元器件的基板安装在金属或陶瓷封装中。这类封装工艺技术用到了高性能的基板制造技术、多层布线技术、精密组装技术、管芯和组件测试技术。

④叠层封装（PoP）。PoP 是电路板级组装，实现了器件之间的堆叠组装，是指在贴装了器件的电路板上再堆叠贴装上一层器件，最后进行回流焊。PoP 叠层封装主要使用 SMT 工艺设备。

三维封装技术中用到的设备与晶圆级封装设备基本相同。关键设备有键合、贴装设备、TSV 设备、晶圆减薄设备，其中后两类设备的影响更大。

在三维封装技术中，TSV 技术可以说是应用最广的技术，也可以称为继引线键合、TAB、倒装键合之后的第四代封装互连技术。使用 TSV 技术可大大节约了系统主板的空间，而且可使能耗大幅降低。

（四）基板及膜电路制造工艺与设备

1.概述

基板是芯片封装和电子组装的基座，其作用既是芯片或器件的支撑基础，同时也为芯片、器件提供互连导体。在电子组装中通常使用由有机多层材料组成的 PCB 板做组装基板。在混合电路制作中主要使用陶瓷材质基板，在陶瓷基板上制作出厚膜电路和薄膜电路。目前使用较多的是低温共烧陶瓷（LTCC）基板，这是一种多层陶瓷技术，它可以将无源元件埋置到多层陶瓷的内部，从而实现无源器件的集成化。

2.基板制造

在电子封装或电子组装中都用到了基板，基板使用最多的是 PCB 基板和陶瓷基板，下面将分别介绍这两类基板的类型和生产工艺方法、使用设备。

（1）PCB 基板

PCB（Printed Circuit Board）基板也称为印制电路板，是组装电子元器件用的基板。PCB 基板是在通用基材上按预定设计形成点间连接及印制元件的印制电路板。其主要功能是使各种电子元器件形成预定电路的连接，起中继传输的作用，是电子产品的关键电子互连件以及结构支撑件。

PCB 板从结构变形性能上分为刚性板、挠性板和刚挠结合板，从内部结构上分为单面板、双面板、多层板等。PCB 板的几个重要发展方向是：多层板（MPCB）、高密度互连板（HDI）、埋置元件电路板、挠性 PCB（FPC）等。

印制电路板制造最常用的一种方法是减成法，即采用图形转移技术在覆铜板上形成导线区域，然后将多余的铜箔去掉。印制电路板也用加成法制作，即在未覆铜的基材上采用丝印法、粘贴法附加上设计好的导电图形层。印制电路板制作的另一种方法叫半加成法。在未覆铜箔基材上，使用化学法沉积金属，再使用电镀或刻蚀法或者多种方法并用形成导电图形。

PCB 板制造的主要工艺流程如图 2-11 所示，该工艺流程可以制作多层板的内层，也可以制作单面板、双面板和多层板的外层导体层。一般 PCB 板导体层制作需要经过以下过程：形成光致抗蚀层、紫外线曝光、图形刻蚀、图形检查等工序。在小批量生产中可以采用数字喷墨打印方式，按照导线图形将刻蚀用的抗蚀剂直接打印到覆铜板上，经过 UV 光固化后便可以进行刻蚀，从而得到导线图形。这种工艺方法可以缩短工艺流程，减少工艺设备，目前已被广泛采用。

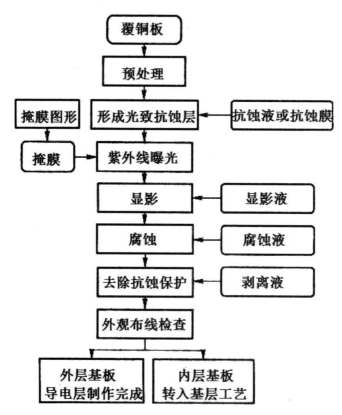

图 2-11 PCB 基板导体层制造工艺流程

加工多层板时使用叠层工艺。将加工好的内层板、外层板或铜箔、缓冲层、半固化片、不锈钢隔离板等按照上下顺序放入模板之间并进行定位，保证上下层之间线路的对准，然后在高温下用压机进行压合，其中的半固化片是由玻璃布浸渍环氧树脂后烘去溶剂而成的一种片状材料，在高温、高压下半固化片能将其他层板黏合在一起。完成层压后的多层板上下层间的导电是通过钻孔、孔内镀铜实现的。最后进行外层板上线路制作。

挠性板制作工艺与刚性基板制作工艺基本相同，只是使用基材不同，将单块刚性基材板变成连续的带材，使用连续传递滚筒（Roll-to Roll）生产工艺。

印制电路板生产工艺设备主要包括以下类型：

①图形生成设备

在覆铜板表面粘贴干膜抗蚀剂时需要使用干膜贴膜机。覆铜板表面涂敷液态光致抗蚀剂时需要湿膜涂布机。对覆铜板表面的抗蚀剂曝光时需要使用曝光机。按照曝光方式不同，曝光机主要有平行光曝光机、非平行光曝光机和激光直写曝光（LDI）机。覆铜板表面曝光原理与半导体晶圆制造工艺的光刻曝光原理相同。激光直写曝光技术去掉了掩膜，大大提高了基板制作效率，因此，LDI 设备已经成为基板制造行业的首选曝光设备。

曝光后的显影主要采用喷淋设备将显影液喷涂到覆铜板表面，喷涂工艺主要控制显影液的浓度和温度。

②刻蚀设备

显影后的覆铜板表面需要刻蚀掉不用的铜箔部分，留下的部分就是导线部分。一般使用真空刻蚀机将 45℃~55℃温度下的刻蚀剂喷淋到铜箔表面，刻蚀掉多余的铜箱，在基板上形成导线，最后用剥膜机清除刻蚀板面留存的抗蚀层。

③PCB 真空层压设备

层压基板设备主要有浸胶机和压合机。浸胶机用于玻璃纤维布等增强材料的浸胶、干燥。压合机主要用来将叠好的多层板在高温下压实。根据工作原理，压合机的类型有舱压式压合机、真空压合机、液压压合机等。

④钻孔设备

PCB 板上需要加工一系列导通孔或盲孔。孔的加工技术有高转速机械钻孔和激光打孔技术。孔加工设备的主要技术指标有：加工孔直径范围、孔的位置精度与钻孔重复定位精度、孔加工速度等。

⑤电镀铜设备

在 PCB 板上经过钻孔加工制成的通孔或盲孔做导体时需要在孔壁上电镀铜，一般采用电镀加工设备完成通孔和盲孔的镀铜加工，最后采用刻蚀设备去掉电镀保护层。

⑥丝网印刷设备

PCB 板制作过程中多次使用图形转移，使用丝网印刷技术进行图形转移是最经济、最有效的方法，因此，丝网印刷设备也是基板制造工艺的主要设备之一。

⑦PCB 板电性能测试设备

PCB 板在制造过程中需要进行电性能测试，一般测试包括内层板刻蚀后、外层导线刻蚀后及成品。PCB 基板除了进行基本的"通"和"断"测试外，根据需要还可以进行导线的耐电流、网络间的耐电压和埋入元件的性能测试。

PCB 基板电性能的测试主要分为接触式和非接触式测试。接触式测试一般采用针盘测试机和飞针（移动探针）测试机。测试过程是将一系列探针头端在一定压力下与 PCB 基板上的焊盘接触，探针的尾端接入测试系统，通过被测试导线两端的电流变化来判断导线是否导通，以及电阻值的大小。因为 PCB 基板上的导线图形千变万化，故探针排列做成可变动式，也就是使用飞针（移动探针）测试机更经济一些。飞针测试机的重要指标是探针的运动速度、定位精度、重复定位精度以及探针与 PCB 焊点接触压力的控制等。

非接触式测量方法中成熟应用的有电子束测试，正在开发的方法有离子束测试和激光测试。

⑧自动光学检测（AOD）系统

自动光学检测系统在芯片制造、封装和电子组装中有着广泛的用途。自动光学检测是一种基于图像检测与处理技术的非接触测试方法，检测过程效率高、成本低。通过摄像头自动扫描 PCB 板表面采集图像，将经过图像处理得到的 PCB 表面的图形数据与数据库的标准图形进行比对，检查出 PCB 上的缺陷，缺陷经标记后供质量判断及后续修复。在 PCB 基板制造工艺过程中，自动光学检测技术使用范围包括底片的检测、板的潜像质量检测、铜表面显影后的图像质量检测、刻蚀生成的导体电路图形质量检测、机械钻孔后的质量检测、检查微孔质量等。

⑨PCB 板成形设备

PCB 板需要加工外形或在板上开 V 形槽等，加工方法主要有机械切削加工、冲切加工和激光切割加工。机械切削加工一般使用数控机床开 V 槽、铣孔、铣斜边、切断等，冲切外形或内孔时使用模具在冲床上完成。PCB 板也可以使用激光束进行加工。激光加工是利用激光光斑照射后产生的高温将材料熔化形成孔洞，控制光斑运动轨迹就能将基板切割成所需的形状，如果控制光斑能量或照射时间长短就能制成不同深浅的孔洞。

在单件或小批量生产电路板时也用机械雕刻或激光束刻蚀法制作电路板，加工方法是将覆铜板表面用刀具或激光束去掉多余的覆铜层，留下的就是导线体。

⑩激光打标设备

PCB 基板上需要标注各种记号。使用印刷方法时，需要制造印刷模板，生产成本较高，灵活度不高。现在普遍使用激光打标设备在 PCB 上做出记号。一种方法是控制激光光斑的照射时间和功率大小，将 PCB 板表面物质烧熔露出深层物质；另外一种方法是通过激光照射使表层物质发生物理化学反应而刻出痕迹，从而在 PCB 板表面作出图形、文字等标记。激光打标设备主要有激光喷码机、激光打标机等。

（2）LTCC 基板

LTCC（Low Temperature Co fired Ceramic，低温共烧陶瓷）技术是 1982 年休斯公司开发的新型材料技术，是将低温烧结陶瓷粉制成厚度精确而且致密的生瓷带，在生瓷带上利用激光打孔、微孔注浆、精密导体浆料印刷等工艺制出所需要的电路图形，并将多个被动组件（如低容值电容、电阻、滤波器、阻抗转换器、耦合器等）埋入多层陶瓷基板中，然后叠压在一起，内外电极可分别使用银、铜、金等金属，在 900℃ 下烧结，制成三维空间互不干扰的高密度电路，也可制成内置无源元件的三维电路基板，在其表面可以贴装 IC 和有源器件，制成无源/有源集成的功能模块，可进一步地将电路小型化与高密度化，特别适合用于高频通信用组件。

LTCC 基板可以作为其他封装形式的载体，LTCC 也是一种封装形式。LTCC 集成器件与模块有极广泛的应用，如手机、蓝牙、GPS、数码相机、汽车电子等。手机中使用的 LTCC 产品主要包括 LC 滤波器、双工器、耦合器、变压器等。

LTCC 基板制作的基本工艺过程为：原料配料、流延成带状、切断成生瓷片、生瓷片上打孔、用金属浆料填充通孔、丝网印刷金属导体（印制导线、电极）、叠片、热压、切片、烧结成形。

关键工艺步骤如下：

①微通孔的加工技术。一般使用机械钻孔、冲孔和激光打孔。以激光打孔为最优方案，使用 CO_2 激光打孔设备可以加工出小于 50μm 的孔径，打孔深度可达 20 mm。

②LTCC 基板金属化。在基板表面和内部形成电路图形用于器件的互连，主要方法包括丝网印刷、数控直接描绘、光刻浆料和薄膜淀积。基板金属化最难的是基板上的微孔内壁金属化工艺，一般使用厚膜丝印机或挤压式填孔机进行填充。

③导线制作工艺。LTCC 基板上需要制造出精细导线，一般使用溅射与光刻组合的薄膜工艺、精密丝网印刷法、厚膜直接描绘法、厚膜网印后刻蚀法、激光直写布线技术等。激光直写布线技术采用了激光 3D 打印技术。在数控系统控制下，激光束按导电图形扫描预先涂敷在基板上的浆料，在热能作用下浆料中的导电颗粒与导带、基板进行互连形成导电图形。

LTCC 基板与 PCB 基板生产工艺有许多相似之处，所以使用设备也相近。

LTCC 多层陶瓷基板加工使用了以下主要工艺装备：

①激光打孔机：数控系统与 CO_2 激光器系统的组合，用于生瓷片上的微孔加工。

②对准叠片机：多层基板需将单层生瓷片进行叠层，在堆叠过程中生瓷片上的孔需要上下对准。对准过程的检测由视觉对准系统完成。

③图形检测设备：陶瓷片上导线图形的完整性，微孔的形状与分布等表面质量情况需要使用自动光学检测（AOI）系统进行无接触检测。

④叠层、热压设备：叠层设备将生磁片进行叠层，然后使用真空层压机进行热压处理。

⑤激光陶瓷基板划切机：多层基板热压后烧结前需要划切成小块基板，通常使用激光划切设备，划切时可以切透或者划痕后机械断开。

⑥排胶与共烧设备：多层基板烧结时需要逐渐加热进行排胶、去除生瓷内有机物，最后在850℃~875℃保温烧结，使用设备有马福炉或者链式炉。

3.厚膜、薄膜电路制造

以陶瓷等绝缘材料为基板采用厚膜或薄膜工艺制成集成电路，并在基板上将分立的半导体芯片、微型元件混合组装，最后再进行封装。这种技术通常称为混合微电子技术，是电子封装技术的一个分支。混合微电子封装技术可以分为厚膜电路制造和薄膜电路制造技术，可以在陶瓷基板上制作出电阻、电容等无源元件，制作出布线导体用于连接电路元器件。厚膜电路制造工艺与LTCC基板制造相似，主要使用丝网印刷与烧结等技术。薄膜电路制作主要使用半导体芯片制造技术，如溅射、淀积、光刻和刻蚀等技术。

（1）厚膜电路制造工艺与设备

厚膜集成电路制造方法是将导体浆料、电阻浆料和绝缘材料浆料等通过丝网印刷方法印制到陶瓷基板上，然后经烘干、烧结实现膜与基板的粘贴，从而在陶瓷基板上构成电路。

厚膜电路制造涉及的关键技术包括：厚膜图形形成方法、厚膜金属化技术、陶瓷基板制作技术、各种浆料制备技术、丝网网板制作和厚膜丝网印刷技术。

厚膜电路图形形成方法主要分为两类：一是在烧制好的基板上重复进行印制电路图形和绝缘层，印制一层后进行一次烧结；二是在生瓷片上，分别进行打孔、印制电路图形、生片叠层、热压，最后进行排胶烧结。

厚膜电路制造工艺用到的主要设备有：丝网印刷机、厚膜电路光刻机、烧结炉、激光调阻器等。前三种设备是通用设备，激光调阻器是专用设备。印刷工艺制成的电阻阻值有误差，激光调阻器使用激光束将厚膜电路上的电阻进行切口处理，改变电阻体的导电截面积，以改变电阻阻值大小并达到设计值。

（2）薄膜电路制造工艺

薄膜电路以陶瓷等绝缘材料为基板，采用真空蒸发、溅射和电镀等薄膜工艺制成厚度1μm左右的金属、半导体、金属氧化物、多种金属混合相、合金或绝缘介质薄膜。多层薄膜构成了晶体管、电阻、电容和电感元件以及它们之间的连线，并组成无源网络，再组装上分立的微型元器件后外加封装就构成了混合集成电路。

薄膜电路工艺比厚膜电路工艺的质量稳定、可靠性高、制造工艺重复性好。

在基板上制作薄膜的方法有物理气相淀积法、阳极氧化和电镀法。除电镀工艺外其他工艺方法都属于半导体制造工艺中的典型工艺方法。通常薄膜电路制作工艺系统或设备有物理气相淀积（PVD）系统、化学气相淀积系统和薄膜光刻设备，这些系统或设备与半导体制造过程所用相应系统或设备的工作原理完全相同。

（五）表面组装技术与工艺设备

1.概述

电子终端产品制造的主要工序是板级封装，也称作电子组装，或二级封装。目前二级封装主要使用SMT技术和THT技术。这两种组装技术可以单独使用，也可以混合使用，现阶段SMT技术占主导地位。在这里主要介绍SMT技术工艺与设备。

（1）SMT工艺流程

①片式元件单、双面贴装工艺

片式元件单面组装时只进行单面贴装工艺，如果是双面组装板则进行两次单面贴装工艺，第二次贴装时将已经贴装了器件的基板翻转180°后重复单面贴装工艺，二次贴装工艺的主要区别是再流焊时需对第一次焊接好的器件进行保护。

②单、双面混合贴装工艺

对于一面是表面贴装，另一面是混装（既有表面贴装又有通孔安装）的组装板，一般是先进行单面的贴装工艺：印刷焊料、贴装元件、再流焊。基板翻转后进行另一面混装工艺：点胶、贴装元件、加热固化胶黏剂、二次翻转基板、插装通孔元件、波峰焊、清洗。

（2）SMT生产线组成

SMT生产线工艺流程为：基板准备、印刷焊膏、焊膏印刷检查、贴片、贴片检查、再流焊、焊后检查、在线测试、基板储运。

根据产品生产量、批量数的不同SMT生产线的配置略有变化，但是主要设备包括焊膏印刷机、胶黏剂点胶机、贴片机、再流焊或波峰焊炉，辅助设备主要包括检测设备、返修设备、清洗设备、干燥设备和物料储运设备。

2.焊料涂覆技术与工艺设备

表面贴装的基本过程是将焊料涂覆在基板上或预制在元器件上，然后贴装元件，最后使用再流焊方式实现元件与基板的互连。焊料可以预制在元器件上，如 BGA 封装芯片。

涂覆在基板上的焊料通常称为焊膏，焊膏是由合金粉末、糊状焊剂和一些添加剂混合而成的具有一定黏性和良好触变特性的膏状体。一般采用滴涂、印刷和喷印方式将焊膏涂覆在基板上。滴涂焊膏法主要用于维修，焊膏印刷法是目前普遍使用的方法，焊膏喷印是小批量生产的理想方法。

（1）焊膏印刷工艺与设备

焊膏印刷技术对表面贴装质量影响较大。印刷方法、印刷设备、印刷网板制作是焊料印刷的关键技术。

①焊膏印刷工艺

常用的印刷涂敷方式有非接触印刷和直接印刷两种类型，非接触印刷即丝网印刷，直接接触印刷即模板漏印（亦称漏板印刷）。目前多采用直接接触印刷技术。这两种印刷技术可以采用同样的印刷设备，即丝网印刷机。两种印刷方法工艺过程基本相同。有刮动间隙的印刷即为非接触式印刷，非接触式印刷中采用丝网或挠性金属掩膜；无刮动间隙的印刷即为接触式印刷，接触式印刷中采用金属漏模板。刮动间隙、刮刀压力和移动速度是优质印刷的重要参数。焊膏和其他印刷浆料是一种流体，其印刷过程遵循流体动力学的原理。

在焊膏印刷涂敷时，丝网与基板之间有刮动间隙。丝网印刷时，刮刀以一定速度和角度向前移动，对焊膏产生一定的压力，推动焊膏在刮板前滚动，产生将焊膏注入网孔所需的压力。由于焊膏是黏性触变流体，焊膏中的黏性摩擦力使其层流之间产生切变。在刮刀凸缘附近与丝网交接处，焊膏切变速率最大，这一方面产生使焊膏注入网孔所需的压力；另一方面切变率的提高也使焊膏黏性下降，有利于焊膏注入网孔。所以当刮板速度和角度适当时，焊膏将会顺利地注入丝网网孔。刮刀速度、刮刀与丝网的角度、焊膏黏度和施加在焊膏上的压力，以及由此引起的切变率的大小是丝网印刷质量的主要影响因素。它们相互之间还存在一定制约关系，正确地控制这些参数就能获得优良的焊膏层印刷质量。

接触式的漏板焊膏印刷工作，印刷前将 PCB 放在工作支架上，由真空吸附或机械方法固定，将已加工有印刷图像窗口的漏模板放在一金属框架上绷紧并与 PCB 对准，金属漏模板印刷时不留刮动间隙。印刷开始时，预先将焊膏放在漏模板上，刮刀从漏模板的一端向另一端移动，并压迫漏模板使其与 PCB 面接触，同时刮压焊膏通过漏模板上的印刷图像窗口将焊膏印制（沉积）在 PCB 相应的焊盘上。

②焊膏印刷设备

目前，印刷机主要分为手动、半自动和全自动三种。手动印刷机主要用于单件小批量的实验室之中。

半自动印刷机适用于中小批量的、较多尺寸元件的贴装场合。其操作简单、印刷速度快、结构简单，缺点是印刷工艺参数可控点较少、印刷对中精度不高、焊膏脱模差，一般适用于 0603（英制）以上元件、引脚间距大于 1.27 mm 的 PCB 印刷工艺。

全自动丝网印刷机是目前大批量生产线的标准配置，其优点是印刷对中精度高，焊膏脱模效果好，印刷工艺较稳定，适用密间距元件的印刷，缺点是维护成本高，对作业员的知识水平要求较高。全自动焊膏印刷机的基本功能主要包括：在线编程或远程接受控制程序；自动输送 PCB 板，机械初步定位配合光学自动检测系统将 PCB 与网板进行精确定位；焊膏自动添加到印刷网板上；刮刀具备自动完成涂敷系列动作，并且下压压力、移动速度可调；印刷结束的 PCB 板能自动送出。一些高端的全自动焊膏印刷机也会具备一些辅助功能，例如印刷后焊膏厚度检测、网板自动清洗、网板自动更换等。

（2）焊膏喷印技术与设备

焊膏喷印的基本原理是：焊膏储藏在可更换的管状容器中，通过微型螺旋杆将焊膏定量输送到一个密封的压力舱，然后由一个压杆压出定量的焊膏微滴并高速喷射在焊盘上。

焊膏喷印技术无点涂、印刷方法的缺陷，而且与传统的网板印刷相比，具有不需要网板的优势。通过计算机控制，其喷印程序可以完全控制每一个焊盘上的喷印细节，喷印次数和焊膏的堆积量，实现完全一致的焊膏喷印，极大地提高了焊膏喷印质量，保证了随后贴片与回流焊过程的可控性与焊点的质量。焊膏喷印技术不仅非常适合单件小批量板卡的组装，而且由于其喷印速度非常高，也可以替代传统的钢网印刷设备，组成 SMT 生产线。由于省去了网板、清洗剂、擦拭纸、焊膏搅拌机等，焊膏喷印技术在便捷、省工省时、高效率等方面更能够体现其优势。

焊膏喷印机的工作原理类似喷墨打印机的工作原理。焊膏喷印机的典型代表产品是 MYDATA 公司的 MY500 型。该机可以根据计算机设定的程序，以 500 点/s（180 万点/h）的最高速度在电路板上喷射焊膏。喷印头的最小喷印点为 0.25 mm，能够在间距为 0.4 mm 的元件焊盘上喷印焊膏，并很容易在大焊盘附近喷印小焊盘，可以在大器件或连接器旁边喷印 0201 等微型片式芯片的焊点，可以任意设定每一个焊盘的焊膏喷印量和喷印面积，可以在不同的层面上喷印焊膏，甚至在已经喷印的焊盘上再增加喷印焊膏的堆积量。其焊膏喷印精度达到单点重复精度 3σ（X，Y）54μm。

3.胶黏剂涂敷工艺与设备

胶黏剂的作用是在混合组装中把 SMC/SMD 暂时固定在 PCB 的焊盘图形上,以便随后的波峰焊接等工艺操作得以顺利进行。在双面表面组装情况下,辅助固定 SMIC 以防翻板和工艺操作中出现振动时导致 SMIC 掉落,需要在 PCB 虚设焊盘位置上涂敷胶黏剂。

胶黏剂涂敷方法主要有:分配器点涂(亦称注射器点涂)技术、针式转印技术和丝网(或模板)印刷技术。目前点胶工艺使用设备以自动点胶机为主。

(1)分配器滴涂工艺与设备

分配器点涂是将胶黏剂一滴一滴地点涂在 PCB 贴装 SMC/SMD 的部位上。预先将胶黏剂灌入分配器中,点涂时,从分配器上容腔口施加压缩空气或用旋转机械泵加压,迫使胶黏剂从分配器下方空心针头中排出并脱离针头,滴到 PCB 要求的位置上,从而实现胶黏剂的涂敷。由于分配器点涂方法的基本原理是气压注射,因此该方法也称为注射式点胶或加压注射点胶法。

采用分配器点涂技术进行胶黏剂点涂时,气压、针头内径、温度和时间是其重要的工艺参数,这些参数控制着胶黏剂量的多少、胶点的尺寸大小以及胶点的状态。气压和时间合理调整,可以减少胶黏剂(胶滴)脱离针头不顺利的拉丝现象。为了精确调整胶黏剂量和点涂位置的精度,专业点胶设备一般采用计算机控制技术,按程序自动进行胶黏剂点涂操作。这种设备称为自动点胶机,它能按程序控制一个或多个带有管状针头的点胶器在 PCB 的表面快速移动、精确定位,并进行点胶作业。

分配器滴涂设备的主要区别在于所使用注射泵的技术,目前注射泵技术有:时间压力法、阿基米德螺栓法、活塞正置换泵法、阀门喷射法等。

(2)针式转印技术及设备

针式转印技术一般是同时成组地将胶黏剂转印到 PCB 贴装 SMC/SMD 的所有部位上。系列的转印针按需转印胶黏剂位置固定在针床上,转印针头集体浸没到胶黏剂容器槽中沾上胶黏剂,针床运动到 PCB 基板上并进行对准,针床下降到一定位置将胶黏剂转印到 PCB 基板上。

针式转印技术的主要特点是能一次完成多个元器件的胶黏剂涂敷,设备投资成本低,适用于同一品种大批量组装的场合。它有施胶量不易控制、胶槽中易混入杂物、涂敷质量和控制精度较低等缺陷。随着自动点胶机的速度和性能的不断提高,以及由于 SMT 产品的微型化和多品种少批量特征越来越明显,针式转印技术的适用面已越来越小。

4.焊接技术与工艺设备

焊接是焊料合金和要结合的金属表面之间形成合金层的一种连接技术。表面组装采用软钎焊技术,它将 SMC/SMD 焊接到 PCB 的焊盘图形上,使元器件与 PCB 电路之间建立可靠的电气和机械连接，从而实现具有一定可靠性的电路功能。这种焊接技术的主要工艺过程是：用焊剂将要焊接的金属表面洗净（去除氧化物等）使之对焊料具有良好的润湿性，熔融焊料润湿金属表面并随后冷却，最后在焊料和被焊金属间形成金属间化合物。

根据熔融焊料的供给方式，在 SMT 中采用的软钎焊技术主要有波峰焊（Wave Soldering）和再流焊（Reflow Soldering）。一般情况下，波峰焊用于插装和混合组装方式，再流焊用于全表面组装方式。

根据提供热源的方式不同，再流焊有传导、对流、红外、激光、气相焊等方式。波峰焊是通孔插装技术中使用的传统焊接工艺技术，根据波峰的形状不同有单波峰焊、双波峰焊等形式之分。在混合组装中还可以使用选择性波峰焊技术。波峰焊技术与再流焊技术是印制电路板上进行大批量焊接元器件的主要方式。

波峰焊与再流焊之间的基本区别在于热源与钎料的供给方式不同。在波峰焊中，钎料波峰有两个作用：一是供热，二是提供钎料。在再流焊中，焊膏由专用设备定量涂覆，热是由再流焊炉自身的加热机理决定的。

（1）再流焊工艺技术与设备

再流焊（亦称回流焊）是预先在 PCB 焊接部位（焊盘）施放适量和适当形式的焊料，然后贴放表面组装元器件，经固化（在采用焊膏时）后，再利用外部热源使焊料再次流动达到焊接目的的一种成组或逐点焊接工艺。

再流焊的技术特征非常明显，进行再流焊时元器件受到的热冲击小，焊料只在需要部位施放焊料，因此能控制焊料施放量，并且能有效避免焊后桥接等缺陷的产生。当元器件贴放位置有一定偏离时，由于熔融焊料表面张力的作用，只要焊料施放位置正确，就能自动校正偏离，使元器件固定在正常位置。再流焊可以采用局部加热热源，从而可在同一基板上，采用不同焊接工艺进行焊接。基于工艺保证，焊料中一般不会混入不纯物。

目前主要有三种方法供给焊料，即焊膏法、电镀焊料法和熔融焊料法。焊膏法即通过印刷、滴涂、喷印方式将焊料预置到 PCB 基板的焊盘上。在元器件和 PCB 上预敷焊料，在某些应用场合可采用电镀焊料法和熔融焊料法将焊料预敷在元器件电极部位或微细引线上，或者是 PCB 的焊盘上；预成形焊料是将焊料制成各种形状，有片状、棒状和微小球状等预成形焊料，焊料中也可含有焊剂；预成形焊料主要用于半导体芯片的键合和部分扁平封装器件的焊接工艺中，如 BGA 封装形式。

如今，根据不同用途研制出了一系列加热方式的再流焊工艺设备，加热方式、工艺及设备应用特点如表 2-2 所示。再流焊的加热方式主要有辐射性热传递（红外线）、对流性热传递（热风、液体）和热传导（热板传导）三种方式。红外线、气相、热风循环和热板等加热都属于整体加热方式，适合于大批量生产方式的整板焊接。加热工具、红外光束、激光和热空气等加热属于局部加热方式，适合 PCB 板的局部焊接。

表 2-2　再流焊加热方式及工艺特点

加热方法	加热原理	工艺及设备应用特点
红外	吸收红外线热辐射加热	（1）连续，同时成组焊接，加热效果很好，温度可调范围宽，减少了焊料飞溅、虚焊及桥焊； （2）材料不同，热吸收不同，温度控制困难
气相	利用惰性溶剂的蒸汽凝聚时放出的气体潜热加热	（1）加热均匀，热冲击小，升温快，温度控制准确，同时成组焊接，可在无氧环境下焊接； （2）设备和介质费用高，容易出现吊桥和芯吸现象
热风	高温加热的空气在炉内循环加热	（1）加热均匀，温度控制容易； （2）易产生氧化，强风使元件有移位的危险
激光	利用激光的热能加热	（1）适于高精度焊接，非接触加热； （2）用光纤传送 CO_2 激光在焊接面上反射率大，设备昂贵
热板	利用热板的热传导加热	（1）由于基板的热传导可缓解急剧的热冲击，设备结构简单、价格便宜； （2）受基板的热传导性影响，不适合于大型基板、大元器件，温度分布不均匀

根据加热方式的不同，再流焊炉的形式有热板传导式、热风回流式、红外线辐射式、红外热风式、气相式以及激光式再流焊炉。

传统上使用含铅的再流焊焊料，现在的焊料是无铅焊料。典型的无铅再流焊过程分为预热、保温、再流焊（回流焊）和冷却四个过程。

①气相再流焊技术与设备

气相再流焊接使用氟惰性液体做热转换介质。加热氟惰性液体，利用它沸腾后产生的饱和蒸汽的气化潜热进行加热。液体变为气体时，液体分子要转变成能自由运动的气体分子，必须吸收热量，这种沸腾的液体转变成同温度的蒸汽所需要的热量称为汽化热，又叫蒸发热；反之，气体相变成同温度的液体所放出的热量称为凝聚热，在数值上与汽化热相等。因为这种热量不具有提高气体温度的效果，所以被称为汽化潜热。氟惰性液体由气态变为液态时就放出汽化潜热，利用这种潜热进行热的软钎焊接方法就叫作气相焊接（Vapor Phase Soldering，VPS）。

当相对比较冷的被焊接的 SMA 进入饱和蒸汽区时，蒸汽凝聚在 SMA 所有暴露的表面上，把汽化潜热传给 SMA（PCB、元器件和焊膏）。在 SMA 上凝聚的液体流到容器底部，再次被加热蒸发并再凝聚在 SMA 上。这个过程继续进行并在短时间内使 SMA 与蒸汽达到热平衡，SMA 即被加热到氟惰性液体的沸点温度。该温度高于焊料的熔点，所以可获得合适的再流焊接温度。

　　气相焊接（VPS）系统一般有批量式和连续式两种结构形式。如图 2-12 所示的批量式 VPS 系统中使用全氟化液体 FC-70（全氟三胺）和二次蒸汽液体 FC-113（三氯三氟乙烷）两种混合液体。1975 年美国 3M 公司推出了全氟化液体 FC-70，其沸点为 239℃，具有气相再流焊接所必需的全部物理性能，适用于可靠的气相焊接。为有效避免 FC-70 液体的损失在主液中加入二次蒸汽液体 FC-113，它的沸点为 47.6℃，密度在 25℃时为 1554.3 kg/m³，蒸汽密度为 7.3 kg/m³。FC-113 蒸汽在沸点 47.6℃时具有热稳定性和化学稳定性。

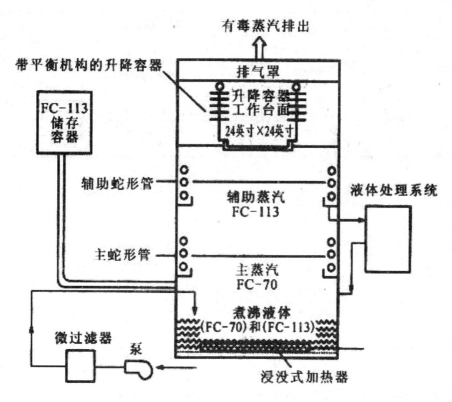

图 2-12　普通批量式 VPS 系统结构示意图

　　批量式 VPS 系统由电浸没式加热器、冷凝蛇形管、液体处理系统和液体过滤系统组成。电浸没式加热器和冷凝蛇形管置于一个不锈钢容器内构成两个蒸汽区。主蒸汽区位于容器下部，由氟惰性蒸汽组成，是 SMA 的再流加热区。主蒸汽区上面是辅助蒸汽区，是由 FC-113 产生的二次蒸汽区，这个蒸汽区对于批量式 VPS 系统是很关键的，它使批量式系统具有了实用价值和高的效率，并减少了主蒸汽的损失。另外，它还给 SMA 提供预热条件，因为这个蒸汽区温度一般稳定在 82℃~107℃。

　　图 2-13 所示为典型的连续式 VPS 系统构成。连续式 VPS 系统由氟惰性液体加热槽、

冷却部分、开口部分、液体处理装置和传送机构等组成。蒸汽冷凝蛇形管布置在工作区的两端，以防止主蒸汽的泄露。连续式 VPS 系统进行再流焊时 SMA 放在传送带上进行连续工作。连续式 VPS 系统可在系统前端设置预热器与焊接系统连成线。预热会使焊膏所含溶剂有一定程度的蒸发，焊剂易于固着在焊料上，提高了与基板的黏性，能防止元件直立现象的产生，同时减少了元器件因受热冲击而损坏的危险。

气相再流焊存在芯吸（焊料离开焊盘上移到器件引线上）和曼哈顿现象（焊接后器件直立）等缺陷，因此，气相再流焊工艺逐渐被红外加热再流焊取代。

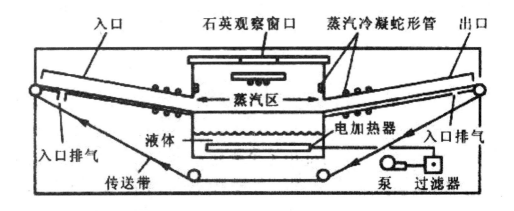

图 2-13 典型的连续式 VPS 系统结构示意图

②红外再流焊技术与设备

A.红外再流焊热源。用于红外再流焊的典型热源有面源板式辐射体和灯源辐射体两种类型，分别以 $2.7\sim5\mu m$ 和 $1\sim2.5\mu m$ 波长产生辐射。同种材料情况下，面源辐射体产生的辐射大多数被吸收，因此，材料的加热情况比灯源辐射体的好。

面源板式辐射体将电阻元件嵌进适当的导热陶瓷材料中，并尽量也接近辐射平面，陶瓷基材料后面附着热绝缘材料，以确保在一个方向辐射。薄的轻质电绝缘高辐射系数的辐射体材料贴在平板前面构成辐射面。工作时，电阻元件加热辐射体材料，在整个面上发出均匀的辐射。电阻元件一般用 Ni-Cr 合金丝做芯子，用氧化镁封在不锈钢外壳内。面源板式辐射体通常具有 800℃ 的峰值温度额定值，典型工作寿命为 4000~8000h。工作时焊剂挥发物在辐射体平面上生产凝聚和分解，因此，需要定期清洗辐射体表面。

灯源辐射体有两种通用结构，即 T-3 灯和 Ni-Cr 石英灯。T-3 灯是将旋转绕制的钨灯丝密封在石英管内，灯丝由小钽盘支撑，灯管抽真空后用稀有气体（如氩气）填充，以减少灯丝和密封材料氧化变质。这种灯的峰值温度是 2246℃。Ni-Cr 石英灯结构上与 T-3 灯类似，区别在于石英管内不抽真空，这种灯的峰值温度是 1100℃。用石英材料做灯壳是由于其能耐钨丝工作高温，同时石英透射率高，能使 93% 以上的能量穿透。

B.近红外再流焊接设备。图 2-14 所示为灯源和面源板组合结构的红外再流焊接炉结构。在预热区使用远红外（面源板）辐射体加热器，再流焊接区使用近红外源辐射体作加热器，所以也称为近红外线再流焊接设备。如果在预热区也采用灯源辐射，会由于加热速度快引起焊膏暴沸。这种组合结构的红外焊接设备在一定程度上克服了采用单纯灯源辐射体的焊接设备存在的问题。

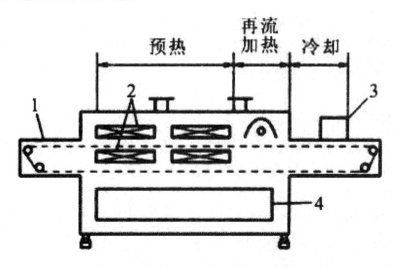

图 2-14　灯源和面源组合结构的红外再流焊接炉

1-无网眼传送带；2-平板式加热器；3-冷却风扇；4-控制系统

C.远红外再流焊接设备。典型远红外再流焊接设备是面源板远红外再流焊接炉。设备分成预热和再流加热两个区，可根据需要分别控制温度。六块面源板加热器分为三组，两组用于预热，一组用于再流焊加热，可根据 SMA 的具体情况增加加热器的数目。红外再流焊接设备一般都采用隧道式加热和连续式 PCB 传送机构。传送机构有带式和链式两种。目前链式传送机构已占多数，适用于组成 SMT 生产线，并可用于双面 SMA 的焊接；带式传送机构主要用网状不锈钢带制成，多适用于试生产和多品种小批量生产。

D.空气循环远红外再流焊接设备。它以远红外辐射加热为基础，通过耐热风扇使炉内热空气循环。采用这种加热方式具有下列特点：可使设备内部气氛温度均匀稳定；可用于高密度组装的 SMA 再流焊接；即使在同一基板上元器件配置不同，也可在均匀的温度下进行再流焊接；基板表面和元器件之间的温差小；可对 PLCC 下面贴装有片式元件的 SMA 同时进行再流焊接。一般不会产生像 VPS 法因急剧加热而引起的芯吸现象及元件直立现象。

E.远红外特种气氛再流焊接设备。远红外特种气氛再流焊接设备是空气循环远红外焊接设备中通入稀有气体代替空气而构成的种红外再流焊接设备，这种再流焊接设备的优点有：当焊料再流时，不会因焊剂劣化而引起润湿不良；由于不易发生反复氧化，所以即使反复再流焊接也不会产生润湿不良；减少了焊剂碳化，焊后容易清洗；与免洗焊膏相结合，采用稀有气体可进行免洗再流焊接工艺。

③激光再流焊接技术

利用激光束直接照射焊接部位，焊接部位（器件引线和焊料）吸收激光能并转成变热能，温度急剧上升到焊接温度，导致焊料熔化，激光照射停止后，焊接部位迅速空冷，焊料凝固，形成牢固可靠的焊接连接。

影响焊接质量的主要因素是：激光器输出功率、光斑形状和大小、激光照射时间、器件引线共面性、引线与焊盘接触程度、电路基板质量、焊料涂敷方式和均匀程度、器件贴装精度、焊料种类等。

在激光再流焊接中普遍采用固体 YAG 激光和 CO_2 激光。YAG 激光的波长为 1.065 μm，属近红外领域。CO_2 激光波长为 10.63μm，属远红外领域。在金属表面上，波长越长，光的反射率越大，为了加热器件引线和预敷的焊料面，波长短有利，所以，YGA 激光做再流焊接的热源比 CO_2 激光效率高。而且，电路基板对 YAG 激光的吸收率比对 CO_2 激光的吸收率小，所以基板受热损失小，因此，在激光再流焊系统中，常用 YAG 激光。用激光所具有的高能密度能进行瞬时微细焊接，并且把热量集中到焊接部位进行局部加热，对器件本身、PCB 和相邻器件影响很小，从而可提高 SMA 的长期可靠性。激光加热过程一停止就发生空冷淬火，比 VPS 或红外再流焊接技术更能形成细晶粒结构的坚固焊接连接。由于焊点形成速度快，能减少或消除金属间化合物，有利于形成高韧性低脆性焊缝。用光导纤维分割激光束，可进行多点同时焊接。在多点间焊接时，可使 PCB 固定而移动激光束进行焊接，易于实现自动化。美国 Vanzetti 系统公司的 ILS7000 激光焊接系统，这是一种典型的聚焦束激光焊接系统。

ILS7000 激光焊接系统在进行焊接的同时，用红外探测器测量焊点温度，与所建立的标准焊点质量数据库中的数据进行比较和分析判别，将结果反馈给系统，控制焊接参数。

由于采用了红外探测器、机器视觉和计算机系统，能监测和控制焊接过程，实现了智能化，所以该系统具备显著的特点。焊接过程中所积累的数据立即提供给过程控制使用，可跟踪焊接中出现的问题，由系统及时校正。焊接速度范围是每根引线用时 50~150 ms。

ILS7000 激光焊接系统组成如下：

A.定位用氦氖激光器：用来测定 YAG 的靶面积，用于初始 X-Y 编程。

B.双快门连续 YAG 激光器：标准输出功率为 12.5 W，光斑直径为 0.1~0.6 mm.

C.红外探测器：监控焊接过程中激光向加热的焊点发射的能量。

D.伺服控制精密定位工作台：实现工作台上 SMA 的精密运动。

E.数字计算机系统：计算机系统通过将热图像和存储在计算机中的参考图像进行比较，识别不正常焊点。当焊料熔化或测出温度不正常焊点时，红外传感器的读数使计算机关闭激光。计算机系统能把缺陷数据送至标记台，用墨水标出有缺陷的焊点，并能使X-Y 工作台连续地定位到加热点。

F.精密光学元件和光导纤维组成的光路系统：主要部件包括纤维光学光导管和内装分光镜的光学加工头。纤维光学光导管用来将激光能送至倾斜式光学系统。内装分光镜的光学加工头将光能送至元器件引线，并把红外热图像传送至探测器，还可以使摄像机能观察 YAG 激光的靶面积。

G.其他：TV 显示器用来显示 YAG 靶面积，用于初始 X-Y 编程和操作监控；摄像机用来观察 YAG 激光的靶面积；模/数转换器将红外探测器读数数字化，供计算机比较。

④工具再流焊技术

工具再流焊技术是利用电阻或电感加热与表面组装器件引线接触的焊接工具，给焊接部位施加足够的温度和适当的压力，使焊料再流而达到焊接功能的一种成组的焊接方法。这种焊接技术可分为手动、半自动和自动三种类型，主要应用于特殊表面组装器件的组装以及不易采用生产线组装的多品种、少数量的 SMA 组装。

工具再流焊接技术根据加热方式的不同可以分为热棒法、热压块法、平行间隙法和热气喷流法四种类型，每种类型的焊接又可以采用手动、半自动和全自动方式进行。

A.热棒法。在通常称为热靴的头上装上金属电阻叶片，热靴和叶片尺寸取决于器件的尺寸。热棒再流焊接采用脉冲电流进行加热。热棒再流焊接系统工作过程包括预置压力使带加热叶片的气动热靴与引线接触，经过再流加热、焊料固化和热靴提升等过程完成整个再流焊接周期。

B.热压块法。其工作原理是电流加热工具通电加热热压块，焊接时，弹簧压板先压住引线，然后热压块下降压住压板，通过热传导使预敷焊料再流。经过一定再流时间后，热压块上升，弹簧压板仍压住引线，待焊料固化后再同热压块一起上升离开器件引线。焊接完后一般空冷，或者用稀有气体轻吹焊接部位进行强制快速冷却。

C.平行间隙法。用平行的两根电极压住引线，通过大电流，利用在引线和焊料内部产生的焦耳热使预敷焊料加热再流。

D.热气喷流法。利用加热器加热空气或氮气等，使之从喷嘴喷出进行焊料再流。根据气体流量和加热器的温度调整进行温度控制。

（2）波峰焊工艺技术与设备

波峰焊是利用波峰焊机内的机械泵或电磁泵，将熔融钎料压向波峰喷嘴，形成一股平稳的钎料波峰，并源源不断地从喷嘴中溢出。装有元器件的印制电路板以直线平面运动的方式通过钎料波峰面而完成焊接的一种成组焊接工艺技术。波峰焊技术是由早期的热浸焊接（Hot Dip Soldering）技术发展而来的。波峰焊机的波峰形式从单波峰发展到双波峰，双波峰的波形又可分为λ、T、Ω和O旋转波四种波形。按波形个数又可以分成单波峰、双波峰、三波峰和复合波峰四种类型。

波峰焊需要大量消耗焊料，焊接质量不稳定。随着技术进步，近年来在混合式组装工艺中用选择性波峰焊设备逐步取代普通的波峰焊机。

选择性波峰焊接指的是对表面贴片线路板上的穿孔元器件的焊接。选择性波峰焊接机器对需要焊接引脚有选择性地局部喷涂助焊剂然后喷涂焊锡，如果需要的话，还可以对线路板加以预热，这种工艺方法不需要特别的模板或工具。每一个焊点的工艺参数都可以根据所焊元件的要求而分别设定，这样整块板子的焊接质量就得到了极大地提高。与多数的通孔焊接流程一样，选择焊的工艺同样分为三个部分，即喷涂助焊剂、预热和焊接。

选择性波峰焊机使用X/Y/Z移动平台，焊料喷嘴相对于PCB基板的移动路径可设定，针对编程的点进行焊接。移动路径、移动速度、焊料温度、氮气（用于预热和保护）温度和波峰高度均可设定。同一块PCB板可设定不同的焊接速度来得到不同要求的焊点。比如大的吸热焊盘，焊接速度可以设慢一些，小焊盘焊接可以走快一些。选择性波峰焊只是针对所需要焊接的点进行助焊剂的选择性喷涂，线路板的清洁度因此大大提高，对于后端没有清洗工艺的产品，选择性波峰焊大幅度地减少了助焊剂的残留物。

5.表面组装工艺检测技术与设备

（1）检测项目

表面组装工艺的材料检测主要包含PCB、元器件、焊膏等。工艺过程检测包含焊膏印刷、贴片、焊接、清洗等。组装成品检测主要包含组件外观检测、焊点检测、组件性能测试和功能测试等。目前，在SMT生产中使用了各种自动测试方法，如元器件测试、PCB光板测试、自动光学测试、X射线测试、SMA在线测试、非向量测试、功能测试等。表面组装工艺的检测项目及检测内容如表2-3所示。

表 2-3　表面组装工艺主要检测项目

组装工序	管理项目	检查项目
PCB 检测	表面污染、损伤、变形	入库/进厂时检查、投产前检查
焊膏印刷	网板污染、焊膏印刷量、膜厚	印刷错位、模糊、渗漏、膜厚
点胶	点胶量、温度	位置、拉丝、溢出
SMD 贴装	元器件有无、位置、极性正反、装反	贴片质量
再流焊	温度曲线设定、控制	焊点质量
焊后外观检查	基板受污染程度、焊剂残留、组装故障	漏装、翘立、错位、贴错（极性）、装反、引脚上浮、润湿不良、漏焊、桥连、焊锡过量、虚焊（少焊锡）、焊锡珠
电性能检测	在线检测、功能检测	短路、开路，制品固有特性

（2）表面组装工艺常用检测技术

①显微检测技术

显微检测技术是通过体视或者数码显微系统目视检测各种原材料、PCB 基板、焊点等存在的缺陷。显微检测设备有三类：第一类是通用的立体显微镜；第二类是在通用显微镜系统中增加了数码显示系统；第三类是单纯的数码显微系统。其中第三类设备在生产现场使用更多一些。

②红外激光检测技术

用红外激光脉冲照射焊点，使焊点温度上升而又降回环境温度，利用测得的辐射升降曲线（焊点的热特征）与"标准"曲线比较来判别各种焊点缺陷。用于焊接过程及焊接后的焊点质量检查。激光/红外检测仪工作过程是由激光发生器发出一定波长（典型波长λ=1.06μm）的激光，经透镜聚光后由光纤传导至检测透镜，聚焦后射向焊点。焊点处受激光照射产生热量，一部分被焊点吸收，另一部分分散发射出来，由红外表面温度计测出其温度数值，通过计算机与用标准板做成的焊点温度升降曲线进行对比分析，判断缺陷的类型。这种系统的红外探头可向四个方向倾斜15°，所以即使对 J 型内弯引线焊点也能进行检测。这种检测技术的优点是：检测一致性和可靠性好；检测速度快，每秒可检测 10 个以上焊点；能对焊接缺陷进行统计分析，以便于质量控制。

③X 射线检测技术

不可见焊点质量检查，例如表面组装器件回流焊后焊点不可见，只有用 X 射线检测仪才能看到芯片下面焊点的质量。高密度的印制电路板的球栅阵列（BGA）芯片，在焊接和检查时，因为焊点位于封装和电路板之间，使用 X 射线成像是必不可少的。而 J 型和鸥翼式芯片，部分焊点是无法用视觉系统检查的。在这些情况下，X 射线的横截面成像方法，如分层成像与合成（DT）方法，能够形成三维物体的横截面图像，可以用来成像和检查焊点。

普通 X 射线（直射式）影像分析只能提供检测对象的二维图像信息，对于遮蔽部分很难进行分析。扫描 X 射线分层照相技术能获得三维影像信息，而且可消除遮蔽阴影。与计算机图像处理技术相结合能对 PCB 内层和 SMA 上的焊点进行高分辨率的检测。通过焊点的三维影像可测出焊点的三维尺寸、焊锡量，准确客观地确定各种不可视焊接缺陷。还能对通孔的质量进行非破坏性检查。

X 射线的横截面成像系统也叫 DT 系统，由一个扫描 X 射线管、图像增强器、旋转棱镜以及可变焦镜头的相机组成。

扫描 X 射线管用来控制 X 射线光斑的位置，从不同方向把 X 射线投射到 PCB 上。PCB 上有一个预定的 X 射线圆形轨道，图像增强器收集通过 PCB 的 X 射线，它作为 X 射线探测器起着重要的作用。光子辐射在其屏幕上，与 X 射线的强度成比例。在八个或者八个以上的角度设定变焦相机来获得图像。

图像捕捉可使用旋转棱镜和电流计。棱镜旋转与 X 射线位置同步，抓取图像增强器屏幕上的投影图像。棱镜的旋转控制是由一个交流伺服电动机实现的，其角速度由速度控制回路控制，随着电流计、双轴电流计控制 XY 平面镜的角度，并追踪 X 射线的位置。两个独立的伺服电动机通过反馈回路进行控制。从八个不同的位置获取的图像保存在计算机数据存储器中，在聚焦平面平均生成一个横截面图像。

④SMT 组件性能在线测试技术

由于高密度贴装电路板上元器件的端脚布线密集而容易造成焊接缺陷，另外，元器件小型化后容易出现漏装、错装等现象，因此，SMT 组件完成组装工艺后需要进行在线测试。

在实际生产过程中，除了焊点质量不合格导致 PCB 组件失效以外，元器件极性贴错、元器件品种贴错、贴装位置超标都会导致焊接缺陷。可使用在线测试仪（In-Circurt Tester，ICT）进行性能测试，并同时检测出影响其性能的相关缺陷。这些缺陷包括：焊点的桥连、虚焊、开路，以及元器件极性贴错、数值超差等。ICT 的检测信息将是调整生产工艺的主要依据。

SMT 组件性能在线测试包含性能测试和功能测试，一般使用在线测试仪、飞针测试仪等专用设备。在线测试使用的技术主要包括：模拟器件式在线测试技术、向量法测试技术、边界扫描测试技术、非向量测试技术（包括电容耦合测试、频率电感耦合测试等）等。

根据测试方法的不同，测试技术可分为非接触式测试和接触式测试。非接触式测试包括光学自动检查、电容式及刷测等。生产线常用的接触式测试设备有飞针测试机、专用测试机及泛用测试机，按照测试探针的结构形式，接触式测试设备也分为飞针测试仪和针床式测试仪。

A.飞针在线测试技术。内电路测试是组装电路板的检查任务之一，这种测试可使得焊接在 PCB 上的电子元器件在高速情况下达到电导率的完整性，同时能够检测该组装电子零件故障和检查焊接定位的准确性。商业中应用的检测设备以飞针在线测试仪（飞行探测系统）为主。飞针在线测试仪采用了安装在机器人终端的测试探针。测试作业时，根据预先编排的坐标位置程序，移动测试探针到测试点处与之接触，各测试探针根据测试程序对装配的元器件进行开路/短路或元件测试。探针接触物体表面焊点的同时，弹簧因为压缩聚集能量。目前工业中所用的探测设备当采用刚性探针时，如果探针以高速（0.2~0.4m/s）接触弱刚性焊点，则控制接触力是非常困难的。

内电路测试所用的探测系统需要有能力在复杂条件下成功完成接触工作，保证在最小的冲击力下，接触期间有最小振荡，并且探针尖端没有滑动等。某探测系统包含宏观的移动设备、一个接触探针、一个力传感器、一个光学位移传感器和一个静态电磁传感器装置。在光学传感器的帮助下，这个传动装置提供给接触式探针微动，使得当探针与物件接触时，接触压力尽可能地小。

探针的微动装置利用洛伦兹力—载流导体在静磁场内所产生的力进行探针的驱动。制动器采用直线导轨，用来执行一个自由度的平移运动。导体和移动线圈定位在四个矩形钕铁硼（NdFeB）磁铁之间，提供高磁场差。微动装置的位置通过传感器测量。位置传感器由一个激光二极管、两个平面镜和一个二维 PSD（位置敏感器件）组成。光线从固定的激光二极管发出，投射到固定的平面镜上，以 90°反射到运动方向。光线投射到连接移动线圈的平面镜并反射到 PSD 传感器上。反射光斑的中心很容易通过测量 PSD 的输出电流得到。设备的感应分辨率可以通过一个商用的激光位移传感器探测到，探测结果在±6μm 之内。

探针与焊点的接触力控制通过精确地控制探针位置来调节撞击的速度，接触过渡所需的工作时间仅需 0.1 s，因此，必须达到一种快速的、稳定的控制，机械手的探测方向必须经过调整，其轨迹参考光学传感器测量的间距值进行调整。

B.针床在线测试技术。针床式在线测试仪可在电路板装配生产流水线上高速静态地检测出电路板上元器件的装配故障和焊接故障，还可以在单板调试前通过对已焊装好的实装板上的元器件用数百毫伏电压和 10 mA 以内电流进行分立隔离测试，从而精确地测出所装电阻、电感、电容、二极管、三极管、可控硅、场效应管、集成块等通用和特殊元器件的漏装、错装、参数值偏差、焊点连焊、印制板开短路等故障，并可准确地确定故障是哪个元件或开短路位于哪个点。

针床式在线测试设备的工作原理与晶圆探针卡测试系统的工作原理基本相同，其中的测试针床的作用与晶圆探针卡的作用相同，只是结构更大一些。针床主要用于通断测试，它是针对待测印制电路板上焊点的位置，加工若干个相应的带有弹性的直立式接触探针阵列（也就是通常所说的针床），通过压力使针床上的探针与PCB板上的焊点接触。针床式在线测试设备由控制系统、测量电路、测量驱动及上、下测试针床（夹具）等部分构成。控制系统含有标准配置的计算机和综合控制软件系统。上、下测试针床上对应于被测试电路组件的测试点规则分布测试探针，测试时，被测试电路组件由上、下针床夹持在针床中间，测试探针精密接触被测试点，针床的上下移动可控。

四、电子产品生产管理及质量控制

（一）生产管理

企业在市场竞争中要获取主动，其中一个很重要的因素就是适合市场的要求，不断地提高产品质量，强化管理和控制质量意识是很重要的。在当下，经济全球化的速度越来越快，作为全球最重要的电子产品生产基地，中国的地位举足轻重，但要使我们的产品走向世界，不仅要有雄厚的技术力量，同时还要有一套与世界接轨的先进管理体系。

任何电子产品在它的研制阶段之后，都要投入生产。电子产品生产的基本要求包括生产企业的设备情况、技术和工艺水平、生产能力和生产周期以及生产管理水平等方面。电子产品如要顺利地投产，必须满足生产条件对它的要求；否则，就不可能生产出优质的产品甚至根本无法投产。

1.文明生产

广义的文明生产是指企业要根据现代化大生产的客观规律来组织生产；狭义的文明生产是指在生产现场管理中，要按现代工业生产的客观要求，为生产现场保持良好、安全的生产环境和生产秩序。

文明生产的目的就在于为班组成员们营造一个良好而愉快的组织环境和一个合适而整洁的生产环境。

2.生产的组织形式

电子产品的生产过程，无论是社会的、部门的还是企业的，都是一个复杂的、具有内部和外部联系的系统，其各组成部分之间，在数量上存在着比例配套关系，在时间上存在着衔接配合关系。因此，只有进行科学的组织才能达到相互协调统一，实现预期的目的并带来良好的经济效益。

电子产品生产的组织形式：

根据电子产品的特点和产品生产的基本要求，产品应按以下组织形式生产。

（1）配备完整的技术文件、各种定额资料和工艺装备，为正确生产提供依据和保证。

（2）制定批量生产的工艺方案。它主要包括以下内容：

①对生产性试制阶段的工艺、工艺装备验证情况的小结；

②工艺文件和工艺装备的进一步修改、完善意见；

③专用设备和生产线的设计制造意见；

④工序控制点的设置意见；

⑤有关新材料、新工艺和新技术的采用意见；

⑥对生产节拍的安排和投产方式的建议；

⑦装配、调试方案和车间平面布置的调整意见；

⑧对特殊生产线及工作环境的改造与调整意见。

（3）进行工艺质量评审。评审的具体内容为：

①根据产品的批量进行工序工程能力的分析评审；

②对影响设计要求和产品质量稳定性的工序人员、方案进行评审；

③对保证工序控制点精度及保证质量稳定性的能力的评审；

④对关键工序及薄弱环节工序的工程能力的测算及验证；

⑤对工序统计和质量控制方法的有效性和可行性进行评审。

（4）按照生产现场工艺管理的要求，积极采用现代化的、科学的管理办法，组织并指导产品的批量生产。

（5）生产总结。以便于对产品质量的改进和产品缺陷的弥补。

3.6S 管理的内容

目前，全球有 65% 的企业都在广泛地推行 5S 或 6S 管理（整理、整顿、清扫、清洁、素养、安全）。6S 管理是打造具有竞争力的企业、建设一流素质员工队伍的先进的基础管理手段。6S 管理组织体系的使命是焕发组织活力、不断地改善企业管理机制，6S 管理组织体系的目标是提升人的素养、提高企业的执行力和竞争力。

（1）整理（Seir）——区分要与不要的东西，在工作岗位上只放置适量的必需品，其他的都不要放置。

目的：腾出空间、防止误用，营造清爽的工作场所。

（2）整顿（Seiton）——把留下来的必需品依据规定位置整齐摆放并加以标识。

目的：减少寻找物品的时间，创造井井有条的工作秩序。

（3）清扫（Seiso）——将岗位清扫的干净整洁，设备保养得锃亮完好，创造一个尘不染的工作环境。

目的：稳定品质，减少工业伤害。

（4）清洁（Seiketsu）——也称规范，整理、整顿、清扫之后要认真维护，使现场保持

完美和最佳状态。清洁是对前三项活动的坚持与深入，并且规范化、制度化，从而消除发生安全事故的根源。创造一个良好的工作环境，使职工能愉快地工作。

目的：形成制度和惯例，维持前三个 S 的成果。

（5）素养（Shisuke）——即教养，努力提高员工的素养，养成严格遵守规章制度的习惯、作风和意识。

目的：培养有好习惯、遵守规则的员工，提升员工修养，培养良好素质，提升团队精神，实现员工的自我规范。

（6）安全（Security）——人人有安全意识，人人按安全操作规程作业，创造一个零故障、无意外事故发生的工作场所。

目的：凸显安全隐患，减少人身伤害和经济损失。

4.电子产品生产管理信息系统

在多品种小批量的电子产品生产中，传统采用手工操作方式，各种数据的统计、汇总以及报表的形成均靠手工多次抄写、反复计算，工作效率很低，很不适应设备的研制和装备生产加工的要求。同时，在生产管理过程中所需的信息和数据绝大部分来自工艺过程设计和工时定额计算，而工艺编制和工时计算所产生的信息和数据没有传递到生产加工部门，没有再次和充分地利用这些数据，没有实现信息共享。为提高生产加工部门的管理水平和工作效率，跟上信息化建设的步伐，开展生产管理信息系统的研制是必要的，也是当务之急。

（1）系统分析

系统主要实现工厂的网络化管理；以工艺流程为主线，对生产任务进行优化控制，能及时得到各类反馈信息。加强对加工和生产过程的控制、关键过程的控制，实现生产管理信息共享和实时计划管理，使工艺、生产技术数据的集成化共享。并建立企业产品与管理的基础数据库，为进一步的工作奠定必要的技术基础。

理顺适应多品种、多规格单件小批量生产模式的生产管理流程，建立起完整、高效的生产计划管理和车间作业管理体系。主要包括物资供应管理，动态生产调度与监控，产品质量控制，材料核算和管理者综合查询，从而形成一体化协同运作的生产管理信息系统。对库存进行优化控制，盘活无效的占用资金，使库存浪费降到最低。

（2）系统模块

通过系统各模块功能的研究，实现对工厂各类基础数据的集中管理和维护，主要包括：通用参数、系统配置部门、人员、计量单位、计量单位转换系数、期间设置工厂日

历、日历参数设置、工作中心编码、工作中心设定班次、设备分类编码、设备台账和质量检验参数等,为后继的信息化管理工作奠定必要的数据基础;下面针对主要模块进行介绍。

①生产计划管理模块

给每个生产计划赋以唯一的工作令号,以项目管理的形式统筹安排围绕每个工作令衍生的所有生产作业计划,主要包括车间作业外包外协、库存备料、领料作业等。

根据实际情况,产品出产计划可以分为以下三种类型:产品级产品出产计划,可参考合同规定的内容,把产品数量、完工期(参考交货期)录入到系统中,然后根据滚动计划所显示的计划分布情况,粗能力平衡结果进行适当调整;零部件产品出产计划,应针对那些生产提前期很长,不能跟随产品生产,必须提前集中投产的关键零部件进行设置;其他产品出产计划,具体管理范围根据实际需要制定,例如零星加工等。

②库存管理

实现标准件库、材料库、半成品库房的出入库管理,可以动态地查询库存各种信息。可以覆盖对产品库和原材料库房的全面信息化管理。主要子模块包括:库存初始化、出入库管理、盘点管理、预发借损管理、库存信息综合查询、库存统计报表等。

③车间任务管理

该模块主要实现功能如下:实现 CAPP 系统工艺过程卡片传给生产系统,充分地与生产系统集成。主要是工艺卡片信息共享、提高办事效率、减少重复劳动。实现工艺、生产技术数据的集成化共享;进行车间工作票、非生产工时数据的录入时,能够实现与计划工时自动计算、人员和工艺路线的集成操作,加快录入操作过程,增强系统易用性;零件加工过程的实际开/完工时间完工数量、发生的工时、质量、设备信息都可通过工作票输入系统,以记录零件工序计划的执行情况,实现生产动态管理和闭环运行;完成工时核算管理,具有按人统计工时的功能。

④刀具/工装夹具管理

实现刀具/工装夹具的出入库管理。主要包括刀具的借用,借用归还的查询。

⑤管理者综合查询模块

通过管理者综合查询系统,使企业管理者能够及时、全面地掌握企业在计划、库存、采购、制造过程、质量、成本等核心业务方面的运营信息和数据,能够适时地提出改进、控制和解决问题的措施。实现多维多角度的报表统计。要能按照工作令产品、产品类别、工厂、班组、人员、项目等角度查询。报表有:对外统计用的报表和对内使用的报表。

⑥系统管理模块

提供信息化系统运行所必需的管理功能,包括对系统本身的监控与维护。主要包括以下几点。

A.系统定制

企业基础信息的初始化、菜单与窗体的定义和分配、用户工作台定制、报表与单据界面定制、查询界面与查询条件定制等功能。

B.系统安全管理

提供全面的用户权限管理机制（界面、模块、功能、记录多级权限控制），满足企业数据资源和系统的安全管理需要。

C.服务器管理

提供管理员登录、登录者监控、中断服务、数据库连接、DCOM 配置、日志查看、日志备份等功能，出于安全考虑的角度，仅允许管理员使用服务器管理功能。

D.数据库管理

采用大型网络数据库系统，提供可靠的备份与恢复功能。

（3）系统架构

系统拟采用 C/S-B/S 混合架构形式。由服务器和计算机终端组成，系统中各单位计算机终端通过局域网连接在一起。生产管理信息系统分为服务器系统和客户端系统，服务器系统主要是维护 SQLServer2000 企业版数据库及网络通信；客户端系统提供用户操作界面，用户在输入用户名和密码后登入系统。所有数据均存储在服务器中，管理人员在客户终端计算机上对产生的数据进行处理。

（二）质量工作岗位及其职责

1.QC（Quality Control）

中文意思是品质控制，在 ISO8402 中的定义是"为达到品质要求所采取的作业技术和活动"。有些推行 ISO9000 的组织会设置这样一个部门或岗位，负责 1S09000 标准所要求的有关品质控制的职能，担任这类工作的人员称为 QC 人员，相当于一般企业中的产品检验员，其中包括进货检验员（IQC）、制程检验员（IPQC）、最终检验员（FQC）和出厂检验员（OQC）等。

QC 七大手法指的是检查表、层别法、柏拉图、因果图、散布图、直方图、管制图。推行 QC 七大手法的情况，很大程度上表现了企业管理的先进程度。这些手法的应用效果，将成为企业升级市场的一个重要方面：几乎所有的 OEM 客户，都会把统计技术应用情况作为审核的重要方面。

2.QA（Quality Assurance）

中文意思是品质保证，在 ISO8402 中的定义是"为了提高足够的信任，表明实体能够满足品质要求，而在品质管理体系中实施并根据需要进行证实的全部有计划和有系统的活动"。有些推行 ISO9000 的组织会设置这样的部门或岗位，负责 1ISO9000 标准所要求的有关品质保证的职能，担任这类工作的人员称为 QA 人员。

QC 与 QA 的比较如下。

（1）定义差异

简单地说，QC 是对操作者、工序、产品的质量控制，直接致力于满足质量要求；QA 则是对人力资源、生产过程，致力于使管理者、顾客和其他相关各方相信，企业有能力满足质量要求。

（2）工作侧重点比较

①QA 侧重于质量管理体系的建立和维护、客户和认证机构质量体系审核、质量培训工作等，而 QC 主要集中在质量检验和控制方面。

②QA 的工作涉及公司的全局与各相关职能部门，覆盖面比较广，而 QC 主要集中在产品质量检查方面，只是质量工作的一个方面。

③QA 并不是质量的立法机构，立法机构应该是设计或工艺、工程部门。QA 是保证生产过程受控或保证产品合格，着重于维护，而 QC 一般是具体的质量控制，如检验、抽检、确认。在很多企业中，质量部门只承担 QA 的职责，而把 QC 的工作放入生产部门。

④QA 是企业的高级人才，需要全面掌握组织的过程定义，熟悉所参与项目所用的工程技术，而 QC 则既包括产品测试工程师、设计工程师等高级人才，同时也包括一般的测试员等初、中级人才。

⑤QA 活动贯穿产品制造的整个过程，而 QC 活动一般设置在生产制造的特定阶段，在不同的质量控制点，可能由不同的角色完成。

3.QE（Quality Engineer）

中文意思是质量工程师。

（1）QE 主要职责

①负责从样品到批量生产整个过程的产品质量控制，寻求通过测试、控制及改进流程的方法以提升产品质量；

②负责解决产品生产过程中所出现的质量问题，处理品质异常及改善品质；

③产品的品质状况跟踪，处理客户投诉并提供解决措施；

④制定各种与品质相关的检验标准与文件；

⑤制定外协厂商的品质改善，分析与改善不良材料。

（2）QE 的全部任务

①质量体系中的监督功能；

②品质设计中的参与程度；

③品质保证中的策划活动；

④过程控制中的执行方法；

⑤品质成本中的资料统计；

⑥客户投诉处理中的对策分析；

⑦持续改善中的主导跟踪；

⑧品质管理手法中的宣传推广；

⑨供方管理中的审核辅导；

⑩作业管理中的 IE（Industrial Engineering，工业工程）手法。

在电子产品制造企业中，品质和效率是永远的话题，因此也出现了很多与品质有关的工作岗位，如 DQA（设计品保工程师）、SQE（供货商质量管理工程师）等。

（三）检验

检验是利用一定的手段测定出产品的质量特性，与国家标准、部门标准、企业标准或双方制定的技术协议等公认的质量标准进行比较，然后作出产品是否合格的判定。在市场竞争日益激烈的今天，产品质量是企业的灵魂和生命。管理出质量，检验是把好质量关的重要工序。因此，检验是一项十分重要的工作，它贯穿于产品生产的全过程。

检验工作分自检、互检和专检三种，其中专检是企业质量部门的专职人员根据相应的技术文件，对产品所需要的一切原材料、元器件、零部件、整机等进行观察、测量、比较和判断，作出质检结论，确定被检验的物品的取舍。现在企业都执行两级检验相结合的制度，本节所讲的检验工作主要是指对电子整机进行专检。

1.检验的分类

产品检验形式可以按不同的情况或从不同的角度进行分类；

按实施检验的人员划分为自检、互检和专检；

按被检产品的数量划分为全数检验和抽样检验；

按检验场所划分为固定检验和巡回检验；

按生产线构成划分为线内检验和线外检验；

按对产品是否有破坏性划分为有损检验和无损检验；

按受检产品的质量特征划分为功能检验和感官检验；

按对象性质划分为几何量检验、物理量检验、化学量检验等。

2.检验的构成要素

检验是依据产品的质量标准，利用相应的技术手段，对该产品进行全面的检查和试验。在电子整机产品的生产过程中，由于各种因素造成的质量波动是客观存在而又无法消除的，只有通过检验才能及时发现问题，检验的对象可以是元器件、零部件、原材料、半成品、单件产品或成批产品等。

（1）制定标准。采用 IEC 标准（国际电工委员会制定）、ISO9000 质量认证标准和国家标准等；

（2）抽样。在一批产品中，按规定随机抽取样品进行测试；

（3）测定。采用测试、试验、化验、分析和感官等多种方法实现产品的测定；

（4）比较。将测定结果与质量标准进行对照，明确结果和标准的一致程度；

（5）判断。根据比较的结果，判断产品达到质量要求者为合格，反之为不合格，合格品分等级；

（6）处理。对被判为不合格的产品，视其性质、状态和严重程度，区分为返修品、废品等；

（7）记录。记录测定的结果，填写相应的质量文件，以反馈质量信息、评价产品、推动质量改进。

3.检验的方法

产品的检验方法主要分为全数检验和抽样检验两种。确定产品的检验方法，应根据产品的特点、要求及生产阶段等情况决定，既要能保证产品质量，同时又要经济合理。

（1）全数检验。全数检验是对产品进行百分之百的检验。全数检验后的产品可靠性高，但要消耗大量的人力、物力，造成生产成本的增加。因此，一般只对可靠性要求特别高的产品（如军品、航天产品等）、试制品及在生产条件、生产工艺改变后生产的部分产品进行全数检验。

（2）抽样检验。在电子产品的批量生产过程中，不可能也没有必要对生产出的零部件、半成品、成品都采用全数检验方法。而一般采取从待检产品中抽取若干样品进行检验，即抽样检验（简称抽检）。抽样检验是目前生产中广泛采用的一种检验方法。

抽样检验应在产品设计成熟、定型、工艺规范、设备稳定、工装可靠的前提下进行。抽取样品的数量应根据《逐批检查计数抽样程序及抽样》（CB 2828-2003）抽样标准和待检产品的基数确定。样品抽取时，不应该从连续生产的产品中抽取，而应从该批产品中随机（任意）抽取。抽检的结果要做好记录，对抽检产品的故障，应对照有关故障判断标准进行故障判断。

判断电子产品是否合格，一般由该产品的性能指标决定。若性能指标达不到要求，将会引起整机出现故障。故障一般分为致命缺陷（指安全性缺陷）、重缺陷（即 A 级故障）和轻缺陷（即 B 级故障）。判断致命缺陷的产品为不合格品。而在无致命缺陷的情况下，应根据抽样产品中出现的 A 级、B 级故障数和《逐批检查计数抽样程序及抽样》（CB 2828-2003）抽样标准来判断抽检产品是否合格。电子产品质量常用 AQL（产品合格水平）来判定。不同质量要求的产品，其质量标准也不同，检验时要根据被检产品规定的 AQL 水平所允许的 A 级和 B 级故障数来确定。

（四）质量控制

质量是永恒的主题，产品质量是企业家百谈不厌的话题。产品质量源于设计、制造、管理的质量，贯穿于产品形成的全过程，因此，它是企业家们永远不懈追求的目标。精心设计、精心制造、精心管理被有识企业家视为提高产品质量的有效手段。那么，在一系列质量控制的手段中，如何科学地认识和恰当分配质量管理工作，这也是企业最高管理者和质量管理工作者们非常关心的问题。

1.质量保证

对产品或服务能满足质量要求，提供适当信任所必需的全部有计划、有系统的活动。为了有效地解决质量保证的关键问题—提供信任，国际上通行的方法是遵循和采用有权威的标准，由第三方提供质量认证。

1993 年 9 月 1 日开始施行的《中华人民共和国产品质量法》明确规定，我国将按照国际通行做法推行产品质量认证制度和质量体系认证制度。无论是产品质量认证还是质量体系认证，取得认证资格都必须具备个重要的条件，即企业要按国际通行的质量保证系列标准（ISO9000），建立适合本企业具体情况的质量体系并使其有效运行。

取得质量认证资格，对企业生产经营的益处主要包括以下内容：

（1）提高质量管理水平；

（2）扩大市场以求不断增加收益；

（3）保护合法权益；

（4）免于其他监督检查。

2.质量控制

质量控制是为达到质量要求所采取的作业技术和活动。质量控制是质量保证的基础，是对控制对象的一个管理过程所采取的作业技术和活动。

作业技术和活动包括以下内容：

（1）确定控制对象；

（2）规定控制标准；

（3）制定控制方法；

（4）明确检验方法；

（5）进行检验；

（6）检讨差异；

（7）改善。

3.质量控制与设计控制

（1）设计控制与质量控制的关系

设计是继承和创新相结合的活动，也是不断改进的工程迭代过程。设计决定了产品的固有质量，影响到产品生产和使用的全过程。统计资料表明，一个零件的设计错误会影响百分之百的零件，而一个零件的制造失误只会影响百分之十的零件。美国有一家公司提出如下模式：质量问题在设计图纸上发现损失为 1 时，在生产中发现损失为 10；在检验中发现损失为 100；在使用现场发现损失为 1000；在使用中出现问题而因此改型损失为 10000，若使用中用户提出申诉被判定设计责任时，则索赔损失为 100000。由此可见，质量控制必须从设计控制做起才能有效避免等比阶数的损失后果。实践证明，产品使用中出现的一些致命缺陷或故障，大都属于设计质量问题。可以说，设计的"先天不足"必然导致"后患无穷"。

（2）设计控制的重要性

随着科学技术的发展，社会对产品的要求也愈来愈高。这些要求概括起来说即高精度、高可靠性、美观、耐用，同时还要考虑到安全和环境等，因此，必须用科学的方法进行设计。由于现代电子产品大量采用了新技术、新工艺、新器材，故在投产之前必须经过专题研究、设计、制造，试验、验证、定型等艰苦细致的工作，因此，国外的优秀企业都很重视设计开发阶段的质量控制工作。西门子公司澳大利亚一新西兰分公司认为：高质量的设计是企业最根本的责任，如果产品设计得不好，无论员工怎么努力，无论提供什么先进的手段，都不能生产出高质量的产品。因此，必须把质量管理工作的重点放在设计控制上；有的企业提出把质量管理方面 70%的工作量放在设计控制上也是有一定道理的。我国由于生产工艺手段落后，劳动密集，历来把生产过程看成是质量工作的重点。这种状况随着生产手段的改进和市场竞争将会逐步转变，应当抛弃以往重制造、轻设计的落后观点，而把设计控制作为产品质量的首要环节。

（3）设计控制要注意协作和管理

现代电子产品的复杂程度愈来愈高，通常不能由一两个人完成设计，而要通过不同设计部门、不同设计人员之手才能完成。由于他们的技术水平、工程经验和管理方法不一致，容易造成设计质量的不平衡，因此，必须充分地注意设计过程的协作和管理，这也是设计控制的重要方面。

4.设计控制

（1）重视设计和开发的策划

①设计和开发的计划管理

设计和开发的策划是指针对某设计和开发项目而建立质量目标、规定质量要求和安排应开展的各种活动。计划网络图是设计和开发策划的成果，同时也是研制项目计划管理和质量管理的重要文件。计划网络图不仅应体现各阶段工作的时间计划节点，更重要的是以《研制工作程序》《可靠性保证大纲》《质量保证大纲》为依据，反映研制全过程的质量控制点和质量活动监控点。计划网络图应随着科研进度作动态管理、及时修改，与此同时，应明确上一阶段工作未达到要求不能转入下阶段，防止有缺陷的设计造成更大影响。

②组织和责任落实

设计和开发活动应委派给具有一定资格的人员去完成，这是设计和开发的必备条件之一。组织不落实，没有人去设计，开发只是一句空话。由不具备一定资格的开发人员去设计，质量得不到保证。因此，必须对设计人员进行任命，这是对开发人员资格的确认和信任。任命的依据是各级设计人员的职责，不符合条件的人，不能当设计师。同时也要注意培养和训练，让更多的设计人员符合设计师条件。

③设计和试验规范

现代的复杂电子产品，一般由多个分系统或成百上千甚至上万个零部件组成，在设计这样的产品时，没有统一的设计、试验要求是不可想象的。"设计和试验规范"是开展产品设计和试验并以此作为控制和评价设计和试验工作的准则。

"设计和试验规范"是统称，根据产品复杂程度不同，有多种设计规范和试验规范，如"电信设计规范""结构设计规范""元器件选用要求""安全性设计要求""环境试验方法"等。各种规范，按专业分工，分别由总体设计师或主管设计师负责编写，同时应对各级分系统设计师或分机设计师执行规范的情况进行监控，以保证全机设计的统一性。设计和试验规范有利于提高企业的设计水平、保证设计质量和加速新一代设计人员的成长，对避免低水平的重复设计以及设计、试验工作的规范化、程序化也大有好处。

④运用优化设计和可靠性、维修性设计

产品优化设计是指在规定的各种设计限制条件下，优选设计参数，实现产品设计优化，使一项或某几项设计指标获得最优值。近十几年来，优化方法和计算机技术应用相结合，为产品设计提供了更加先进的优化设计手段。实践研究证明，在电子产品设计中，采用优化设计方法，不仅可以减轻产品自重，降低原材料消耗与制造成本，而且还可以提高产品质量与工作性能等，因此，优化设计已成为现代设计理论和方法中的一个重要领域，并且越来越受到设计部门的重视。

可靠性设计是保证产品质量的重要环节。产品可靠性是指产品在规定条件下和规定时间内完成规定功能的能力。可靠性差，不仅妨害产品功能的正常发挥，给生产和经济发展带来损失，而且还会严重影响使用效果，造成严重的质量事故，甚至危害人员安全。随着现代技术的复杂化、精密化和自动化程度的不断提高，对产品的可靠性要求也愈来愈高。军品对可靠性要求更加严格。因此，在设计过程中，要编制可靠性保证大纲，开展可靠性设计、试验、管理等活动，努力提高产品的可靠性水平和实现可靠性增维修性是指维修难易程度的特性，维修度是用概率对这种特性的定量表示。维修性设计是在产品设计时就考虑的，如在产品上安装报警装置、自检仪表，设计定期检修周期或安装自调整、自补偿装置等。修理可采用更换易损零件、快速更换易损坏组装部件等办法。换上好的零部件后，先保证使用，再去维修组装部件。对于大型复杂设备，特别要仔细考虑维修性设计，以提高设备的利用率、减少停机修理时间。

⑤控制新技术、新器材的采用

新技术和新器材的采用是在新产品研制中经常遇到的问题。采用的新技术、新器材需要经过充分论证、试验和鉴定，确认这些新技术、新器材全面达到设计要求后才能使用在新产品的设计中。

预先研究课题的开设和研制程序中的专题科研项目，都是为了对新技术进行充分论证和验证用的。实践研究证明，将已确认的新技术用于产品设计，把握性大，质量有保证，而把未被确认的新技术直接就用于产品设计，仍然要经过反复试验、验证的过程，欲速则不达，反而会延长产品研制周期，甚至存在隐患，因此，控制新技术和新器材的使用是很有道理的。

⑥关键特性和重要特性的控制

军工产品必须进行特性分类。特性分类首先是对产品进行特性分析，按失效后果的严重程度以及检验的可能性与经济性，将加工、装配、调试过程中需要保证的质量特性划分为关键特性和重要特性，然后根据质量特性的类别，将产品划分为关键件、重要件。通过设计时对关键特性和重要特性的分析，加强控制，以达到保证产品质量的目的。

（2）控制"组织与技术接口"

"接口"指两个或两个以上实体的连接和相互间关系，实体通过接口进行信息和物资流动。设计过程有许多外部的、内部的组织和技术接口，如雷达总体与各分系统之间就有接口问题，结构设计与工艺之间、电信设计与可靠性之间、设计部门与物资部门之间等等都有许多技术上的接口。在整个设计过程中与设计有关的各种信息传递直接影响着设计质量及其设计输出，因此，应规定从设计输入到参与设计过程的不同部门之间在组织上和技术上的接口，应规定接收和传递什么信息、接收和发出的部门和单位、传递信息的方式和达到的作用以及如何收发保存传递文件等，以保证设计的正确性。

（3）控制"设计输入"

设计输入是设计的依据，即产品应达到的目标，主要包括顾客对产品的需求（通常写在合同中）、有关法令法规和社会要求、必须贯彻的标准等，通常并不列入设计任务书中。

设计输入也是验证、评审设计输出的依据。控制设计输入，就要求设计输入形成文件，由任务提出方和承接方按签署规定的职责认真签署，必要时进行评审。对不完整、含糊不清或者有矛盾的要求，应在设计工作开展之前与任务提出者协商解决。

（4）控制"设计输出"

设计输出是通过设计过程相关资源和活动所产生的设计成果，如为产品编制的各种文字材料、图纸、表格等，这些技术文件为制造、采购、检验、试验、操作和服务提供必要的依据。

控制设计输出的手段，主要是要求设计师认真履行自己的职责、严格执行三级审签、两个会签和一个检查的制度，以保证设计输出的正确性、一致性。

（5）严格进行"设计评审"

设计评审是指对评价设计满足质量要求的能力、识别问题（若有问题应提出解决办法）和对设计所做的综合、有系统并形成文件的检查。设计评审也是保证新产品设计质量的有效控制方法，它还是运用早期报警原理、发挥集体智慧、在产品设计过程中的一些关键时刻由各方面具备资格的代表对设计所做的正式、全面的检查。

为了把握评审质量，要做好以下四个方面的工作：一是被评审的内容要形成文件，且要做到资料充分、完整、正确、可靠，并提前送到评审人员的案头，使评审人员有时间消化这些文件；二是选定有资格的评审人员，评审人员由不直接参加该项开发工作的有经验同行或与评审内容有关部门的代表担任。评审人员还应具备正直、公道、敢于表明自己意见等良好的职业道德；三是评审组所做的结论性意见要明确，问题和意见要具体，并有改进的建议；四是对评审后需进一步补充、完善的问题要进行闭环跟踪管理。只有做好这些工作，才能保证评审质量。

（6）关于"设计验证"

为了证明设计阶段的输出满足设计输入的要求，在设计的适当阶段应进行设计验证。设计评审是设计验证的一种方法，除此之外，还可以采用变换方法进行计算；可能时将新设计与已证实的类似设计进行比较，这时只要着重对新设计部分进行验证。除上述方法外，还可以采用试验证实的方法。验证的目的是对设计做到心中有底、避免返工。设计人员应根据产品研制的不同情况，除主动进行设计验证工作外，必要时可提出验证申请，由技术管理部门组织立项验证。验证的结果要做好记录。验证工作对提高设计水平、积累设计经验无疑是有益的，同时也是保证设计质量的措施之一。

（7）关于设计确认

设计确认是指对一个产品设计的最终检查过程，以确定是否符合顾客的需要，包括是否符合合同评审时与顾客达成的要求。设计确认是在成功的设计验证之后，通常在规定的使用条件下，针对最终产品进行的，也可能需要在产品完工前进行阶段性确认，通过样品或产品发现问题，得以在设计最后确认前消除那些尚不能满足顾客需求的问题，以确保设计质量符合要求。有些产品还要经过一段时间的使用后才能确认。

设计定型和技术鉴定都是设计确认的一种形式，定型和鉴定通过的产品，证明设计是符合设计输入要求的。

（8）设计更改的控制

设计更改控制是技术状态管理的主要内容，同时也是保证设计完整性和保证设计不会由于更改不当带来新设计问题的重要控制手段。

设计更改包括"消除错误"和"设计改进"两大部分，但从本质上来说，都是对设计文件进行更改。由于同一产品的文件很多，相互间有着千丝万缕的联系，所以改动一个文件的一个要素，往往会牵连其他文件的一处或多处更改，一旦遗漏，就会造成新的差错。有的差错甚至会直接影响产品质量，危害性是很大的。因此，对更改要严加控制，要按程序规定更改，要进行必要的会签，要让参与这一更改的有关部门都了解更改的内容，这就是更改控制的要求。

对于定型产品的更改，更需要加强控制，除了按各单位规定的程序进行更改外，还要按规定向主管部门和用户申报。

加强设计控制是提高设计质量的重要手段，但是设计控制涉及的面很广，方法也很多，以上论述的设计控制手段，只是笔者所认识到的一些控制措施，而各单位根据本行业特点，肯定会有许多经典、成熟和行之有效的控制办法，希望各种好的控制办法能及时得到推广。

（五）产品认证

中国作为世界上最重要的电子产品制造基地，随着其产品逐步地走向世界，电子制造业所面临的问题越来越多，"一流企业卖标准，流企业卖服务，三流企业卖产品"，认证是对企业和企业产品的标准化运作。不仅我们的产品要行销世界，我们的管理体系也应该被全世界所接受。

我国企业从20世纪80年代开始推行产品质量认证,90年代开始推行质量体系认证。认证对于提高组织的企业质量管理水平、企业整体素质和企业规范化运作水平,对于降低不良品损失、降低生产成本、提高经济效益、提高产品信誉、提升企业形象和提高产品市场竞争能力发挥着重要的作用。

1.认证的定义

认证是出具证明的活动,这种活动能够提供产品、过程及服务符合性的证据。认证分为第一方、第二方和第三方。举例来说,对第一方(供方或卖方)生产的产品甲,第二方(需方或买方)无法判定其品质是否合格,而由第三方来判定。第三方既要对第一方负责,又要对第二方负责,不偏不倚,出具的证明要能获得双方的信任,这样的活动就称为"认证"。

这就是说,第三方的认证活动必须公开、公正、公平,才能有效。这就要求第三方必须有绝对的权力和威信,必须独立于第一方和第二方之外,必须与第一方和第二方没有经济上的利害关系,或者有同等的利害关系,或者有维护双方权益的义务和责任,才能获得双方的充分信任。

那么,这个第三方的角色应该由谁来担当呢?显然,非国家或政府莫属。由国家或政府的机关直接担任这个角色,或者由国家或政府认可的组织去担任这个角色,这样的机关或组织就称为"认证机构"。按照认证的活动对象,可以分为品质管理体系认证和产品品质认证。

(1)品质管理体系认证

品质管理体系认证是对企业管理体系的一种规范管理活动的认证。

目前,在电子产品制造业比较普遍采用的体系认证有质量管理体系(ISO9000)、环境管理体系(ISO14000)和职业健康安全管理体系(OHSAS18000)、社会道德责任认证(SA8000)等。这种认证是由西方的品质保证活动发展起来的。

1959年,美国国防部向国防部供应局下属的军工企业提出了品质保证要求,要求承包商"应制定和保持与其经营管理、规程相一致的有效的和经济的品质保证体系""应在实现合同要求的所有领域和过程(例如:设计、研制、制造、加工、装配、检验、试验、维护、装箱、储存和安装)中充分保证品质",并对品质保证体系规定了两种统一的模式:军标MIL-Q-9858A《品质大纲要求》和军标MIL-1-45208《检验系统要求》。承包商要根据这两个模式编制《品质保证手册》并有效实施。政府要对照文件逐步检查、评定实施情况。

这实际上就是现代的第二方品质体系审核的雏形。这种办法促使承包商进行全面的品质管理，并取得了极大的成功。

后来，美国军工企业的这个经验很快被其他工业发达国家军工部门所采用，并逐步推广到民用工业，在西方各国蓬勃发展起来。

随着上述品质保证活动的迅速发展，各国的认证机构在进行产品品质认证的时候，逐渐增加了对企业的品质保证体系进行审核的内容，进一步推动了品质保证活动的发展。到了 20 世纪 70 年代后期，英国家认证机构 BSI（英国标准协会）首先开展了单独的品质保证体系的认证业务，使品质保证活动由第二方审核发展到第三方认证，受到了各方面的欢迎，更加推动了品质保证活动的迅速发展。

通过三年的实践，BSI 认为这种品质保证体系的认证适应面广、灵活性大，有向国际社会推广的价值。于是，在 1979 年向 ISO 提交了一项建议。ISO 根据 BSI 的建议，当年即决定在 ISO 的认证委员会的"品质保证工作组"的基础上成立了"品质保证委员会"。1980 年，ISO 正式批准成立了"品质保证技术委员会"（即 TC176）并着手这一工作，从而推动了前述"ISO9000 族"标准的诞生，健全了单独的品质体系认证的制度，一方面扩大了原有品质认证机构的业务范围；另一方面又推动了一大批新的专门的品质体系认证机构的诞生。

自从 1987 年 ISO9000 系列标准问世以来，为了加强品质管理，适应品质竞争的需要，企业家们纷纷采用 ISO9000 系列标准在企业内部建立品质管理体系，申请品质体系认证，很快形成了一个世界性的潮流。目前，全世界已有近 100 个国家和地区正在积极推行 ISO9000 国际标准，约有 40 个品质体系认可机构，认可了约 300 家品质体系认证机构，20 多万家企业拿到了 ISO9000 品质体系认证证书。第一个国际多边承认协议和区域多边承认协议也于 1998 年 1 月 22 日和 1998 年 1 月 24 日先后在中国广州诞生。

（2）产品品质认证

产品品质认证是为确认不同产品与其标准规定符合性的活动，是对产品进行质量评价、检查、监督和管理的一种有效方法，通常也作为一种产品进入市场的准入手段，同时被许多国家采用。

现代的第三方产品品质认证制度早在 1903 年发源于英国，是由英国工程标准委员会（BSI 的前身）首创的。

在认证制度产生之前，供方（第一方）为了推销其产品，通常采用"产品合格声明"的方式，来博取顾客（第二方）的信任。这种方式，在当时产品简单，不需要专门的检测手段就可以直观判别优劣的情况下是可行的。但是，随着科学技术的发展，产品品种日益增多，产品的结构和性能日趋复杂，仅凭买方的知识和经验很难判断产品是否符合要求；加之供方的"产品合格声明"属于"王婆卖瓜，自卖自夸"的一套，真真假假、鱼龙混杂，并不总是可信的，这种方式的信誉和作用就逐渐下降。在这种情况下，前述产品品质认证制度也就应运而生。

1971 年，ISO 成立了"认证委员会"（CERTICO），1985 年，易名为"合格评定委员会"（CASCO），促进了各国产品品质认证制度的发展。

现阶段，全世界各国的产品品质认证一般都依据国际标准进行认证。国际标准中的 60%是由 ISO 制定的，20%是由 IEC 制定的，20%是由其他国际标准化组织制定的，也有很多是依据各国自己的国家标准和国外先进标准进行认证的。

产品品质认证主要包括合格认证和安全认证两种。依据标准中的性能要求进行认证叫作合格认证；依据标准中的安全要求进行认证叫作安全认证。前者是自愿的，后者是强制性的。产品品质认证工作，从 20 世纪 30 年代后发展很快。到了 50 年代，所有工业发达国家基本得到普及。第三世界的国家多数在 70 年代逐步推行。我国是从 1981 年 4 月才成立了第一个认证机构——"中国电子器件质量认证委员会"，虽然起步晚，但起点高、发展快。

产品认证分为强制性认证（如我国的 3C 认证、欧盟的 CE 认证）和自愿性认证（如美国的 UL 认证、我国的 CQC 认证），世界各国一般是根据本国的经济技术水平和社会发展的程度来决定，整体经济技术水平越高的国家，对认证的需求就越强烈。从事认证活动的机构一般都要经过所在国家（或地区）的认可或政府的授权，我国的 3C 强制性认证，就是由国务院授权、国家认证认可监督管理委员会负责建立、管理和组织实施的认证制度。

2.质量认证的起源与发展

认证工作始于 1903 年英国商人组成商业联盟联谊会的民间组织，为了保持联盟品牌，确定商品标准，以风筝作为其标志。为此在以后的年代，欧洲一些商人组织也开始制定自己的标准。因每个国家均有多个商业组织，造成各组织之间在交易中多次发生争执，为此各国开始制定自己的标准，并逐步演变成产品认证工作。

认证认可是国际通行的规范市场和促进经济发展的主要手段，同时也是企业和组织提高管理和服务水平、保证产品质量、提高市场竞争力的可靠方式之一，是国家从源头上确保产品质量安全、规范市场行为、指导消费、保护环境、保障人民生命健康、保护国家利益和安全、促进对外贸易的重要屏障，在国家经济建设和社会发展中起着日益重要的作用。同时，也是大多数国家对涉及安全、卫生、环保等产品、服务和管理体系进行有效监管的重要手段。在国际贸易中，一些国家和区域经济组织还将认证认可作为技术壁垒措施，用以保护自身经济利益。

认证发展经历了一个世纪。第二次世界大战前，此工业化国家仿效英国建立起以本国法规、标准为依据的国家认证制，只对本国市场上流通的本国产品实施认证制度，主要有英国、法国、德国、美国等十几个欧洲和北美国家。第二次世界大战之后至20世纪70年代，印度、巴西以及苏联纷纷建立起本国的国家认证制度；早期建立国家认证制度的国家认识到如果本国认证制度不对外开放，则会造成市场上的不公平竞争，因而，纷纷将国家的认证制度对外开放，同时开始签署国与国之间的认证制度、检验制度的双边、多边相互承认协议，进而发展到多个国家一起以区城标准为依据的区域认证制（例如：以欧洲标准为依据而建立的欧洲电器产品、汽车等区域性认证制）。

20世纪80年代初，在国际标准化组织（ISO）和国际电工委员（IEC）的积极倡导下，开始在几类产品上推行以国际标准为依据，全世界范围内多国参加的国际认证制。20世纪80年代初，国际电工委员会开始建立检测、认证结果的互认体系。例如，电子元器件质量评定体系（IECQ-CECC）、电工产品认证体系（IECEE）、防爆电器安全认证体系（IECEx）等。IECEE于1984年5月成立，其宗旨是：建立电工产品安全认证的国际互认制度。IEC-EE已经成为国际认证认可界最具影响和最重要的产品检测与认证的互认体系。我国于1985年成为IECEE的成员，中国国家认证认可监督管理委员会（CNCA）是IECEE的国家成员机构（NMB），中国质量认证中心是IECEE的国家认证机构（NCB），我国有12个检测实验室成为IECEE承认的实验室（CBTL）。为了实现上述宗旨，IECEE建立了两个互认体系：一是国际电工委员会电工产品检测证书的多边互认体系（IECEE-CB体系）；二是国际电工委员会电工产品认证证书互认体系（IECEE-FCS体系）。1987年，国际标准化组织推出质量管理和质量保证国际标准（ISO9000族标准），从那时起，以此国际标准为基础而开展的质量管理体系认证在近100个国家蓬勃开展。1996年，国际标准化组织又推出了环境管理体系标准（ISO14000系列标准），环境管理体系认证正在发达国家和部分发展中国逐步发展。近年来，包括我国在内的许多国家又开展了职业健康安全管理体系认证。

对认证人员及认证培训机构的注册工作是随着质量管理体系认证的发展而逐步开展起来的。1985年，英国开始对从事管理体系认证的本国审核员进行注册，1993年开始国际注册。到2000年，世界上已有30多个国家建立了本国审核员注册制度，同时还开展了对培训机构、培训教师及培训教材的注册和审定工作。1995年7月，由各国质量管理机构、认可机构、认证机构组成的国际审核员培训与注册协会（IATCA）正式成立，其宗旨是通过在世界范围内统一审核员认证水平，促进国际相互承认培训结果，促进质量管理体系认证和环境管理体系认证结果的互认。

国家认可制度的建立是1985年首先从英国开始的。到2000年，在不足20年的时间里，迅速完成了从国家制向区域制和国际制的飞跃。其原因在于：合格评定质量认证工作发展历经一个世纪，从民间自发走向政府利用认证来规范市场。由于质量领域的广阔，各类从事认证、检验、检查的机构纷纷诞生，这里面确实夹杂着一些以营利赚昧心钱为目的的不法机构，不仅败坏了认证的声誉，同时也为客户带来损失。1985年，在英国贸工部的授权下，成立了第一个对认证（包括产品、管理体系）机构进行认可的国家认可机构（UKAS），至今UKAS已成为包括对认证机构、认证人员、实验室（检验机构和校准机构）进行认可的较为全面的认可机构。至2000年，建立认可机构的国家已达60个。

国家认可制度既为规范认证认可/合格评定起到了积极的作用，同时也为国与国之间的互相承认，以至走向国际互认创造了条件。到了20世纪90年代，欧洲认可组织（EA）、太平洋认可合作组织（PAC）以及国际认可组织一国际认可论坛（IAF）等区域和国际认可组织相继成立，为建立国际认可互认制度奠定了坚实的基础。

IAF是有关国家的认可机构及相关利益方自愿参加的国际性多边认可合作组织，是一个在全球范围内得到普遍认同的国际性组织。该机构由美国国家标准学会（ANSI）和美国注册机构认可委员会（RAB）发起，1993年8月筹备成立，1994年1月正式开展工作，1995年6月正式签订谅解备忘录（IAF/MOU）。IAF的宗旨是：通过统的认可途径，实现对被认可的证书的普遍接受；建立并保持对各互认成员方认可制度的信任；确保认可准则实施的一致性；开展并保持各成员间的技术交流；保持并发展IAF成员与非成员认可机构或区域性认可组织的多边合作。国际互认是IAF的最核心的活动，IAF的同行评审活动在建立成员间能力互信的同时，通过签订IAF多边承认协议（MLA）来实现认可结果的国际互认。IAF于1996年正式实施同行评审工作，当年有15个成员提出加入多边承认协议，亚洲有中国、日本和马来西亚。IAF同行评审组于1997年9月底完成了对美国、日本、中国、澳大利亚一新西兰、加拿大五个认可机构的文件审查和现场评审。1997年10月，在华盛顿召开了IAF/MLA管理委员会议，对同行评审组提交的评审报告及相关资料做出了评定结论。1997年12月又完成了对欧洲认可合作组织（EA）多边承认协议的同行评审。经IAF第11届全体会议评议，17个国家的认可机构首批签署了IAF/MLA。中国于1994年1月开始参加LAF的活动，在1996年6月首批签署了LAF/MOU，在1998年1月首批签署了IAF多边承认协议（MLA）。

在实验室认可技术领域，国际实验室认可合作组织（ILAC）的主要任务是为发展实验室认可的实践和程序，把实验室认可作为促进贸易的有力手段，在全球推广实验室认可制度，为实验室认可提供一个国际性论坛，并将实现认可结果的国际互认作为其核心的活动，同时鼓励各区域实验室认可合作组织建立多边互认协议。亚太实验室认可合作组织（APLAC）相互承认协议（APLAC/MLA）是其中一个成功的范例。通过APLAC

的成员签署 APLAC/MLA，使得签署协议的成员之间对实验室认可的结果同等地予以承认，并且在各自国家或经济体内同等地宣传和推广实验室认可的结果。签署协议的作用是以减少进口国对进口产品的重复检测，以节省时间和节省出口国的费用来促进贸易的开展。

世界贸易组织的 WTO/TBT 协定中为各成员的认证认可等合格评定活动制定如下原则：

（1）非歧视原则：在制定、通过并执行合格评定程序时，要给予产于其他国家领土上的同类产品进入该成员境内供方不低于本国供应商在该程序规则下进行合格评定享受的全部权利。

（2）遵守国际准则原则：提供产品符合技术法规和标准的保证，成员应保证采用或采用他们的相应部分作为其合格评定程序的基础。

（3）统一原则：各成员应采取他们所能采取的措施以确保机构遵守协议。

（4）透明度原则：当国际标准化机构尚未制定出相应指南或建议时，该成员应在早期适当阶段，在出版物上刊登他们准备采取此合格评定程序的通知，以便使其他各成员在各方面了解其内容，并通过世界贸易组织秘书处通告各成员征求意见，以便及时修改。

（5）协调一致原则：为使合格评定程序在尽可能广泛的基础上协调一致，各成员国尽可能地参加相应国际标准化机构制定合格评定指南或建议工作。

（6）有限干预原则：世界贸易组织的宗旨是充分实现国际贸易自由化，但它也充分认识到国际标准化和合格评定体系能为提高生产效率和促进国际贸易作出重大贡献。因此，不应妨碍任何国家采取必要措施，保证国家安全，保护人类、动物或植物的生命或健康，保护环境，防止欺诈行为，保证出口产品质量。但是，不能用这些措施作为对情况相同国家进行任意或无理歧视或变相限制国际贸易的手段。这些原则是各国在考虑开展合格评定工作、立法和组织实施时必须遵守的，同时也是建立认证认可国际互认制度的基础。

3.产品质量认证的形式

在 ISO/IEC 出版物《认证的原则与实践》中，根据现行的质量认证模式，产品认证的形式归纳为以下八种形式：

（1）形式试验。按照规定的方法对产品的样品进行检验，证明样品是否符合标准和技术规范的要求；

（2）形式试验+获证后监督（市场抽样检验）。从市场或供应商仓库中随机抽样检验，证明产品质量是否持续符合认证要求；

（3）形式试验+获证后监督（工厂抽样检验）。从生产厂家库房中抽取样品进行检验；

（4）第二种和第三种的综合；

（5）形式试验+初始工厂检查+获证后监督。质量体系复查工厂检查和市场抽样；

（6）工厂质量体系评定+获证后质量体系复查；

（7）批量检验。根据规定的抽样方案，对一批产品进行抽样检验；

（8）100%检验。

由于上述第五种认证形式是从形式试验、质量体系检查和评价到获证后监督的全过程，涵盖最全面而被各国普遍采用，是国际标准化组织（ISO）推荐的认证形式。我国的3C产品认证也是采用这种认证形式。

4.产品质量认证的依据

（1）对于一般产品开展质量认证，应以具有国际水平的国家标准或行业标准为依据。对于现行国家标准或行业标准内容不能满足认证需要的，应当由认证机构组织制定补充技术要求。对于这一点，《产品质量》第十四条第款规定：国家参照国际先进的产品标准和技术要求，推行产品质量认证制度。这一规定的目的是体现出认证的水平和层次。

（2）对于我国名、特、优产品开展产品质量认证，应当以经国家质量技术监督局确认的标准和技术要求作为认证依据。

（3）对于经过国家质量技术监督局批准加入相应国际认证组织的认证机构（例如：电子元器件认证委员会、电工产品认证委员会）进行产品质量认证，应采用国际认证组织已经公布的并已转变化为我国的国家标准或行业标准为依据。

（4）对于我国已与国外有关认证机构签订双边或多边合作协议的产品，应按照合作协议规定采用的标准开展产品质量认证工作。

五、电子整机产品的防护

（一）气候因素对电子产品的影响与防护措施

气候因素对电子产品的影响，主要是温度、潮湿、盐雾等因素的影响。主要表现在电气性能下降、温度升高、运动部位不灵活、甚至不能正常工作等，直接影响了电子产品的运行可靠性和使用寿命。

1.温度的影响与防护

（1）温度的影响

环境温度的变化会造成材料的物理性能的变化、元器件电参数的变化、电子产品整机性能的变化等。高温环境会加速塑料、橡胶材料的老化，元器件性能变差，甚至损坏，整机出现故障；而低温和极低温又能使导线和电缆的外层绝缘物发生龟裂。因而，温度的异常变化可能造成电子产品的工作不稳定，外观出现变形、损坏等现象。

（2）温度的防护

温度的防护主要考虑低温状态和高温状态的防护。

①高温状态的防护。电子产品的温度与周围的环境温度、电子产品的功率大小及散热情况等有密切的关系。环境温度高、电子产品的功率大及散热不好，电子产品的温度将急剧上升，导致构成电子产品的元器件超过极限工作，使电子产品工作的可靠性下降，使用寿命缩短，因而，要及时地对电子产品降温。

降温最好的办法是散热。电子产品常用的散热方式有：元器件加装散热片散热、电子整机外壳打孔散热、自然散热、强迫通风散热（如计算机主机及 CPU 加装风扇散热）、液体冷却散热（如大型变压器的散热）蒸发制冷（如电冰箱、空调的制冷）等。

②低温状态的防护。在低温室外环境下工作的电子产品，要注意保温处理，防止导线、塑封元器件及塑料外壳在低温情况下发生龟裂、变形、性能变坏。

保温常用的办法：采用整体防护结构和密封式结构，保持电子产品内部的温度，或采用外加保温层的方法保持电子产品的工作温度。

2.湿度的影响与防护

（1）湿度（潮湿）的影响

湿度大小指空气中含水汽的多少，常用潮湿与干燥表述。过于潮湿和过于干燥的环境对电子产品的工作都会造成不利影响。

物体吸湿有扩散、吸收、吸附、凝露四种形式，这四种吸湿形式可能同时出现，也可能出现其中一两种，物体吸湿的过程都称为潮湿侵入（物体受潮）。它会使许多材料吸水，降低了材料的机械强度和耐压强度，从而造成元器件性能的变化，甚至造成漏电和短路故障。比如，当空气中相对湿度大于 90% 时，物体表面会附着约 $0.001\sim0.01\mu m$ 的水膜，如有酸、碱、盐等溶解于水膜中，会使电子产品外露部分加速受到腐蚀。

湿度小、干燥的空气容易产生静电，静电放电时会产生高电压和瞬间的大电流，使电子元器件的性能变坏甚至失效，同时也会干扰电子产品的正常工作。

（2）湿度的防护

湿度的防护包括潮湿防护和静电防护。

①防潮湿措施。防潮措施主要有：憎水处理、浸渍、灌封、密封等方法。

A.憎水处理防潮，经过憎水处理后的材料不吸水，从而提高元器件的防潮湿性能。例如，用硅有机化合物蒸气处理吸湿性和透湿性大的物质，其方法是把硅有机化合物盛在容器中，放到加热器中加热到 50℃~70℃让其挥发，使被处理的元器件、零件在蒸气中吸收有机硅分子，然后在 180℃-200℃烘烤。有机硅分子深入替换、零件所有的细孔、缝隙和毛细孔以及与不化合后，在元器件、零件表面形成憎水性的聚硅烷膜，或者使某些物质发生化学变化而使材料变成憎水性。

B.浸渍防潮。浸渍是将被处理的元器件或材料浸入不吸湿的绝缘液中，经过一段时间，使绝缘液进入材料的小孔、毛细管、缝隙和结构间的空隙，从而提高元器件材料的防潮湿性能以及其他性能；浸渍有两种方法：一般浸渍和真空浸渍。一般浸渍是在大气压下进行浸渍处理，真空浸渍则是在具有一定真空度的密闭容器中进行浸渍处理。真空浸渍的效果好于一般浸渍，对于关键性的元器件多采用真空浸渍。

C.醮渍防潮。是把被处理的材料或元器件短时间（几分钟）地浸在绝缘液中，使材料或元器件表面形成一层薄绝缘膜，也可以用涂覆的方法在材料或元器件表面上涂上一层绝缘液膜。

醮渍和浸渍的区别在于：醮渍只是在材料表面形成一层防护性绝缘膜，而浸渍则是将绝缘液深入到材料内部。醮渍的防潮性能比浸渍差，防潮要求高的材料和元器件一般不采用醮渍。

D.灌封或灌注防潮。在元器件本身或元器件与外壳间的空间或引线孔中，注入加热熔化后的有机绝缘材料，冷却后自行固化封闭防止潮气侵入。灌封防潮性能是由灌封材料或混合物的物理性，灌注层厚度、通过灌注层的引线数量等因素决定的。

E.密封防潮。密封是将元器件、零部件、单元电路或整机安装在不透气的密封盒里，防止潮气的侵入，这是一种长期防潮的最有效的方法。密封措施不仅可以防潮，而且还可以防水、防霉、防盐雾、防灰尘等。密封的防护功能好，但造价高，结构和工艺复杂。

F.通电加热驱潮。在潮湿的季节，定期对电子产品通电，使电子产品在工作时自动升温（加热）驱潮。

②静电防护。在电子产品的设计和制造过程中，注意做好屏蔽设计，并进行良好的接地，防止静电的积累，也可以消除静电对电子产品的危害。

3.霉菌的影响与防护

（1）霉菌的影响

霉菌属于细菌的一种，它生长在土壤里，并在多种非金属材料的表面生长，很容易随空气侵入电子设备。

霉菌会降低和破坏材料的绝缘电阻、耐压强度和机械强度，严重时可使材料腐烂脆裂。例如，霉菌会腐蚀玻璃表面，使之变得不透明；会腐蚀金属或金属镀层，使之表面污染甚至腐烂；会腐蚀绝缘材料，使其电阻率下降；腐蚀电子电路，使其频率特性等发生严重变化，影响电子整机设备的正常工作。

此外，霉菌的侵蚀，还会破坏元器件和电子整机的外观以及对人身造成毒害作用。

（2）霉菌的防护

霉菌是在温暖潮湿条件下通过酶的作用进行繁殖的,在湿度低于65%的干燥条件下,或温度低于10℃以下,绝大多数霉菌就无法生长。所以采用密封、干燥、低温和足够的紫外线辐射、曝光照射,以及定期对通电增温能有效地防止霉菌生长。

另外,使用防霉材料或防霉剂,也可以增强抗霉性能,但要注意,防霉剂具有一定的毒性,气味难闻,因而不能经常使用。

4.盐雾的影响与防护

（1）盐雾的影响

海水与潮湿的大气结合,形成带盐分的雾滴,称为盐雾。盐雾只存在于海上和沿海地区离海岸线较近的大气中。

盐雾的危害主要是:对金属和金属镀层产生强烈的衣饰,使其表面产生锈腐蚀现象,造成电子产品内部的零部件、元器件表面上形成固体结晶盐粒,导致绝缘强度下降,出现短路、漏电的现象;细小的盐粒破坏产品的机械性能,加速机械磨损,减少使用寿命。

（2）盐雾的防护

盐雾防护的主要方法:对金属零部件进行表面镀层处理。选用适当的镀层各类、一定镀层厚度对产品进行电镀处理,或采用喷漆等表面处理等防护措施,可以降低潮湿、盐雾和霉菌对电子产品的侵害。

（二）电子产品的散热与防护

电子产品工作时其输出功率只占输入功率的一部分,其功率损失一般都是以热能的形式散发出来。实际上,电子产品内部任何具有实际电阻的截流元器件都是一个热源。其中,最大的热源是变压器、大功率晶体管、扼流圈和大功率电阻器等。电子产品工作的温度与设备周围的环境温度有密切的关系,当环境温度较高或散热困难时,电子产品工作时所产生的热能难以散发出去,将使电子产品温度提高。由于电子产品内的元器件都有一定的工作温度范围,若超过其极限温度,就要引起工作状态改变,甚至缩短寿命,因而使电子产品不能稳定可靠地工作。

电子产品除了散热问题外,在某些情况下,还要充分考虑热稳定问题,这些都属于电子产品的热设计范围。在设计电子产品时应采取各种散热手段,使电子产品的工作温度不超过其极限温度,电子产品在预定的环境条件下稳定可靠地工作。

1.热的传导方式

热的传导就是热能的转移。热总是自发地从高温物体向低温物体传播。传热的基本方式有三种:传导、对流和辐射。

（1）热传导

热传导是指通过物体内部或物体间的直接接触传播热能的过程，是由热端（或高温物体）向冷端（或低温物体）传递的过程。

（2）热对流

热对流是依靠发热物体（高温物体）周围的流体（气体或液体）将热能转移的过程。

由于流体运动的原因不同，可以分为自然对流和强迫对流两种热对流方式。

自然对流是由于流体冷热不均，各部分密度不同而引起介质自然的运动。

强迫对流是受机械力的作用（如风机、水泵等）促使流体运动，使流体高速度地掠过发热物体（或高温物体）表面。

（3）热辐射

热辐射是一种以电磁波（红外波段）辐射形式来传播能量的现象。由于温度升高，物体原子振动的结果引起了辐射，任何物体都是在不断地辐射能量，这种能量辐射在其他物体上，一部分被吸收，一部分被反射，另一部分要穿透该物体。物体所吸收的那部分辐射能量又重新转变为热能，被反射出来的那部分能量又要辐射到周围其他物体上，而被其他物体所吸收。由此可见，一个物体不仅是在不断地辐射能量，而且还在不断地吸收能量；这种能量之间的互变现象（热能→辐射→热能），就是辐射换热的过程。一个物体总的辐射能量是放热还是吸热，决定于该物体在同一时期内放射和吸收辐射能量之间的差额。

2.提高散热能力的措施

利用热传导、对流及辐射，把电子产品中的热量散发到周围的环境中去称为散热。电子产品常用的散热方法主要有：自然散热、强制散热、晶体管及集成电路芯片散热等。

（1）自然散热

自然散热也称为自然冷却。它是利用设备中各元器件及机壳的自然热传导、自然热对流、自然热辐射来达到散热的目的。自然散热是一种最简便的散热形式，广泛应用于各种类型的电子产品，使电子产品工作在允许温度范围之内。

①机壳自然散热。电子产品的机壳是接受产品内部热量并将其扩散到周围环境中去的重要途径，它在自然散热中起着重要作用。从散热的角度设计机壳时应考虑以下几方面：

A.选择导热性能好的材料做机壳。为提高机壳的热辐射能力，可在机壳内外表面涂粗糙的深色漆。颜色越深其辐射能力越好。粗糙的表面比光滑表面热辐射能力强。如果美观要求不高，可涂黑色皱纹漆，其热辐射效果最好。

B.在机壳上，合理地开通风孔，可以加强气体对流的换热作用。通风孔的位置可开在机壳的顶部和底部以及两侧，开在机壳顶部的散热效果较好。开通风孔时应注意不能使气流短路，进出风口应开在温差最大的两处，距离不能太近。通风口的形式很多，为了保障良好的通风，其孔要大又要防止灰尘落入，并且能保证机壳的定强度。

②电子设备内部的自然散热

A.元器件的自然散热。在安装发热元器件时，不能贴板安装并要尽可能地远离其他元器件。在电子产品中变压器是主要的发热器件，在安装变压器时要求铁芯与支架、支架与固定面都要良好接触，减少热阻，增加热传导散热的效果。晶体管、集成电路及其他元器件主要是靠外壳及引线的对流、辐射和传导散热。但大功率晶体管、集成电路和大功率的其他元器件，同样应采用散热器散热。

B.元器件的合理布置。为了加强热对流，在布置元器件时，元器件和元器件、元器件与结构件之间，应保持足够的距离，以利于空气流动，同时增强对流散热。

在布置元器件时应将不耐热的元器件放在气流的上游，而将本身发热又耐热的元器件放在气流的下游，这样可使整个印制电路板上元器件的温度较为均匀。

对于热敏感元器件，在结构上可采取"热屏蔽"方法来解决，热屏蔽是采取措施切断热传播的通路，使电子产品内某一部分的热量不能传到另一部分去，从而达到对敏感元器件的热保护。

C.电子产品内部的合理布局。应合理地布置机壳（机箱）进出风口的位置，尽可能地增大进出口之间的距离和它们的高度差，以增强自然对流。

对于大体积的元器件应特别注意其放置位置，如机箱的底板、隔热板、屏蔽罩等。若安装位置不合理，可能阻碍或阻断自然对流的气流。

合理安排印制电路板的位置，如设备内只有一块印制电路板，无论印制电路板水平放置还是垂直放置，其元器件温升区别不大。如果设备内安排多块电路板，这时应垂直并列安装，每块印制电路板之间的间隔要保持 30mm 以上，以利于自然对流散热。

（2）强制散热

强制散热方式通常有：强制风冷、液体冷却、蒸发冷却、半导体制冷等。

①强制风冷

强制风冷是利用风机进行送风或抽风，提高设备内空气流动的速度，增大散热面的温差，达到散热的目的。强制风冷的散热形式主要是对流散热，其冷却介质是空气。强制风冷应用很广泛，它比其他形式的强制冷却具有结构简单、费用低、维修简便等优点，是目前应用最多的一种强制冷却方法。

②液体冷却

由于液体的热导率、热容量和比热都比空气大，利用它作为散热介质的效果比空气要好，因此，多用于大功率元器件以及某些大的分机和单元。液体冷却系统可分为两类：直接液体冷却和间接液体冷却。但液体冷却系统比较复杂，体积和重量较大，设备费用较高，维护也比较复杂。

③蒸发冷却

每一种液体都有一"定的沸点，当液体温度达到沸点时就会沸腾而产生蒸汽，从沸腾到形成蒸汽的过程称为液体的气化，液体气化时要吸收热量。蒸发冷却就是利用液体在气化时能吸收大量热量的原理来冷却发热器件的。比如，电冰箱就是利用这一原理进行制冷的。

④半导体制冷

半导体制冷又称热电制冷，是利用半导体材料的珀尔帖效应。当直流电通过两种不同半导体材料串联成的电偶时，在电耦的两端即可分别吸收热量和放出热量，可以实现制冷的目的。它是一种产生负热阻的制冷技术。但这种吸热和放热现象在一般的金属中很弱，而在半导体材料中则比较显著，其特点是无运动部件、无噪声、无振动，可靠性也比较高。利用半导体制冷的方式来解决散热问题，具有很高的实用价值，如无氟冰箱利用半导体制冷技术实现制冷及自动调节。

（3）晶体管及集成电路芯片散热

在电子设备中使用的晶体管和集成电路，由于流过晶体或集成电路的电流产生热量，必须采用有效的方法是将这些热量散发出去，否则，晶体管与集成电路的工作性能会变坏，严重时会烧坏。因此，在使用晶体管与集成电路时，必须认真地考虑其散热问题。目前，常用的散热器大致有以下几种形式：平板型、平行筋片、叉指型等。

①平板型散热器

平板型散热器是最简单的一种散热器，它由1.5~3mm厚的金属薄板制成，一般多为正方形或长方形的铝板或铝合金板。对于一般的中小功率的晶体管，可以直接安装在金属板上进行散热。若要使所占的空间较小，则采取垂直安装，而且垂直的热阻比水平安装要小。

②平行筋片散热器

平行筋片散热器是铝合金挤压成型的具有平行筋片的铝型材做成的散热器，这种散热器在较大的耗损功率下具有较小的热阻，因而，其散热能力强，一般用于大、中晶体管的散热器。

③叉指型散热器

叉指型散热器是用铝板冲压而成的，这种散热器制作工艺简单，结构形式多样，可作为中、大功率晶体管的散热用。

（三）电子产品机械振动和冲击的隔离与防护

电子产品在使用、运输和存放过程中，不可避免地会受到机械振动、冲击和其他形式的机械力的作用，如果产品结构设计不当，就会导致电子产品的损坏或无法工作。

振动与冲击对电子产品造成的破坏一般来说有两种：一种是由于设计不良造成的，对振动来说，当外激振动频率与电子产品或其中的元器件、零部件的固定频率接近或相同时，将产生共振，因而振动幅度越来越大，最后因振动加速度超过设备及其元器件、零部件的极限加速度而破坏。对冲击来说，由于在很短的时间内（几微秒）冲击能量转化为很强的冲击力，在质量不变的情况下，其冲击加速度必然很大。因冲击加速度超过产品及其元器件、零部件的极限加速度而使电子产品损坏。另一种是疲劳损坏，虽然振动和冲击加速度未超过极限值，但在长时间的作用下，产品及其元器件，零部件因疲劳作用而降低了强度，最后导致损坏。

电子产品在振动和冲击的作用下被损坏，除了元器件、零部件的质量不合格外，其主要原因是在设计整机或元器件的安装系统时，没有很好地考虑防振和缓冲措施，使系统的振动和冲击的隔离系统选择或设计得不够正确。因此，保证电子产品在不同程度的机械振动和冲击环境中可靠地工作，是一个十分重要的技术问题。电子产品的减振和缓冲一般措施有以下几种：

1.减振器

电子产品的减振和缓冲主要是依靠安装减振器。

（1）橡胶-金属减振器结构

橡胶金属减振器是以橡胶作为减振器的弹性元器件，以金属作为支撑骨架，故称为橡胶—金属减振器。这种减振器由于使用橡胶材料，因橡胶是微孔性材料，变形时具有较大的内摩擦，因而阻尼比较大，对高频振动的能量吸收尤为显著，当振动频率通过共振区时也不会产生过大的振幅。同时由于橡胶能承受瞬时较大的形变，因此，承受减振和缓冲的性能较好。但橡胶具有蠕变性能，不能长时间承受较大的变形，因而适用于静态偏移较小，瞬时偏移较大的情况，承受冲击作用和缓冲性能好。这种减振器由于采用天然橡胶，温度对其性能影响较大，当温度过高时，表面会产生裂纹并逐渐加深，另外耐油性差，对酸和光照等敏感，容易老化，寿命短，应定期更换。

（2）金属弹簧减振器

金属弹簧减振器是用弹簧钢板或钢丝绕制而成，常用的有圆柱形弹簧和圆锥形弹簧及板簧等。这种减振器的特点是：对环境条件反应不敏感，适用于恶劣环境，如高温、高寒、油污等：工作性能稳定，不易老化：刚度变化范围宽，不能做得非常柔软，但能做得非常坚硬。其缺点是阻尼比很小，共振时很危险，因此必要时还应另加阻尼器或在金属减振器中加入橡胶垫层、金属丝网等。这种减振器的固有频率较高，通常用于载荷大、外激频率较高及有冲击的情况。

2.减振和缓冲的其他措施

为了保证电子产品在外界机械因素影响下仍能可靠地工作，除了安装减振器进行隔离外，还应该充分考虑设备中的各种元器件采取的减振措施。在进行电子产品整机结构设计时，元器件、部件的布局除了必须满足电性能和散热要求外，还必须从防振缓冲的角度来考虑，务必使整个产品的重量分布均匀，使产品的重心尽量落在地面的几何中心上。对于过重的元器件、部件，尽可能放在产品的下部，使产品的重心下移，从而减小产品的摇摆。对各种类型的电子元器件，从提高抗振和抗冲击的角度出发，在布置和安装时应根据其特点做如下考虑。

（1）导线和电缆

两端受到约束的导线或电缆，就像一个松弛的琴弦，在振动时容易产生导线变形、还可能在导线的两端引起脱焊或拉断等。因此，要尽量将几根导线编扎在一起，并用线夹分段固定，以提高抗冲击振动能力。使用多股软导线比单股硬导线好，跳线不能过紧也不能太松。若过紧，在振动时由于没有缓冲而易造成脱焊或拉断；若过松，在振动时易引起导线摆动造成短路。

（2）晶体管

小功率晶体管一般采用立装，为了提高其本身抗冲击和振动能力，可以采用卧装方式、倒装，并用弹簧夹、护圈或黏胶（如硅胶、环氧树脂）固定在印制电路板上。为了提高大功率晶体管的抗震能力，应把晶体管连同散热器一起用螺栓固定在底板或机壳上。

（3）电容器和电阻器

小电容器一般采用立装和卧装两种方式，卧装抗振能力强，为了提高其抗震能力，立装应尽量剪短引线，最好垫上橡皮、塑料、纤维、毛毡等，卧装可用环氧树脂固定。

为了提高抗振能力，小电阻应采用卧装，同样也有利于传导散热。大功率电阻器和电容器，可采用固定夹、弹簧夹固定支架、托架等进行固定。对于电感、二极管等其他元器件的安装类似于电容器和电阻器的安装。

（4）变压器等较重的元器件

变压器从其结构本身的特性来说，已形成了一个坚固的整体，具有一定的抗冲击和抗振动能力，但变压器是电子设备中比较重的元器件，如果事先对振动和冲击考虑不足，采用了刚性差的支架和较小的螺栓连接，就可能在受到冲击和振动时产生较大的位移。如变压器脱落，将严重损坏设备。

为了降低设备的重心，对于变压器等较重的元器件应尽量安装在设备的底层，其位置不能偏离重心太远，为了提高变压器的牢固性，应将变压器牢固地固定在底板上，其螺栓应有防松装置。

（5）印制电路板

印制电路板较薄，易于弯曲变形，故需要加固。通常采用螺钉与机壳底板加固，其加固构件可以是金属或塑料成型框架，同时也可以完全灌封在塑料或硅橡胶中，一般印制电路板常用插接端、插座和两根导轨条加以固定，必要时还须采用压板（条）压紧。

（6）其他

机架和底座的结构可根据要求设计成框架薄板金属盒或复杂的铸件。从抗冲击与抗振动的观点出发，不管机架和底座采用什么形式，通过刚度或强度设计，最终提供一个最佳挠度方案。

对特别怕振动的元器件、部件（如主振回路元器件），可进行单独的被动隔振，对振动源（如电动机）也要单独进行主动隔振。

调谐机构应有锁定装置，紧固螺钉应有防松动装置。

陶瓷元器件及其他较脆弱的元器件和金属零件连接时，它们之间最好垫上橡皮、塑料、纤维、毛毡等衬垫。

为了提高抗振动和冲击能力，应可能使设备小型化，其优点是易使产品具有较坚固的结构和较高的固有频率，在既定的加速度作用下，惯性力也较小。

（四）电磁干扰的屏蔽

在电子产品的外部和内部存在着各种电磁干扰，外部干扰是指除电子产品所要接收的信号以外的外部电磁波对产品的影响。其中，有些是自然产生的，如宇宙干扰、地球大气的放电干扰等。有些是人为的，如电焊机、电吹风所产生干扰等。外部干扰可通过辐射、传导的方式从设备的外壳、输入导线、输出导线等，进入设备的内部，从而影响或破坏产品的正常工作。

内部干扰是由于产品内部存在着寄生耦合。寄生耦合有电容耦合、电感耦合，这不是人为设计的。

为了保证电子产品正常地工作，就需要防止来自产品外部和内部的各种电磁干扰。要求电子产品的抗干扰能力大于环境中的电磁干扰强度。而电子产品在工作时会向周围辐射电磁波，形成对外界的干扰，因此，在设计产品时，不允许这种干扰超过环境部门为保护环境、控制电磁污染所作的规定。只有这样各种电子产品才能在同一环境中同时相互兼容地工作。所谓"电磁兼容性"是指在不损失有用信号的条件下，信号和干扰共存的能力。它是评价一台电子产品对环境造成的电磁污染的危害程度和抵御电磁污染的能力的指标。

电子产品工作时受到的干扰可分为两种情况：一是场的干扰（如电场、磁场等）；二是路的干扰（如公共阻抗的耦合、地电流干扰、馈线传导干扰等）。前者可采取隔离和屏蔽等方法解决；后者可采取滤波、合理设计馈线系统和地线系统等措施解决。

抑制干扰是电子产品在设计、制造时需要解决的主要问题。要使一个电子产品有抑制干扰的良好性能，就需要在电路设计、结构设计以及元器件选择、制造、装配工艺等方面采取抗干扰措施。

1.电场的屏蔽

电场的屏蔽是为了抑制寄生电容耦合（电场耦合），隔离静电或电场干扰。

寄生电容耦合：由于产品内的各种元器件和导线都具有一定电位，高电位导线相对的低电位导线有电场存在，也即两导线之间形成了寄生电容耦合。

通常把造成影响的高电位称为感应源，而被影响的低电位称为受感器。实际上，凡是能辐射电磁能量并影响其他电路工作的都称为感应源（或干扰源），而受到外界电磁干扰的电路都称为受感器。

电场屏蔽的最简单的方法，就是在感应源与受感器之间加一块接地良好的金属板，就可以把感应源与受感器之间的寄生电容短接到地，以达到屏蔽的目的。

2.磁场的屏蔽

磁场的屏蔽主要是为了抑制寄生电感耦合，寄生电感耦合也叫磁耦合。当感应源内的电路中有电流通过时，在感应源和受感器之间，由于电感的作用而形成寄生电感耦合。随着频率的不同，磁场屏蔽要采用不同的磁屏蔽材料，其磁屏蔽原理也不同。

（1）静磁场（恒定磁场）和低频磁场的屏蔽

静磁场是稳恒电流或永久磁体产生的磁场。静磁屏蔽是利用高磁导率的铁磁材料做成屏蔽罩以屏蔽外磁场。它与静电屏蔽作用类似而又有不同。静磁屏蔽的原理是利用材料的高导磁率对干扰磁场进行分路。磁场有磁力线，磁力线通过的主要路径为磁路，与电路具有电阻一样，磁路也有磁阻 R_C，即

$$R_C = \frac{l_C}{\mu S}$$

式中 μ——相对磁导率；

S——磁路横截面积；

l_C——磁路长度。

可见，磁导率越大，磁阻就越小。由于铁磁材料的 μ 比空气的 μ 高很多，因此，铁磁

材料的磁阻 R 比空气的磁阻 R_C 小得多。将铁磁材料置于磁场中时，磁通将主要通过铁磁材料，而通过空气的磁通将大为减小，从而起到磁场屏蔽作用。

当要屏蔽的磁场很强时，如果使用高导磁材料，会在磁场中饱和，丧失屏蔽效果，而使用低导磁材料，磁阻较大，磁通分路能力差，不能达到很好的屏蔽作用。遇到这种情况，可采用双层屏蔽。第一层屏蔽材料具有低磁导率，但不易饱和；第二层屏蔽材料具有高磁导率，但易饱和。第一层先将磁场衰减到适当的强度，不会使第二层饱和，使第二层（高磁导率材料）能够充分地发挥磁屏蔽作用。与此同时，两个屏蔽层之间应保持磁路上的隔离，使用非铁磁材料做支撑。

静磁场和低频磁场的屏蔽，常用磁导率高的铁磁材料如软铁、硅钢、坡莫合金做屏蔽层，故静磁屏蔽又叫铁磁屏蔽。磁屏蔽的效果与屏蔽物壁厚成正比，与垂直于磁力向的缝隙成反比；磁场强时，要使用多层屏蔽，以防止磁饱和；机械加工会降低高导磁材料的磁导率，影响屏蔽效果，热处理后可以恢复；高磁导率材料磁导率与频率有关，频率高磁导率降低，一般只用于 1kHz 以下。

（2）高频磁场的屏蔽

如果在一个均匀的高频磁场中，如图 2-15（a）所示，放置一金属圆环，那么，在此金属环中将产生感应涡流，此涡流将产生一个反抗外磁场变化的磁场，如图 2-15（b）所示。此磁场的磁力线在金属圆环内与外磁场磁力线方向相反，在圆环外方向与外磁场方向相同，结果使得金属圆环内部的总磁力线减小，即总磁场削弱，而圆环外部的总磁力线增加，即总磁场加强，从而发生了外磁场从金属圆环内部被排斥到金属圆环外面去的现象，如图 2-15（c）所示。

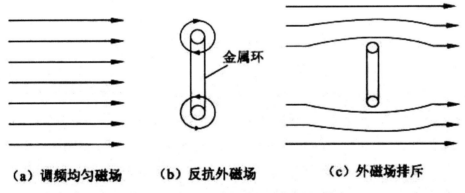

(a) 调频均匀磁场　　(b) 反抗外磁场　　(c) 外磁场排斥

图 2-15　金属圆环中的涡流将磁场挤出

如果在外磁场中放置一块金属板，金属板可以看成由若干个彼此短路的圆环所组成。那么，由于涡流阻止外磁场的变化，将反抗外磁场通过金属板，而将外磁场排斥到金属板外面，故金属板就成为阻止外磁场的屏蔽物。这种屏蔽方式称为屏蔽物对磁场排斥。

高频磁场的屏蔽方式均属于这种方式。

由此可以得出，对于磁场屏蔽：当频率较低时，屏蔽作用是屏蔽物对磁路分路，应采用相对磁导率高的铁磁材料作屏蔽物；当频率高时，屏蔽作用是屏蔽物对磁场的排斥（这种排斥是由感应涡流引起的），应采用导电性能好的金属材料做屏蔽物。

用金属板做成一个封闭的屏蔽盒，将线圈至于屏蔽盒内，即能使线圈不受外磁场的干扰，也能使线圈不干扰外界。

屏蔽物的接缝或切口，只允许顺着涡流的方向，而不允许截断涡流的方向，因为截断涡流意味着对涡流的电阻增大，即涡流减小，从而使屏蔽效果变差。考虑到实际情况，如被屏蔽的是复杂电路，或者作用于电路的外磁场有几个，即产生的磁通方向是多种多样的，则屏蔽物上应尽量避免有长缝隙。

如果需要在屏蔽物上开一些小孔，则孔的尺寸应小于波长 0.25%~1%。由于被屏蔽的磁场磁力线是闭合的，从小孔穿出的磁力线数与穿入小孔的磁力线数相等，即穿过小孔的总磁通等于零。所以，可近似地认为屏蔽没有磁泄漏，也就是说，这样的小孔对屏蔽效果几乎没有影响。屏蔽物上缝隙的允许直线尺寸比小孔的允许尺寸还要小一些，一般是小孔允许尺寸的 50%，这是因为在相同孔隙面积的情况下，缝隙的电磁泄漏比孔洞严重。

3.电磁场的屏蔽

除了静电场和恒定磁场外，电子产品在工作过程中，电场和磁场总是同时出现的，如元器件与元器件之间、线圈与线圈之间、导线与导线之间都可能同时存在着电场和磁场耦合。另外，元器件工作在高频时，辐射能力增强，产生辐射电场，其电场分量和磁场分量也是同时出现在这种情况下的。这就要求对电场和磁场同时加以屏蔽，即对电磁场屏蔽。

电磁屏蔽主要用于防止高频电磁场的影响。从上面电场屏蔽和磁场屏蔽的讨论中可以看出，只要将高频磁场的屏蔽物良好接地，就能达到电场和磁场同时屏蔽的目的。一般所说电磁屏蔽就是指高频电磁场屏蔽，而磁屏蔽多指静磁场和低频磁场的屏蔽。

由于电磁感应，一个交变的调频电磁场（指 3kHz 以上频段）在一个金属壳体上将激励出交变电动势，而此交变电动势将产生交变的感应涡流。根据电磁感应定律，涡流的磁场与激励的磁场在壳体外方向相同，而在壳体内方向相反。这样，金属壳体的磁场就排斥到壳体外部去了，从而达到屏蔽交变电磁场的效果。感应的涡流越大，产生的反磁场就超强，金属壳体的屏蔽作用就越好。

由上所述电磁屏蔽和静电屏蔽有相同点也有不同点。相同点是都应用高电导率（导电性能好）的金属材料来制作；不同点是静电屏蔽只能消除电容耦合，防止静电感应，屏蔽必须接地。而电磁屏蔽是使电磁场只能透入屏蔽物一薄层，借涡流消除电磁场的干扰，这种屏蔽物可不接地。但因用作电磁屏蔽的导体增加了静电耦合，因此，即使只进行电磁屏蔽，也还是接地为好，这样电磁屏蔽也同时起静电屏蔽作用。

4.屏蔽的结构形式与安装

屏蔽的结构形式与安装要根据屏蔽的具体要求而定，下面介绍几种典型的结构形式与安装。

（1）线圈的屏蔽结构与安装

线圈加上屏蔽罩后，电感量将减小，品质因素将降低，分布电容增大，稳定性可能降低。屏蔽罩的体积越小，对线圈的参数影响越大。但线圈不加屏蔽，则会使工作不稳定。要不要屏蔽，如何屏蔽，应根据具体情况决定。一般来说，为提高可靠性，高频线圈均要屏蔽。

①线圈屏蔽罩的结构

线圈屏蔽罩的结构既要满足屏蔽要求，同时又要尽可能地减小对线圈参数的影响，并且还应在允许的体积范围之内。

A.屏蔽罩的尺寸。为了使屏蔽线圈品质因素下降不超过 10%。电感量减小不超过 15%~20%，圆形屏蔽罩的直径和高度应该足够大。

对于线圈本身的尺寸选择：当线圈的外径一定时，单层线圈绕组中的损耗，在绕组的长度与外径的比值等于 0.7 时为最小；对于多层线圈，这个比值应等于 0.2~0.5；对于安装在屏蔽罩内的线圈，这个比值近似等于 1。如果线圈能按一定的长度与外径的比值绕制，则品质因数 Q 值比不按一定比值绕制成的线圈的 Q 值高 20%~30%。

B.屏蔽罩的形状与壁厚。在同样的空间位置安装方形屏蔽罩的效果要比圆形的好。金属屏蔽罩的壁厚一般为 0.2~0.5mm。必须保证屏蔽罩具有一定的机械强度，以防止在温度变化或振动等情况下，由于屏蔽罩变形而引起线圈参数的变化。

C.屏蔽结构与制造工艺。屏蔽罩上缝隙、切口方向，必须注意不切断涡流的方向，最好是避免有缝隙和切口。屏蔽罩最好用冲压来制造，因为用板料焊接的屏蔽罩，其接缝会引入很大的电阻，从而影响屏蔽效果。此外，屏蔽罩与底板应有良好的接触，即接地良好。

D.屏蔽罩的材料。线圈屏蔽罩的材料一般选用方法是频率 100~500 kHz 时用铁氧体材料或铝；500 kHz 以上用铝或铜热浸锡或铜镀银；频率越高，要求材料的电导率越高，以减少损耗。

铁磁材料对于低频的屏蔽原理是屏蔽物对磁场的分路。但当频率稍高时由于涡流增大，因此，屏蔽原理就变为屏蔽物对磁场排斥。也正是由于铁磁材料的电阻率较大、涡流小、损耗大。因此，几乎不用铁磁材料来屏蔽 100 kHz 以上的高频线圈。

②线圈及其屏蔽罩的安装

A.线圈的安装。线圈应垂直地安装于底座上，此时，线圈的磁通与底座的交连最小，在底座中感应的电流也小，底座对线圈的电感量 L、品质因数 Q 和分布电容影响也小。线圈的高频低电位端应接在靠近底座的一端，这样高频高电位端与底座之间的分布电容小，经分布电容流到底座的容性电流也小，高频击穿的可能性也小。此外，垂直安装也比较方便。

B.屏蔽线圈的安装。线圈仍应垂直安装于底座上，线圈平行于底座的安装是不正确的。不仅没有垂直安装的优点，而且由于线圈与底座平行安装，屏蔽罩与底座的连接就垂直于涡流的方向，因此，若接触不好而切断涡流或者涡流减少，则会严重影响屏蔽效果。但在屏蔽盒的结构完整无缝隙的情况下，也可以将线圈水平安装。

C.多个线圈的安装。多个线圈同时安装在一个底板上，它们的屏蔽有时是不可少的，但是有时也是多余的。多个线圈安装在一起，如果它们不同时工作或者相隔较远，或者成正交的布置（线圈的轴线相互垂直），则可以考虑不加屏蔽。至于是否屏蔽和如何屏蔽，要根据实际情况具体分析并通过试验来确定。

（2）低频变压器的屏蔽

这里所讨论的低频变压器是指一切具有铁芯的低频电器，例如电源变压器、滤波扼流圈、继电器、音频变压器、电机绕组等。

①变压器的屏蔽结构

因为铁芯起着集中磁通的作用，所以变压器的铁芯本身就是一个磁屏蔽物。铁芯材料的磁导率越高，空气间隙越小，即铁芯的磁阻减少，通过铁芯的磁通增多，漏磁通相对减小。因此，为了增加屏蔽效果，可采用高磁导率材料做铁芯，并减小空气间隙。

另外，磁通的大小还与铁芯的形式有关。变压器常用的是 E 型和 C 型铁芯，C 型铁芯与同容量的 E 型铁芯相比，漏磁通较小。如果 C 型铁芯的绕组绕制得非常对称，C 型变压器漏磁通可以减小到 E 型变压器的 1/15。

为使变压器获得较好的屏蔽效果，常采用以下措施：

A.简易屏蔽结构。简易的屏蔽结构有两种：一是在铁芯的侧面包铁皮；二是变压器用屏蔽圈屏蔽。

B.单层屏蔽罩。在变压器外面加一个屏蔽罩可进步提高屏蔽效果。屏蔽罩的材料应用铁磁材料，屏蔽罩和铁芯之间的距离，一般为 2~3 mm。

C.多层屏蔽罩。如果对屏蔽的要求很高或屏蔽的频率范围很宽，则应该采用多层屏蔽。

当多层屏蔽物的总厚度与单层屏蔽我的总厚度时，多层屏蔽的效果比单层好得多。

低于 5~10kHz 的恒磁场和低频磁场屏蔽罩，一般采用相同的材料，层与层之间可以是空气隙或是绝缘材料。

如果要屏蔽 0~100 kHz 整个低频带，则需要采用不同的材料（铁磁材料和非磁性金属材料）制成无气隙的多层屏蔽物。

②变压器的安装

变压器的铁芯往往大而重，使电子产品整机的体积和重量增大。如果空间较大，通过正确的安装，可以使其对外界的影响降低到允许的程度，则可不需加以屏蔽。具体安装方法如下：

A.变压器远离放大器。

B.电源变压器的线圈轴线应与底阀垂直放置。

C.在安装变压器时，不要让硅钢片紧贴底座，应该用非导磁材料将变压器铁芯与底座隔开，以减少铁芯内的磁力线伸展到底座中去与电路交连后产生交流声。

D.多个变压器或线圈安装位置较近时，应该使它们的线圈轴线相互垂直。

E.有条件时，电源部分最好单独装在一块底板上。

F.电源滤波电容器的接地端与电源变压器的接地点最好用导线连在一起，以免滤波器的交流点经过底座耦合到其他电路。

（3）电路的屏蔽

为了防止外界电磁波对电子设备的电路形成干扰，以及设备内各电路之间的相互干扰，必须对电路进行屏蔽。

①单元电路的屏蔽

A.电子产品或系统中的具有不同频率的电路，为了防止相互之间的杂散电容耦合而造成的干扰，应分别屏蔽，如振荡器、放大器、滤波器等都应分别加以屏蔽。如果不同频率的放大器装在一起，为防止相互之间的干扰，也应该分别屏蔽。

B.如果多级放大器的增益不大，则级与级之间可以不屏蔽；如果增益大输出级对输入级的反馈大，则级与级之间应加以屏蔽。

C.如果低电平级靠近高电平级，则需要屏蔽。如果干扰电平与低电平级的输入电平可比拟，则应严格屏蔽。

高电平级与低电平级放在一起时，一般高电平级是感应源，低电平级是受感器，一般应屏蔽感应源，因为屏蔽一个感应源可以使不止一个受感器得益。但在有些情况下，如感应源是大功率级或其回路的 Q 值要求较高，这时如果屏蔽感应源，除非屏蔽物的体积较大，否则会给感应源带来较大的损耗。在这种情况下，对受感器进行屏蔽更为合适。实际上，常用双重屏蔽，即感应源和受感器二者都屏蔽，这样可获得较高的可靠性。

D.根据电路特性决定是否屏蔽，电路是否需要屏蔽决定于电路本身的特性。

②屏蔽的结构形式和安装

屏蔽的结构形式与安装要根据屏蔽的具体要求而定，较为典型的屏蔽物有以下几种结构：

A.屏蔽隔板。如图2-16所示，A、B为感应源，C、D为受感器。这种方法比较简单，当屏蔽要求不高时比较适用。但是由于隔板的高度是有限的，干扰场会绕过隔板，形成一部分寄生耦合电容，如图2-16中C_1、C_2、C_3、C_4。

B.共盖屏蔽结构。为了消除图2-16中C_1、C_2、C_3、C_4的寄生耦合，可采用公共盖板屏蔽结构。共盖板屏蔽结构的好坏与屏蔽结构和安装有关。隔板之间、隔板与屏蔽壳体之间应保证接触良好。特别是在高频、超高频时的情况下，盖板分布电感的感抗不容忽略，甚至可能比没有盖板时更坏。

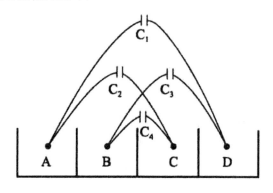

图2-16　屏蔽隔板结构

为了改变盖板与屏蔽壳体以及中间隔板的接触性能，需要采取措施。常用的方法是在盖板（或隔板）上铆接或焊接弹簧夹，以及采用各种形式的接触簧片示。用这种方法时，必须精确地安装隔板和弹簧夹，以免错位造成接触不良。应选择弹性和导电性好的金属材料，以确保接触良好。也可在盖板与壳体结合处垫上一层铜丝网或丝网衬垫。

C.单独屏蔽。单独屏蔽，就是将要屏蔽的电路和元器件、部件装在独立的屏蔽盒中，使之成为一个独立部件。单独屏蔽的屏蔽盒需用导电性能好的材料（如铜或铝合金），其尺寸根据电路板和所装元器件体积决定，其厚度根据屏蔽效果计算并考虑结构强度而定。单独屏蔽效果，布置、安装较灵活，电路调整方便，因此应用较多。

D.双层屏蔽。当干扰电场很强时，用单层屏蔽不能满足要求，而必须采用双层屏蔽，即在一个屏蔽盒外面再正确地加一个屏蔽盒。

此外，外界干扰电磁场在屏蔽盒上产生涡流，而涡流在屏蔽盒上产生的高频压降可能直接或通过其他寄生耦合对电路产生干扰。在这种情况下，就必须采用双层屏蔽。外界电磁场只在外层屏蔽盒上产生涡流而不会在内层上产生，即外层屏蔽盒保护了内层屏蔽盒免受外界电磁场的影响。

③电磁屏蔽导电涂料的应用

目前，工程塑料制件在电子产品中的应用日趋广泛。塑料制件重量轻、加工方便、成本低廉、造型设计灵活。但由于塑料不像金属材料那样能吸收和反射电磁波，而很容易被电磁波所穿透，且对电磁波无屏蔽作用。这样，以工程塑料为壳体电子设备在使用过程中有可能作为发射源造成空间电磁波污染或作为接收源受到外界电磁波的干扰。强大的电磁干扰必将导致大量的无屏蔽保护的电子产品出现误操作，功能串换、杂音、电波阻碍、通信干扰等情况。

为解决工程塑料抗电磁波辐射干扰和防止信号泄露，普遍采用在塑料表面电磁波屏蔽导电涂料的方法，即塑料表面金属化方法。电磁波屏蔽导电涂料作为一种液体材料可以很方便地喷涂或刷涂于各种形状的塑料制件表面，形成电磁导电层，以达到屏蔽电磁波的目的。

目前，国内外电磁屏蔽导电涂料，一般都以具有良好导电性能的磁性金属微粒为导电磁介质（如镍），经混合研磨，然后喷涂于工程塑料表面，在一定温度下固化成膜，从而使塑料具有电磁屏蔽和导电性能。

第四节　电路 EDA 技术简介

电子设计自动化技术的核心是 EDA 技术，EDA 是指以计算机为工作平台，融合了应用电子技术、计算机技术、智能化技术最新成果而研制成的电子 CAD 通用软件包，主要能辅助三方面的设计工作：IC 设计，电子电路设计以及 PCB 设计。

EDA 技术经历了三个发展阶段：

第一代 EDA 技术是电子图版时期，也就是 CAD 阶段，这一阶段人们开始用计算机辅助进行 IC 版图编辑和 PCB 布局布线，这取代了手工操作，产生了计算机辅助设计的概念。

第二代 EDA 技术的核心是电路辅助设计和仿真分析技术与 CAD 相比，除了纯粹的图形绘制功能外，同时又增加了电路功能设计和结构设计，并且通过电气连接网络表将两者结合在一起，以实现工程设计，这就是计算机辅助工程的概念。

第三代也是最新一代 EDA 技术是集成综合概念设计时期，即 ESDA 阶段。

不同阶段有不一样的设计方法：第一代 EDA 技术运用的是物理级设计，主要指 IC 版图的设计，现在这一般由半导体厂家完成；第二代 EDA 技术运用的是电路级设计，主要设计步骤是设计方案，然后根据设计的方案设计电路原理图，在计算机上完成第一次仿真，再将电路图交由厂家制作，最后进行二次仿真，顺利的话，就可以将电子产品推向市场；第三代 EDA 技术运用的是系统级设计，系统级设计比较复杂。

EDA 的应用如下：

在教学方面，几乎所有理工科（特别是电子信息）类的专业都开设了 EDA 课程。在科研方面主要利用电路仿真工具进行电路设计与仿真；利用虚拟仪器进行产品测试；从事 PCB 设计和 ASIC 设计等。

在产品设计与制造方面，主要包括前期的计算机仿真，产品开发中的 EDA 工具应用、系统级模拟及测试环境的仿真，生产流水线的 EDA 技术应用、产品测试等各个环节，都运用到了 EDA 技术。

从应用领域来看，EDA 技术已经渗透到各行各业，主要包括在机械、电子、通信、航空航天、化工、矿产、生物、医学、军事等各个领域。

第三章　集成运算放大器的基本应用电路

集成运算放大器是将电子元器件（电阻、电容、管子等）以及互连线都集成在同一硅片上构成的放大器，由于早期用于实现模拟运算而得名"运算放大器"。实际上，运放作为一类通用有源器件，其功能和应用范围早已远远超出"运算"的范畴，随着微电子技术的发展，集成运算放大器的性能越来越完善，应用也越来越广泛，并深入到许多电子设备和系统中。

第一节　集成运算放大器应用基础

一、集成运算放大器的符号、模型及理想运算放大器条件

集成运算放大器的一般符号如图 3-1 所示，用"A"表示运算放大器模块，运放通常有两个输入端，一个称为"同相输入端（+）"，另一个称为"反相输入端（-）"。其中：u_{i+}表示同相输入端对"地"（电压参考点）的输入电压；u_{i-}表示反相输入端对"地"的输入电压；U_{CC}表示正电源电压；U_{EE}表示负电源电压；u_o表示输出电压。

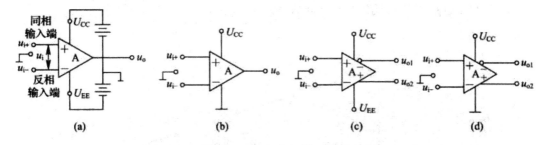

图 3-1　不同类型的集成运算放大器符号

（a）双电源供电，单端输出；　（b）单电源供电，单端输出；

（c）双电源供电，双端输出；　（d）单电源供电，双端输出

所谓"同相输入端"，指的是该端输入信号与输出信号（u_o）的相位相同；而"反相输入端"，指的是该端输入信号与输出信号（u_o）的相位相反。图 3-1（a）与（b）所示电路的差别是图（b）所示电路为单电源供电。图 3-1（c）、（d）与（a）、（b）所

示电路的差别是图（c）、（d）所示电路为双端输出一对等值反相的信号（u_{o1}，u_{o2}）。其中，图 3-1（a）和（b）是应用最为普遍的一类集成运算放大器电路。

集成运算放大器的模型如图 3-2 所示。图中：R_i 为集成运放的输入电阻；输出等效为一个电压控制电压源（VCVS），该受控源的内阻为 R_o，也称为集成运放的输出电阻；该受控源的电势为 A_{uo}（u_{i+}-u_{i-}），其值正比于两输入电压之差（有相减功能），即集成运放的输入差模电压 u_{id}：

$$u_{id} = u_{i+} - u_{i-}$$

A_{uo} 为集成运放的开环电压放大倍数，如果两输入端输入相同的电压（即 $u_{i+}=u_{i-}$），则运放输出电压为零。

随着微电子设计与工艺水平的提高，集成运算放大器的指标越来越趋于理想化，即

$$理想运放条件\begin{cases} R_i \to \infty \\ R_o \to 0 \\ A_{uo} \to \infty \\ I_{i+} = I_{i-} \to 0 \\ A_{u0} 与频率无关 \end{cases}$$

由理想运放的条件可知，两个输入端电流为零，相当于断开，这一现象称为"虚断路"。

所谓"虚断"，是指集成运放的两个输入端电流趋于零，但又不是真正的开路。

理想运放的模型如图 3-3 所示。在大多数实际应用过程中，理想运放模型不会带来不可接受的计算误差。因此，在今后的分析中，我们将集成运算放大器视为"理想"运算放大器。

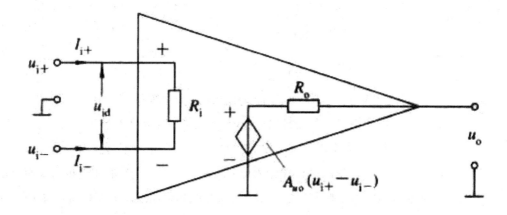

图 3-2　集成运算放大器模型

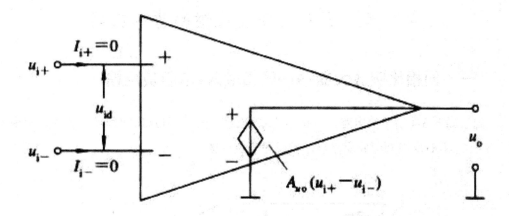

图 3-3   理想运放模型

二、集成运算放大器的电压传输特性

根据集成运算放大器的理想模型和理想运放条件，其输出电压 u_o 正比于同相端和反相端电压之差，即

$$u_o = A_{uo}\left(u_{i+} - u_{i-}\right) = A_{uo}u_{id}$$

据此，可绘制运算放大器的传输特性曲线。必须指出，运算放大器的最大输出电压受正、负电源电压的限制，通常运放的电源电压为 $\pm 15\,V$、$\pm 12\,V$ 等，为了降低运放的功率损耗，当前的电源电压越来越低，有 $\pm 5.5\,V$、$\pm 3.3\,V$，甚至更低（$1.8\,V$）。所以，运放输出电压最大值必小于 U_{CC}（$|U_{EE}|$），对于轨对轨（Rail-to-Rail）的运放，其输出电压最大值可达电源电压，记为 U_{oH} 和 U_{oL}。显然，输出电压最大值有限，运放开环放大倍数 A。又很大，那么达到最大输出电压的输入差模电压就很小。

工作在线性放大区，u_{id} 很小，两输入端可视为"虚短路"；而工作在限幅区，u_{id} 可以很大，两输入端不能视为"虚短路"。

实际上，A_{uo} 很大，线性范围极小，且很不稳定，由于内部电路的微小偏差，会使运放偏离线性区而进入限幅区，导致输出 u_o 为正电源电压或负电源电压。所以说，运放开环工作是不能作为放大器来使用的。为了展宽线性范围和稳定工作，几乎所有运放都要引进深度负反馈而构成闭环来应用。

第二节 引入电阻负反馈的基本应用

一、同相比例放大器——同相输入+电阻负反馈

观察如图 3-4 所示的电路，以运放为基本放大器，信号从运放同相端输入，输出电压 u_o 经电阻 R_2 反馈到运放反相端，构成深度负反馈。

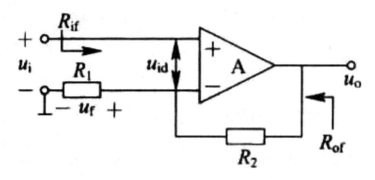

图 3-4　同相比例放大器电路

图 3-4 中，输入电压为 u_i，反馈电压 $u_1 = \dfrac{R_1}{R_1 + R_2} u_o$，若 u_i 增大，则会发生如下过程：

$$u_i \uparrow \rightarrow u_{i+} \uparrow \rightarrow u_o \uparrow \rightarrow u_f = \frac{R_1}{R_1 + R_2} u_o \uparrow = u_{i-} \uparrow$$

反相端电压与同相端电压跟随同步变化，使净输入电压 u_{id} 保持为零，即

$$u_{id} = u_{i+} - u_{i-} = u_i - u_f = u_i - \frac{R_1}{R_1 + R_2} u_o = 0$$

故可保证运放工作在线性区，同相端与反相端维持"虚短路"状态，因为 $u_{id}=0$，$u_i=u_f$，所以

$$u_o = \frac{R_1 + R_2}{R_1} u_i$$

故闭环增益 A_{uf} 为

$$A_{uf} = \frac{u_o}{u_i} = 1 + \frac{R_2}{R_1}$$

同相比例放大器的闭环电压传输特性曲线如图 3-5 所示。

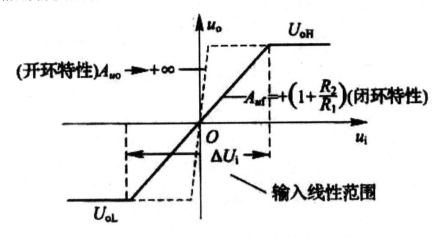

图 3-5 同相比例放大器的电压传输特性曲线

由图 3-5 可见，同相比例放大器将输入线性范围扩展为

$$\Delta U_i \approx \frac{U_{oH} - U_{oL}}{A_{\mathrm{uf}}}$$

同相比例放大器的放大倍数 $A_{uf} \geqslant 1$。图 3-4 中，若 $R_1 \to \infty$，$R_2 = 0$，则 $A_{uf} = 1$，$u_o = u_i$，则运放构成"电压跟随器"，如图 3-6 所示。

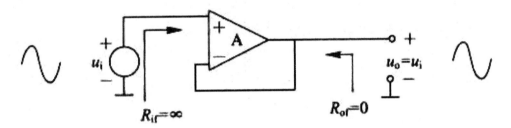

图 3-6 电压跟随器

理想运放构成的同相比例放大器的输入电阻 $R_{if} = \infty$，输出电阻 $R_{of} = 0$。

二、反相比例放大器——反相输入+电阻负反馈

1.闭环增益与电压传输特性

由运放组成的反相比例放大器电路如图 3-7（a）所示，将运放输出电压 u_o 经电阻 R 引向运放反相端构成深度负反馈，因为当 u_i 升高时，就有如图 3-7（b）所示的过程发生，而使反相端电压维持为零，即 U_-（U_Σ）=U_+=0，运放输入端呈"虚短路"状态，从而保证运放工作在线性放大区。

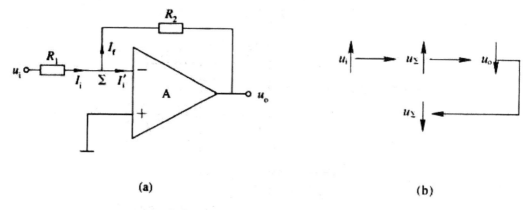

(a)　　　　　　　　　　　　　　　　　(b)

图 3-7　反相比例放大器电路

由图 3-7（a）可见

$$
\begin{cases}
u_0 = A_{uo}\left(u_{i+} - u_{i-}\right) \\
u_{i+} = 0 \\
u_{i-} = \dfrac{R_2}{R_1 + R_2}u_i + \dfrac{R_1}{R_1 + R_2}u_o
\end{cases}
$$

因为 $A_{uo} \to \infty$，为保证运放工作在线性区，则必有

$u_{i+} - u_{i-} = 0$，$u_{i-} = u_{i+} = 0$，"Σ" 点称为 "虚地点"。

故反相比例放大器输出电压关系式为

$$
u_o = -\frac{R_2}{R_1}u_i
$$

闭环增益即放大倍数

$$
A_{uf} = \frac{u_o}{u_i} = -\frac{R_2}{R_1}
$$

该电路的闭环电压传输特性曲线如图 3-8 所示。

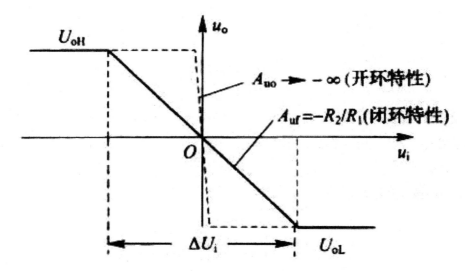

图 3-8　反相比例放大器的电压传输特性曲线

该电路线性输入范围扩展为

$$\Delta U_i = \frac{U_{oH} - U_{oL}}{\left| A_{\mathrm{uf}} \right|}$$

反相比例放大器的另一种求解方法是根据"$\sum$"节点电流为零来求解。如图 3-9 所示，输入电流为 I_i，反馈电流为 I_f，净输入电流为 I_i'，且有

$$I_i' = I_i - I_{\mathrm{f}} = 0$$

运放输入端不吸收电流，即"虚断路"，故有

$$I_i = I_{\mathrm{f}}$$

又因为反相端$\sum$点为"虚地"，即

$$u_{i-} = u_{i+} = 0$$

$$I_i = \frac{u_i - u_{i-}}{R_1} = \frac{u_i}{R_1}$$

$$I_{\mathrm{f}} = \frac{u_{i-} - u_o}{R_2} = -\frac{u_o}{R_2}$$

故有

$$I_i = I_f = \frac{u_i}{R_1} = -\frac{u_o}{R_2}$$

$$A_{uf} = \frac{u_o}{u_i} = -\frac{R_2}{R_1}$$

反相比例放大器的闭环增益为"负"，说明输出电压 u_o 与输入电压 u_i 相位相反，开环增益绝对值等于电阻 R_2 与 R_1 的比值，故可大于 1（$R_2 > R_1$）、小于 1（$R_2 < R_1$）或等于 1（$R_2 = R_1$）。

2.闭环输入电阻 R_{if}

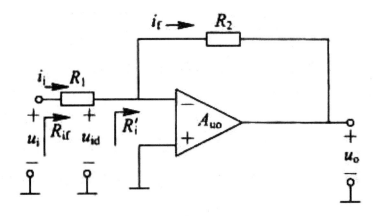

图 3-9　反相比例放大器的闭环输入电阻

如图 3-9 所示，反相比例放大器的闭环输入电阻

$$R_{if} = \frac{u_i}{i_i} = R_1 + R_i^{'}$$

其中，

$$\begin{cases} R_i^{'} = \dfrac{u_{id}}{i_f} \\[3mm] i_f = \dfrac{u_{id} - u_o}{R_2} = u_{id}\,\dfrac{1 - u_o/u_{id}}{R_2} = u_{id}\,\dfrac{1 - \left(-\left|A_{uo}\right|\right)}{R_2} \end{cases}$$

故虚地点的等效电阻

$$R_i^{'} = \frac{u_{id}}{i_f} = \frac{R_2}{1 + \left|A_{uo}\right|} \approx 0$$

那么反相比例放大器的闭环输入电阻

$$R_{if} = \frac{u_i}{i_i} = R_1 + R_i' \approx R_1$$

反相比例放大器的闭环输入电阻如图 3-10 所示。

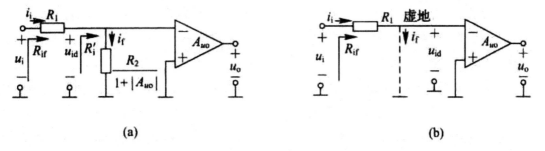

图 3-10　反相比例放大器的闭环输入电阻

（a）等效输入电阻；（b）简化等效输入电阻

反相比例放大器的闭环输出电阻仍为零，即 $R_{of}=0$。

第三节　加法器

加法器（如图 3-11、3-12）是产生数的和的装置。加数和被加数为输入，和数与进位为输出的装置为半加器。若加数、被加数与低位的进位数为输入，而和数与进位为输出则为全加器。常用作计算机算术逻辑部件，执行逻辑操作、移位与指令调用。在电子学中，加法器是一种数位电路，其可进行数字的加法计算。三码，主要的加法器是以二进制作运算。由于负数可用二的补数来表示，所以加减器也就不那么必要。

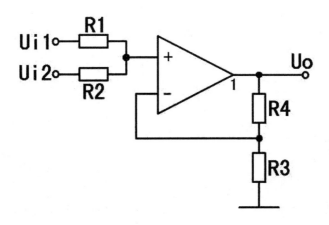

图 3-11　加法器

加法器是为了实现加法的。

加法器概念：

对于 1 位的二进制加法，相关的有五个的量：①被加数 A。②加数 B。③前一位的进位 CIN。④此位二数相加的和 S。⑤此位二数相加产生的进位 COUT。前三个量为输入量，后两个量为输出量，五个量均为 1 位。

对于 32 位的二进制加法，相关的也有五个量：①被加数 A（32 位）。②加数 B（32 位）。③前一位的进位 CIN（1 位）。④此位二数相加的和 S（32 位）。⑤此位二数相加产生的进位 COUT（1 位）。

要实现 32 位的二进制加法，一种自然的想法就是将 1 位的二进制加法重复 32 次（即逐位进位加法器）。这样做无疑是可行且易行的，但由于每一位的 CIN 都是由前一位的 COUT 提供的，所以第 2 位必须在第 1 位计算出结果后，才能开始计算；第 3 位必须在第 2 位计算出结果后，才能开始计算，等等。而最后的第 32 位必须在前 31 位全部计算出结果后，才能开始计算。这样的方法，使得实现 32 位的二进制加法所需的时间是实现 1 位的二进制加法的时间的 32 倍。

基本方法：

可以看出，上法是将 32 位的加法 1 位 1 位串行进行的，要缩短进行的时间，就应设法使上叙进行过程并行化。

逐位进位加法器，在每一位的计算时，都在等待前一位的进位。那么不妨预先考虑进位输入的所有可能，对于二进制加法来说，就是 0 与 1 两种可能，并提前计算出若干位针对这两种可能性的结果。等到前一位的进位来到时，可以通过一个双路开关选出输出结果。这就是进位选择加法器的思想。提前计算多少位的数据为宜。同为 32 位的情况：线形进位选择加法器，方法是分 N 级，每级计算 32/N 位；平方根进位选择加法器，考虑到使两个路径：①提前计算出若干位针对这两种可能性的结果的路径。②上一位的进位通过前面的结构的路径）的延时达到相等或是近似。方法：或是 2345666 即第一级相加 2 位，第二级 3 位，第三级 4 位，第四级 5 位，第五级 6 位，第六级 6 位，第七级 6 位；或是 345677 即第一级相加 3 位，第二级 4 位，第三级 5 位，第四级 6 位，第五级 7 位，第六级 7 位。

进一步分析加法进行的机制，可以使加法器的结构进一步并行化。

令 $G=AB$，$P=A \oplus B$，则 COUT（G，P）$=G+P\text{CIN}$，S（G，P）$=P \oplus \text{CIN}$。由此，A，B，CIN，S，COUT 五者的关系，变为了 G，P，CIN，S，COUT 五者的关系。

再定义点运算（·），（G，P）·（G'，P'）$=$（$G+PG'$，PP'），可以分解（$G3:2$，$P3:2$）$=$（$G3$，$P3$）·（$G2$，$P2$）。点运算服从结合律，但不符合交换律。

点运算只与 G，P 有关而与 CIN 无关，也就是可以通过只对前面若干位 G，P 进行点运算计算，就能得到第 N 位的 GN：M，PN：M 值，当取 M 为 0 时，获得的 GN：0，PN：0 即可与初使的 CIN 一起代入 COUT（G，P）=G+PCIN，S（G，P）=P⊕CIN，得到此位的 COUT，S；而每一位的 G，P 值又只与该位的 A，B 值即输入值有关，所以，在开始进行运算后，就能并行的得到每一位的 G，P 值。

以上分析产生了超前进位加法器的思想：三步运算：①由输入的 A，B 算出每一位的 G，P；②由各位的 G，P 算出每一位的 GN：0，PN：0；③由每一位的 GN：0，PN：0 与 CIN 算出每一位的 COUNT，S。其中第 1，3 步显然是可以并行处理的，计算的主要复杂度集中在了第 2 步。

第 2 步的并行化，也就是实现 GN：0，PN：0 的点运算分解的并行化。

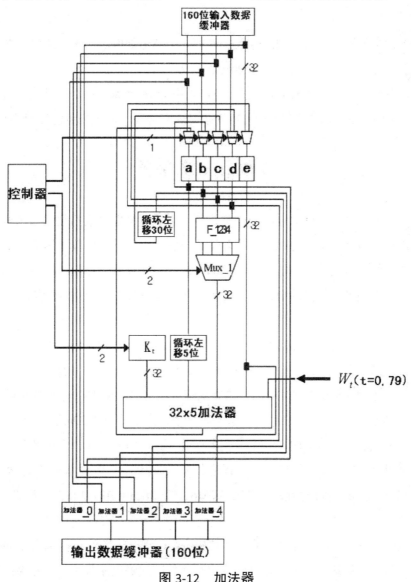

图 3-12　加法器

加法器类型：

以单位元的加法器来说，有两种基本的类型：半加器和全加器，半加器有两个输入和两个输出，输入可以标识为 A、B 或 X、Y，输出通常标识为合 S 和进制 C。A 和 B 经 XOR 运算后即为 S，经 AND 运算后即为 C。

全加器引入了进制值的输入，以计算较大的数。为区分全加器的两个进制线，在输入端的记作 Ci 或 Cin，在输出端的则记作 Co 或 Cout。半加器简写为 H.A.，全加器简写为 F.A.。

半加器：半加器的电路图半加器有两个二进制的输入，其将输入的值相加，并输出结果到和（Sum）和进制（Carry）。半加器虽能产生进制值，但半加器本身并不能处理进制值。

全加器：全加器三个二进制的输入，其中一个是进制值的输入，所以，全加器可以处理进制值。全加器可以用两个半加器组合而成。

注意，进制输出端的最末个 OR 闸，也可以用 XOR 闸来代替，且无须更改其余的部分。因为 OR 闸和 XOR 闸只有当输入皆为 1 时才有差别，而这个可能性已不存在。

第四节　减法器

减法电路是基本集成运放电路的一种，算术运算电路主要包括数字加法器电路、数字减法器电路、数字乘法器电路和数字除法器电路。由于基本的算术运算加法、减法、乘法、除法最终都可归结为加法或减法运算，因此，在算术运算电路中数字加法器电路与数字减法器电路是最基础的电路。一般是由集成运放外加反馈网络所构成的运算电路来实现。

数字减法器电路的基本原理编辑：对于两个二进制数 x 和 y，用"x-y"表示他们的二进制差，其结果有如下四种情形：1.0-0=0；2.1-0=1；3.1-1=0；4.10-1=1。

对于上述四种情形中的"10-1=1"的特殊情形，也即当 x=10（即十进制的 2），y=1 时，它们的二进制差为 1，这表明在二进制减法中，作差过程存在向前一位借位的情形。

串行进位减法器电路编辑：一个 n 位串行进位减法器是由 n 个全减器的借位位首尾相连、依次串联在一起形成的，在串行进位减法器中，其借位从最低有效位（Least Significant Bit，LSB）传到其最高有效位（Most Significant Bit，MSB）需要很长的时间（电路的延时）。

串行进位减法器电路的主要优点是：结构简单、便于连接和 IC 版图设计的实现；但其缺点是：执行运算速度较慢。这是因为串行进位减法器电路每一位的相减必须等到它前一位的计算结果，最高位相减必须等到它前面的所有位都完成相减才能进行。由于全减器只有在它的输入位有效时它的输出结果才是有效的，最左端的电路是最后响应的，这样全减器的输出结果才是正确的。因此，串行进位减法器电路总的延时取决于每一个全减器电路的信号传输延时，而信号的传输延时又与逻辑门的工艺有关，所以，串行进位减法器电路的时间延时和电路中逻辑门的工艺相关。

数字减法器电路的性能指标编辑：目前，针对数字电路研究的主要目标都是提高电路的运算速度、降低电路的功耗和减少电路逻辑输出的误差，因此，延时、功耗和误差是数字电路三个最重要的性能指标。

1.运算速度指标——延时

数字电路的延时主要是指信号的传输延时，电路的延时与逻辑门的工艺设计相关，延时限制了电路的工作速度，所以对电路的延时优化一直是很多学者研究的热点。全减器模块作为最基本的电路组成部件，整个电路的延时取决于全减器模块的延时，因此，对全减器模块延时的优化工作显得尤为重要。对于全减器来说，延时优化主要方法是减小信号在关键路径上的延时；对于串行进位减法器电路来说，关键路径就是指信号进位位支路（也就是对电路中所有的输入来说，信号延时时间最大时的情形），减小进位位支路的延时时间，对于提高串行进位减法器电路运算速度具有重要意义。

近年来，随着电路低功耗设计的要求，电源电压随之降低，而电源电压的降低又会增大电路中信号的传输延时时间，进而影响电路的逻辑输出结果。尤其是在时钟周期固定的同步电路中，如何保证电路正确的逻辑输出结果，实现电路的可靠性设计和最大限度的降低功耗是当前电路设计研究的主要课题。

2.能量消耗指标——功耗

CMOS 电路中功耗由两部分组成：动态功耗、静态功耗。动态功耗主要是由 CMOS 电路中逻辑门工作过程中负载电容充放电时引起的功耗，主要包括翻转功耗（翻转指的是电路中信号 0→1 或 1→0 的变换）和短路功耗。翻转功耗是数字电路要完成逻辑功能计算所必须消耗的功耗，也称为有效功耗；短路功耗是由于 CMOS 在翻转过程中 PMOS 管和 NMOS 管同时导通时所消耗的功耗，也称无效功耗；静态功耗是由于漏电电流引起的功耗。通常静态功耗与电路中的器件相关，在电路设计过程中，如何降低整体的电路功耗已成为当今电路研究者与设计者十分关注的问题，特别是要考虑到如何降低电路的动态功耗。

3.可靠性指标——误差

在同步电路中，由于时钟周期的存在，一旦电路总的延时时间超过了时钟周期，那么在时钟周期内我们采样得到的电路输出结果与理论上电路正确的逻辑输出结果不同，此时电路实际上输出的是错误的结果。因此，如何保证电路最终的输出结果是正确的，最大限度地减小误差也是目前电路研究的一个热点方向。

第五节　引入电容负反馈的基本应用——积分器微分器

一、积分器

所谓积分器，其功能是完成积分运算，即输出电压与输入电压的积分成正比：

$$u_o(t) = \frac{1}{\tau} \int u_i(t) dt$$

图 3-13 所示的电路就是一个理想反相积分器。以下将从时域和频域两个方面对该电路进行分析。

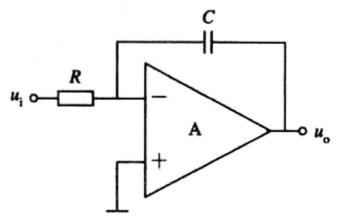

图 3-13　反相积分器电路

在时域，设电容电压的初始值为零（$u_C(0) = 0$），则输出电压 $u_o(t)$ 为

$$u_o(t) = -u_C(t) = -\frac{Q_C}{C} = -\frac{\int i_C(t) dt}{C}$$

式中，电容 C 的充电电流 $i_C = \frac{u_i(t)}{R}$。所以，$u_o(t) = -\frac{1}{RC} \int u_i(t) dt = -\frac{1}{\tau} \int u_i(t) dt$

式中，$\tau = RC$，称积分时常数，可见该电路实现了积分运算。

从频域角度分析，根据反相比例放大器的运算关系，该电路的输出电压的频域表达式为

$$u_o(j\omega) = -\frac{\dfrac{1}{j\omega C}}{R}u_i(j\omega) = -\frac{1}{j\omega RC}u_i(j\omega)$$

积分器的传递函数为

$$A_u(j\omega) = \frac{U_o(j\omega)}{U_i(j\omega)} = -\frac{1}{j\omega RC}$$

或复频域的传递函数为

$$A(s) = -\frac{1}{sRC}$$

传递函数的模

$$\left|A_u(j\omega)\right| = \frac{1}{\omega RC}$$

附加相移

$$\Delta\varphi(j\omega) = -90°$$

利用对数坐标，表示积分器的频率特性如下：

$$20\lg\left|A_u(j\omega)\right| = 20\lg\frac{1}{\omega RC} = -20\lg\omega RC\,(dB)$$

画出积分器的对数频率特性，如图 3-14 所示。

如果将相减器的两个电阻 R_3 和 R_4 换成两个相等电容 C，而使 $R_1=R_2=R$，则构成了差动积分器。这是一个十分有用的电路，如图 3-15 所示。其输出电压 u_o（t）的时域表达式为

$$u_o(t) = \frac{1}{RC}\int(u_{i1} - u_{i2})dt$$

频域表达式为

$$u_o(j\omega) = \frac{1}{j\omega RC}\left[u_{i1}(j\omega) - u_{i2}(j\omega)\right]$$

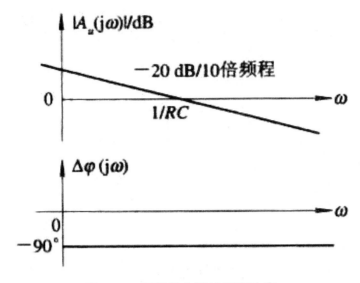

图 3-14　理想积分器的频率响应

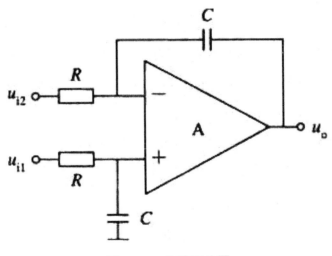

图 3-15　差动积分器

二、微分器

积分运算与微分运算是对偶关系，将积分器的积分电容和电阻的位置互换，就成了微分器，如图 3-16 所示。微分器的传输函数为

$$A(j\omega) = -j\omega RC \quad （频域表达式）$$

或

$$A(s) = -sRC \quad （复频域表达式）$$

其频率响应如图 3-17 所示。

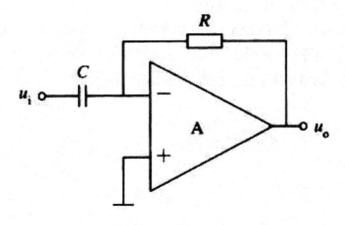

图 3-16　微分器

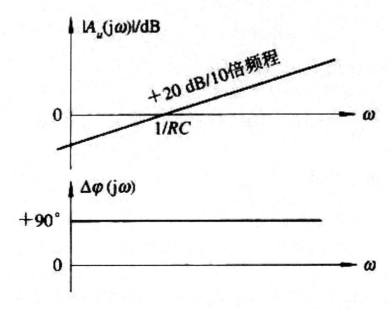

图 3-17　理想微分器的频率响应

输出电压 u_o（t）与输入电压 u_i（t）的时域关系式为

$$u_o(t) = -i_\mathrm{f} R$$

式中：

$$i_\mathrm{f} = C\frac{du_C(t)}{dt} = C\frac{du_i(t)}{dt}$$

所以

$$u_o(t) = -RC\frac{du_i(t)}{dt}$$

可见，输出电压和输入电压的微分成正比。

微分器的高频增益大。如果输入含有高频噪声，则输出噪声也将很大；如果输入信号中有大的跳变，会导致运放饱和，而且，微分电路工作稳定性也不好。所以微分器很少有直接应用的。在需要微分运算之处，尽量设法用积分器代替。例如，解如下微分方程：

$$\frac{d^2u_o(t)}{dt} + 10\frac{du_o(t)}{dt} + 2u_o(t) = u_i(t)$$

经移项、积分，有

$$\frac{du_o(t)}{dt} = \int\left[u_i(t) - 10\frac{du_o(t)}{dt} - 2u_o(t)\right]dt$$

$$u_o(t) = \iint u_i(t)dt - 2\iint u_o(t)dt - 10\int u_o(t)dt$$

可见，利用积分器和加法器可以求解微分方程。

第六节　电压-电流（V/I）变换器和电流（I/V）变换器

一、V/I 变换器

在某些控制系统中，负载要求电流源驱动，而实际的信号又可能是电压源。这在工程上就提出了如何将电压源信号变换成电流源的要求，而且不论负载如何变化，电流源电流只取决于输入电压源信号，而与负载无关。又如，在信号的远距离传输中，由于电流信号不易受干扰，因此，也需要将电压信号变换为电流信号来传输，图 3-18 给出了一个 V/I 变换的例子，图中负载为"接地"负载。

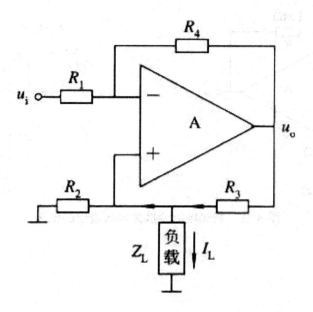

图 3-18　V/I 变换电路

由图可见:

$$U_+ = \left(\frac{u_o - U_+}{R_3} - I_L\right)R_2, \quad U_- = \frac{R_4}{R_1 + R_4}u_i + \frac{R_1}{R_1 + R_4}u_o$$

由 $U_+ = U_-$，且设 $R_1 R_3 = R_2 R_4$，则变换关系可简化为

$$I_L = -\frac{u_i}{R_2}$$

可见，负载电流 I_l 与 u_i 成正比，且与负载 Z_L 无关。

二、I/V 变换器

有许多传感器产生的信号为微弱的电流信号，将该电流信号转换为电压信号可利用运放的"虚地"特性。图 3-19 所示就是光敏二极管或光敏三极管产生的微弱光电流转换为电压信号的电路。显然，对运算放大器的要求是输入电阻要趋向无穷大，输入偏流 I_B 要趋于零。这样，光电流将全部流向反馈电阻 R_f，输出电压 $u_o = -R_f i_l$。这里 i_l 就是光敏器件产生的光电流。例如，运算放大器 CA3140 的偏流 $I_B = 10^{-2}$ nA，故其就比较适合做光电流放大器。

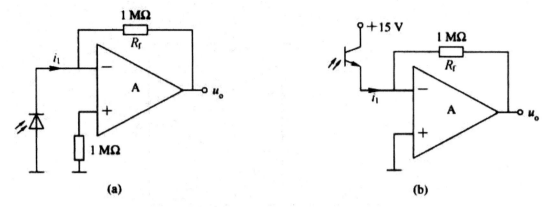

图 3-19　将光电流变换为电压输出的电路

第四章　单管音频放大电路的制作

第一节　项目任务提出

传声器工作时将声信号转变为电信号的幅度一般只有几个毫伏，不足以推动较大功率的扬声器（喇叭）发声，只有经过扩音器放大后，将微弱的电信号转换成较大功率的电信号，才能送入扬声器发出较大的声音。放大电路的作用就是将小的或微弱的电信号（电压、电流电功率）转换成较大的电信号。

放大电路（如扩音器）一般主要由电压放大和功率放大两部分组成，先由电压放大电路将微弱的电信号放大去推动功率放大电路，再由功率放大电路输出足够的功率去推动执行元件（如扬声器）。

电压放大电路按构成器件可以分为分立器件放大电路和集成电路放大电路。本项目制作主要采用三极管实现电压放大功能。

第二节　三极管共射极放大电路分析及仿真

一、三极管简介

三极管是晶体三极管的简称（电路中通常用字母"T"表示），是典型的半导体元件，在电路中具有电流放大（$I_C=\beta I_B$）和开关的作用。

1.分类

大不同的使用条件选用的三极管从外形来看具有不同的外形特征。

另外，三极管也可以按以下方式进行分类：

（1）按构成晶体管的半导体材料分：硅管、锗管；

（2）按晶体的内部结构分：NPN管、PNP管；

（3）按晶体管的功率分大、中、小功率管；

（4）按晶体管的工作频率分：高频晶体管、低频晶体管。

2.三极管的结构

三极管从内部结构来看是两个 PN 结经过一定工艺并联构成。两个 PN 结并联方向不同，从而形成 PNP 和 NPN 两种类型三极管。

NPN 型、PNP 型三极管都有三个区：基区、集电区和发射区；三个电极：基极、集电极和发射极（分别是从三个区引出的三个引脚）；两个结：发射结（e 结）和集电结（c 结）；图中箭头符号表示：当发射结加正向电压时，发射极的电流流向。

3.三极管的特性曲线

三极管的特性曲线是指电流和电压之间的关系，主要包括输入特性曲线和输出特性曲线。以 NPN 型三极管共发射极电路为例介绍：

（1）输入特性曲线

指当集-射极电压 U_{CE} 为常数时，输入回路中基极电流 I_B 与集-射极电压 U_{BE} 之间的关系曲线。

即 $I_B = f\left(U_{BE}\right)\Big|_{U_{CE}=常数}$，如图 4-1（a）所示。

由图可见，和二极管的伏安特性一样，三极管的输入特性也有一段死区，只有当 U_{BE} 大于死区电压时，三极管才会出现基极电流 I_B。通常硅管的死区电压约为 0.5 V，锗管约为 0.1 V。在正常工作情况下，NPN 型硅管的发射结电压 UBE 为 0.6~0.8V，PNP 型锗管的发射结电压 U_{BE} 为 0.1~0.3 V。

（2）输出特性曲线

指当基极电流 I_B 一定时，集电极电流 I_C 与集-射极电压 U_{CE} 之间的关系曲线。在不同的 I_B 下，可得出不同的曲线，所以，三极管的输出特性是一组曲线。通常把输出特性曲线分为三个工作区。

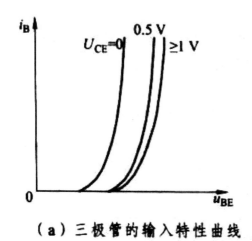

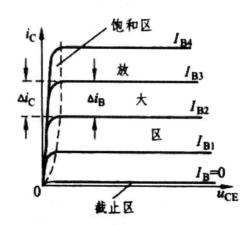

（a）三极管的输入特性曲线　　（b）三极管的输出特性曲线

图 4-1　三极管的特性曲线

①放大区：输出特性曲线的近于水平部分是放大区。在放大区，$I_C=\beta I_B$，由于在不同的 I_B 下电流放大系数近似相等，所以，放大区也称为线性区。三极管要工作在放大区，发射结必须处于正向偏置，集电结则应处于反向偏置，对硅管而言应使 $U_{BE}>0$，$U_{BC}<0$。

②截止区：$I_B=0$ 的曲线以下的区域称为截止区。实际上，对 NPN 硅管而言，当 $U_{BE}<0.5$ V 时即已开始截止，但是为了使三极管可靠截止，常使 $U_{BE}\le 0V$，此时发射结和集电结均处于反向偏置。

③饱和区：输出特性曲线的陡直部分是饱和区，此时 I_B 的变化对 I_C 的影响较小，放大区的 β 不再适用于饱和区。在饱和区，$U_{CE}<U_{BE}$，发射结和集电结均处于正向偏置。

二、三极管放大电路

（一）三极管共射基本放大电路

1.放大电路中电压和电流的表示方法

由于放大电路中既有需要放大的交流信号 u_i，又有为放大电路提供能量的直流电源 U_{cc}，所以，三极管各极电压和电流中都是直流分量与交流分量共存，如图 4-2 所示，以 $u_{BE}=U_{BE}+u_{be}$ 为例，画出了 u_{BE} 的组成，其中

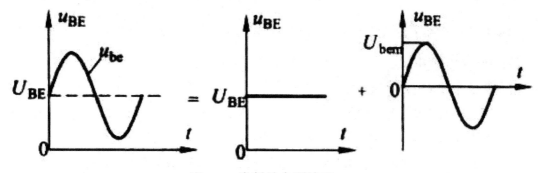

图 4-2 发射结电压波形

u_{BE}——发射结电压的瞬时值，它即包含直流分量也包含交流分量。

U_{BE}——发射结的直流电压，也是 UBE 中的直流分量，它是由直流电源 U_{cc} 产生的。

u_{be}——发射结的交流电压，也是 u_{be} 中的交流分量，它是由输入电压产生的。

U_{bem}——发射结交流电压的幅值。

U_{be}——发射结交流电压的有效值。

同理，对于基极电流 $i_B=I_B+i_b$、集电极电流 $i_C=I_C+i_c$ 和集射极电压 $u_{CE}=U_{CE}+u_{ce}$ 是表示它们的瞬时值，既包含直流值，也包含交流值。而 I_B、I_C 和 U_{CE} 表示直流分量，i_b、i_c 和 u_{ce} 表示交流分量。

2.放大电路的组成和工作原理

共发射极放大电路如图 4-3（a）所示，其工作波形如图 4-3（b）所示。它由三极管 T、电阻 R_b 和 R_c、电容 C_1 和 C_2 以及集电极直流电源 U_{cc} 组成。u_i 为信号源的端电压，也是放大电路的输入电压，u_o 为放大电路的输出电压，R_L 为负载电阻。

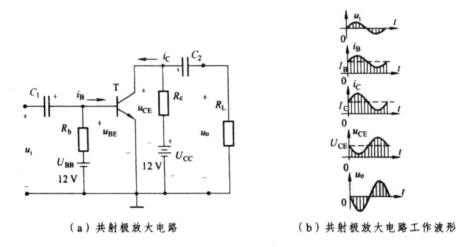

（a）共射极放大电路　　　　　　（b）共射极放大电路工作波形

图 4-3　共射极基本放大电路

图 4-3 中各元件的作用：

三极管 T：是放大电路的核心器件，其作用是利用输入信号产生微弱的电流 i_b，控制集电极 i_c 变化，i_c 由直流电源 U_{cc} 提供并通过电阻 R_c（或带负载 R_L 时的 $R_L^{'} = R_e // R_L$）转换成交流输出电压。

基极电阻 R_b：基极偏置电阻，给基极提供一个合适的偏置电流 I_{BQ}；

集电极电阻 R_e：集电极负载电阻，将三极管的电流放大作用转变成电压放大作用；

电阻 R_s 和电源 u_s：信号源，给输入回路提供被放大的信号 u_i

基极极直流电源 U_{BB}：通过 R_b 为晶体三极管发射结提供正偏置电压；

集电极直流电源 U_{cc}：通过 R_c 为晶体三极管的集电结提供反偏电压，也为整个放大电路提供能量。

电阻 R_L：负载电阻。消耗放大电路输出的交流能量，将电能转变成其他形式的能量；

电容 C_1、C_2：耦合电容，起隔直导交的作用。

在实际工程中绘制电路图时往往省略电源不画，将图 4-3（a）画成图 4-4（a）的形式，用电压 V_{CC} 表示，这两个电路图的实际结构形式完全相同。由 PNP 型三极管构成的基本共发射极放大电路与 NPN 型电路的不同之处是电源电压 V_{CC} 为负值，电容 C_1、C_2 的极性调换，以后我们在绘制电路图时都将按这种形式绘制。

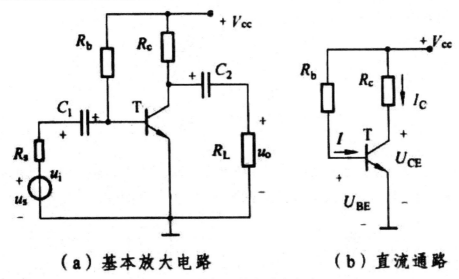

（a）基本放大电路　　　　（b）直流通路

图 4-4　共射极基本放大电路

三极管放大电路的分析主要包括直流（静态）分析和交流（动态）分析，其分析方法有图解法和微变等效分析法。图解法主要用于大信号放大器分析，微变等效分析法用于低频小信号放大器的动态分析。

（1）静态工作原理

所谓静态，是指输入交流信号 $u_i=0$ 时的工作状态。如图 4-4（a）所示电路可以等效为如图 4-4（b）所示电路，该电路称为基本共发射极放大电路的直流通道。在直流状态下，三极管各极的电流和各极之间的电压分别为：基极电流 I_{BQ}，集电极电流 I_{CQ}，基极与发射极之间的电压 U_{BEQ}，集电极与发射极之间的电压 U_{CEQ}。这几个值反映在如图 4-5所示输入、输出特性曲线上是一个点，所以称其为静态工作点（或称 Q 点）。

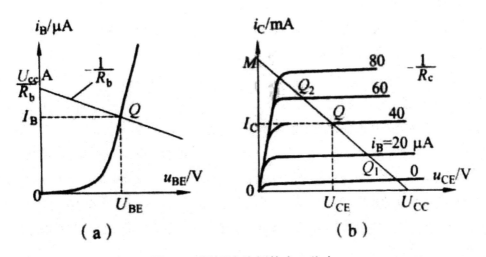

（a）　　　　　　　　　（b）

图 4-5　图解法分析静态工作点

画直流通路的方法：电容断路、电感短路、其他以三极管为核心照画。

由图 4-5（b）可知，根据 KVL 定律知点为：

$$I_{BQ} = \frac{U_{CC} - U_{BEQ}}{R_B}$$

$$I_{CQ} = \beta I_{BQ}$$

$$U_{CEQ} = U_{CC} - I_{CQ}R_C$$

（2）动态工作原理

所谓动态，是指放大电路输入信号 $u_i \neq 0$ 时的工作状态。基本共发射极放大电路的动态工作原理可用图 4-6 来说明，我们在这里仅考虑对 u_i 的放大作用。

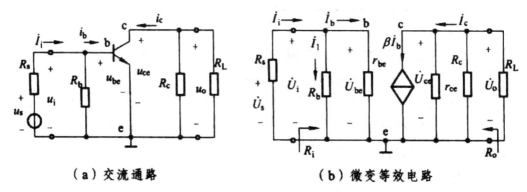

（a）交流通路　　　　　　　　　　　**（b）微变等效电路**

图 4-6　共射极放大电路的微变等效电路

从图 4-6（a）分析可知：

$$u_o = u_{ce} = -\left(R_C \, /\!/ \, R_L\right)i_C = -\left(R_C \, /\!/ \, R_L\right)\beta i_b$$

上式中的 "-" 表示输出信号 u_o 与输入信号 u_i 的相位相反，如图 4-6 所示。其中图 4-6（a）为交流通路。

画交流通路的方法：电容短路，电感断路，直流电源短路，其他以三极管为核心照画。通过以上分析，可以得出如下结论：

①当输入信号 $u_i=0$ 时，放大电路工作于静态，三极管各电极有着恒定的静态电流 I_{BQ} 和 I_{CQ}，各电极之间有着恒定的静态电压 U_{BEQ} 和 U_{CEQ}，这几个值称为静态工作点。设置静态工作点的目的是使三极管的工作状态避开死区。

②当输入信号 $u_i \neq 0$ 时，放大电路工作于动态，三极管各电极电流和各电极之间的电压跟随输入信号变化，都是直流分量与交流分量的叠加。由于集电极的交流分量 i_c 是基极电流交流分量 i_b 的 β 倍，因此，输出信号 u_o 比输入信号 u_i 的幅度大得多。

③输出信号 u_o 与输入信号 u_i 的频率相等，但相位相反，即共发射极放大电路具有倒相作用。

（二）三极管分压式共射放大电路

如图 4-7（a）所示为放大电路，利用 R_{b1} 与 R_{b2} 的分压作用、R_e 的电流负反馈作用来消除温度对静态工作点的影响，故又称为分压式电流负反馈偏置电路。下面具体介绍该电路稳定静态工作点的原理。该电路的直流通路如图 4-7（b）所示。

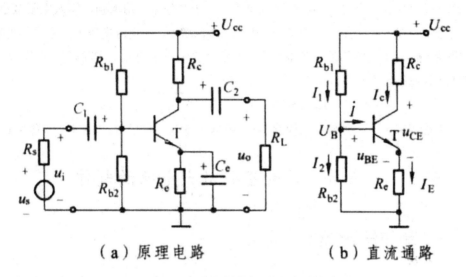

（a）原理电路　　　　（b）直流通路

图 4-7　分压式共射放大电路

即

$$I_1 = \frac{U_B}{R_{b2}} + \frac{U_B - U_{BE}}{(1+\beta)R_e}$$

如果合理选择 R_{b1} 和 R_e，可使 $R_{b2} \ll (1+\beta)R_e$，即有 $I_2 \gg I_B$，上式可近似为

$$I_1 \approx I_2 = \frac{U_B}{R_{b2}}$$

$$U_B \approx \frac{U_{CC}}{R_{b1}+R_{b2}} R_{b2}$$

上式说明，在满足 $R_{b2} \ll (1+\beta)R_e$ 的条件下，U_B 的大小基本上由 R_{b1} 和 R_{b2} 的分压来决定，与环境温度无关。这样，当温度升高引起集电极静态工作点电流 I_{CQ} 增大时，由于 $I_{EQ} = I_{CQ} + I_{BQ} \approx I_{CQ}$，$R_e$ 上的电压降 $U_E = R_e I_E$ 也增大，使 $U_{BE} = U_B - U_E$ 减小，I_{BQ} 减小，I_{CQ} 随之减小，从而克服了温度升高静态工作点上移的缺点。

上述稳定静态工作点的过程是一个自动调节的过程。为了使静态工作点的 I_{CQ} 不受温度变化的影响，只要 I_{CQ} 不受温度影响即可。由分析可知，当 $U_B \gg U_{BE}$ 时，由于 U_B 与温度无关，故不受温度影响。大综合以上分析，分压式电流负反馈偏置电路稳定静态工作点的条件是：

$$I_2 \gg I_B，即 R_{b2} \ll (1+\beta) R_e$$

$$U_B \gg U_{BE}，即 I_E \approx U_B/R_e$$

以上两个条件在实际应用中要兼顾放大电路的工作性能。因为，如果要使 $I_2 \gg I_B$，R_{b2} 就要选取得很小，这样，R_{b2} 对输入交流信号 i_i 的分流作用增强，输入电阻减小，加重了信号源 u_s 的负担；如果将 U_B 取得很大，U_E 也增大，在电源电压 U_{CC} 不变的情况下，U_{CEQ} 将减小，放大电路的动态范围减小，影响交流输出电压 u_o。实践研究证明，I_2 和 U_B 按下式选择比较合适：

$$I_2 \geq (5\text{-}10) I_{BQ}；U_B \geq (5\text{-}10) U_{BE}$$

在工程实际中，对硅材料三极管 U_B 一般取 3~5V，锗材料三极管 U_B 一般取 1~3 V。

第三节　单管音频放大电路的制作

一、制作任务分析

单管音频放大电路原理图，该电路主要包括三极管直流偏置电路，信号输入、输出电路，负载电路，音频信号源，音频功率放大电路五部分，其中 TDA2030 功率放大器（功放）模块见项目五"实用功率放大电路的制作"。

二、电路装调

1.三极管的识别与检测

（1）国产三极管型号命名方法

①3A**，表示该三极管为 PNP 型锗管。

②3B**，表示该三极管为 NPN 型锗管。

③3C**，表示该三极管为 PNP 型硅管。

④3D**，表示该三极管为 NPN 型硅管。

其中型号的第三位表示器件的类型，例如 G 代表高频小功率管，因此，3DG 就表示该三极管为 NPN 型高频小功率硅三极管，而 3AG 则表示该三极管为 PNP 型高频小功率锗三极管。

（2）三极管的检测方法

判定基极。用万用表 R×100 或 R×1k 挡测量三极管三个电极中每两个极之间的正、反向电阻值。当用第一根表笔接某一电极，而第二表笔先后接触另外两个电极均测得低阻值时，则第一根表笔所接的那个电极即为基极 b。这时，要注意万用表表笔的极性，如果红表笔接的是基极 b。黑表笔分别接在其他两极时，测得的阻值都较小，则可判定被测：三极管为 PNP 型管；如果黑表笔接的是基极 b，红表笔分别接触其他两极时，测得的阻值较小，则被测三极管为 NPN 型管。

判定集电极 c 和发射极 e。（以 PNP 为例）将万用表置于 R×100 或 R×1k 挡，红表笔接基极 b，用黑表笔分别接触另外两个管脚时，所测得的两个电阻值会是一个大一些，一个小一些。在阻值小的一次测量中，黑表笔所接管脚为集电极；在阻值较大的一次测量中，黑表笔所接管脚为发射极。

2.元器件的装配工艺要求

电阻采用水平安装方式，电阻体紧贴电路板，色环电阻的色环标志顺序方向一致。

电容器采用垂直安装方式，电容器底部离开电路板 5 mm，注意正负极性。

三极管采用垂直安装方式，注意正负极性。

3.电路的调试

（1）断电检查电路的通断

接通电源前，用万用表检测电路是否接通，对照电路图，从左向右，从上到下，逐个元件进行检测。

①检测电源的正、负极是否短路。

选择万用表的欧姆挡的 R×1k（或 R×100）档，用万用表的一个表笔接电路的公共接地端（电源的负极），另一个表笔接电路电源正端，如果万用表的指针偏转很大，接近 0 欧姆位置（刻度右边），则说明短路，如果表指针不动或偏转较小，则说明电源正负极没有短路。如果电源短路必须进行维修处理，绝对不能给电源短路的电路板供电。

②检测所有接地的引脚是否真正接到电源的负极。

选择万用表的欧姆挡的 R×1k（或 R×100）档，用万用表的一个表笔接电路的公共接地端（电源的负极），则另一个表笔接元件的接地端，如果万用表的指针偏转很大，接近 0 欧姆位置（刻度右边），则说明接通，如果表指针不动或偏转较小，则说明该元件的接地端子没有和电源的负极接通。

③检测所有接电源的引脚是否真正接到电源的正极。

选择万用表的欧姆挡的 R×1k（或 R×100）档，用万用表的一个表笔接电源的正极，另一个表笔接元件需接电源的端子，如果万用表的指针偏转很大，接近 0 欧姆位置（刻度右边），则说明接通，如果表指针不动或偏转较小，则说明没有和电源的正极接通。

④检测相互连接的元件之间是否真正接通。

选择万用表的欧姆挡的 R×1k（或 R×100）挡，用万用表的一个表笔接元件的一端；另一个表笔接和它相连的另一个元件的端子，如果万用表的指针偏转很大，接近 0 欧姆位置（刻度右边），则说明接通，如果表指针不动或偏转较小，则说明没有接通。

（2）通电调试电路功能

一般情况下，本电路只要元器件完好，装配无误，通电以后就能工作，如果电路工作不正常，则应通过测量得到的电压和电流值来分析，判断是三极管的静态工作点是否合适。

①检查核对元器件安装正确、极性无误，并按规定给电路 V_{CC} 接上 12V 稳定直流电压源。

②静态工作点的调整与测试。

调整 R_p，使三极管 VT 发射极电位 V_E=1.8V。保持 R_p 不变，分别测量三极管 VT 三电极上的电位 V_B、V_C、V_E，记录并完善。

③电压放大倍数测量。

在步骤（2）基础上，给电路信号输入端用低频信号源给电路接入 1 kHz 的正弦波信号，调整输入幅值大小，用示波器观察输出波形最大且不失真。此时用示波器测量输入输出波形幅值大小 U_i、U_o，记录并完善。

④静态工作点对输出信号的影响。

保持③中的输入信号和电路参数，在②中基础上调节 R_p，观察输出波形 u_o 的波形，记录上半周期和下半周期明显失真时的波形以及测量此时三极管三电极的电位 V_B、V_C、V_E，记录并完善表。

三、项目电路的故障分析与排除

1.项目电路关键点正常电压数据

（1）三极管静态工作点：$U_B \approx 2.5V$，$U_E \approx 1.8V$，$U_C \approx 7.7V$

（2）交流电压放大倍数：A_u=10~100。

2.故障检修技巧提示

（1）静态工作点不正常。

（2）信号弱或无信号输出。

第四节　项目总结与自我评价

1.任务总结

（1）三极管按结构分成 NPN 型和 PNP 型。但无论何种类型，内部都包含三个区、两个结并由三个区引出三个电极。

三极管是放大元件，主要是利用基极电流控制集电极电流以实现放大作用。实现放大的外部条件是：发射结正向偏置，集电结反向偏置。

三极管的输出特性曲线可划分为三个区：饱和区、放大区、截止区。描述三极管放大作用的重要参数是共射电流放大系数β。

（2）一个完整的放大电路通常由原理性元件和技术性元件两大部分组成。原理性元件组成放大电路的基本电路：一是由串联型或分压式完成的直流偏置电路；二是经电容耦合分为共射、共集、共基三种接法的交流通路。技术性元件是为完成放大器的特定功能而设定的。

（3）具有射极交流电阻的共射和共基放大电路的电压放大倍数计算公式相同。若无射极交流电阻时，令公式中 $R_e=0$ 即可。共集电路的电压放大倍数小于略等于1。U_o 与 U_i 的相位关系是共射反相位，A_u 为负，共集和共基均是同相位，A_u 为正。

（4）放大电路的输入电阻越大，表示放大器从信号源或前级放大器索取的信号电流越小，希望η大些好，共集电路的片最大，共基电路最小。

放大电路的输出电阻 r_o 越小，表明负载能力强，希望 r_o 小些好。共集电路的 r_o 最小，而共射和共基电路都比较大。

（5）放大电路不但要有正确的直流偏置电路，而且直流工作点设置必须合适；否则会产生失真现象。

2.任务评价

（1）评价内容

①演示的结果；

②性能指标；

③是否文明操作、遵守企业/实操室管理规定；

④项目制作调试过程中是否有独到的方法或见解；

⑤是否能与组员（同学）团结协作。

具体评价参考项目评价表。

（2）评价要求

①评价要客观公正；

②评价要全面细致；

③评价要认真负责。

第五章　双极型晶体管及其放大电路

第一节　双极型晶体管概述

一、双极型晶体管的封装

双极型晶体管也称为晶体三极管、半导体三极管，是一种电流控制电流的半导体器件。其作用是把微弱信号放大成幅度值较大的电信号，也用作无触点开关。晶体三极管，是半导体基本元器件之一，具有电流放大作用，是电子电路的核心元件。

二、晶体管的结构与类型

根据不同的掺杂方式在同一个硅片上制造出三个掺杂区域，并形成两个 PN 结，就构成晶体管。采用平面工艺制成的 NPN 型硅材料晶体管的结构如图 5-1（a）所示，位于中间的 P 区称为基区，它很薄且杂质浓度很低；位于上层的 N 区是发射区，掺杂浓度很高；位于下层的 N 区是集电区，面积很大。晶体管的外特性与三个区域的上述特点紧密相关。它们所引出的三个电极分别为基极 b、发射极 e 和集电极 c。

如图 5-1（b）所示为 NPN 型管的结构示意图，发射区与基区间的 PN 结称为发射结，基区与集电区间的 PN 结称为集电结。如图 5-1（c）为 NPN 型管和 PNP 型管的符号。

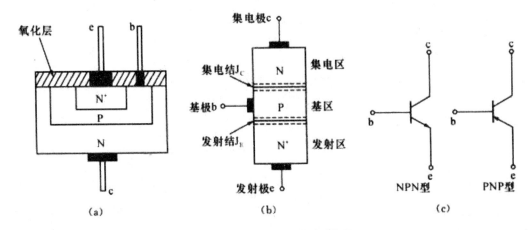

图 5-1　晶体管的结构与符号

本节以 NPN 型硅管为例讲述晶体管的放大作用、特性曲线和主要参数。

三、晶体管电流

未加偏置的晶体管像是两个背靠背的二极管，每个二极管的开启电压大约为 0.7 V。将外部电压源连接到晶体管上时，可以得到通过晶体管不同区域的电流。

1.发射极载流子

图 5-2 是施加偏置的晶体管，负号表示自由电子，重掺杂发射极的作用是将自由电子发射或注入基极。轻掺杂基极的作用是将发射极注入的电子传输到集电极。集电极收集或聚集来自基极的绝大部分电子，因而得名。

如图 5-2 所示是晶体管的常见偏置方式，其中左边的电源 V_{BB} 使发射结正偏，右边的电源 V_{CC} 使集电结反偏。

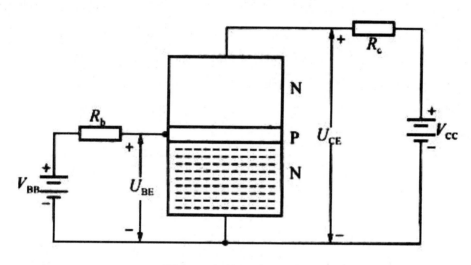

图 5-2　加偏置的晶体管

2.基极载流子

图 5-2 中，在发射结正偏的瞬间，发射极中的电子尚未进入到基区。如果 V_{BB} 大于发射极-基极的开启电压，那么发射极电子进入基区，如图 5-3 所示。理论上，这些自由电子可以沿着以下两个方向中任意一个流动。①向左流动并从基极流出，通过该路径上的 R_b，到达电源正极；②流到集电极。

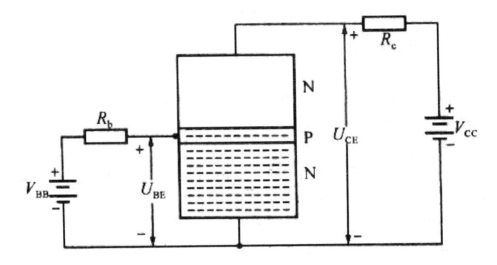

图 5-3　发射极将自由电子注入基极

那么在实际中自由电子会流向哪里呢？大多数电子会流到集电极。原因有两个：一是基极轻掺杂；二是基区很薄。轻掺杂意味着自由电子在基区的寿命长；基区很薄则意味着自由电子只需通过很短的距离就可以到达集电极。由于这两个原因，几乎所有发射极注入的电子都能通过基极到达集电极。只有很少的自由电子会与轻掺杂基极中的空穴复合，如图 5-4 所示，然后作为导电电子，通过基区电阻到达电源 V_{BB} 的正极。

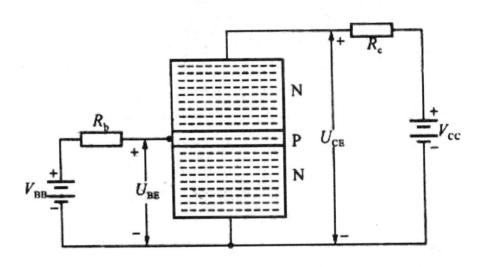

图 5-4　自由电子从基极流入集电极

3.集电极载流子

几乎所有的自由电子都能到达集电极。当它们进入集电极，便会受到电源电压 V_{CC} 的吸引，因而，会流过集电极和电阻 R_c，到达集电极电压源的正极。

总结如下：V_{BB} 使发射结正偏，迫使发射极的自由电子进入基极。基极很薄而且浓度低，使几乎所有电子有足够时间扩散到集电极。这些电子流过集电极和电阻 R_c，到达电压源 V_{CC} 的正极。

第二节　晶体管的共射特性曲线

进一步研究晶体管的外部特性，在两极之间加入一定的电压进行测试。由于晶体管是三端器件，必有一端为公共端，根据连接形式的不同，其外部特性有以基极为公共端的共基极特性和以发射极为公共端的共发射极特性之分。下面重点介绍共发射极特性。

共发射极特性的测试电路如图 5-5 所示。在图中，电源 V_{BB}、电阻 R_b 和基极-发射极（即发射结）构成输入回路；电源 V_{CC}、电阻 R_C 和集电极—发射极构成输出回路，其中，发射极为输入回路和输出回路的公共端，故由此得到的电路特性称为共发射极特性。

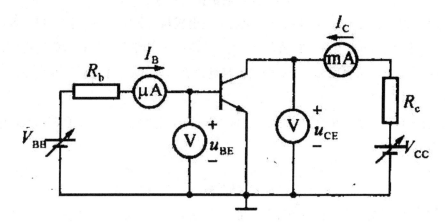

图 5-5　共发射极特性的测试电路

1.输入特性

对于输入回路来说，在给定 u_{CE} 的条件下，研究基极电流 I_B 与基极—发射极间电压 u_{BE} 的关系，即

$$i_B = f\left(u_{BE}\right)u_{CE} = 常数$$

可得到晶体管的输入特性。当 u_{CE} 为一系列值时，将得到一曲线族，如图 5-6 所示。

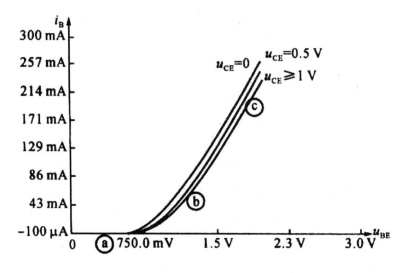

图 5-6　共发射极输入特性

从图 5-6 中可以看出，$u_{CE}=0$ 的曲线相当于集电极与发射极短路，即与二极管的伏安特性曲线类似。随着 u_{CE} 增大，曲线右移，且 u_{CE} 超过一定值后，曲线不再明显右移。因此，在一般情况下，可以用 $u_{CE}=1\,V$ 的曲线来近似表示 u_{CE} 大于 1 V 的所有曲线。

2.输出特性

对于输出回路来说，在给定 i_B 的条件下，研究集电极电流 i_C 与集电极—发射极间电压 u_{CE} 的关系，即

$$i_C = f\left(u_{CE}\right)\big|i_B = 常数$$

可得到晶体管的输出特性。当 i_B 为一系列值时，将得到如下曲线族，如图 5-7 所示。

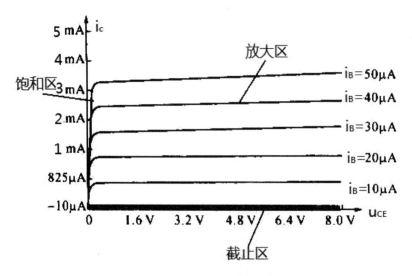

图 5-7　共发射极输出特性

从图 5-7 中可以看出，每一个确定的 i_B 对应一条曲线。每一条曲线的特点是，当 u_{CE} 从 0 逐渐增大时，i_c 以线性增大；当 u_{CE} 增大到一定值后，i_c 值基本恒定，几乎与 u_{CE} 无关。当然，也可以利用晶体管特性图示仪直接在屏幕上观察晶体管的输入和输出特性曲线，并测量有关参数，或利用计算机模拟软件得到晶体管的特性曲线。图 5-6 和图 5-7 就是利用 Multisim 仿真得到的输入和输出特性曲线。

如图 5-6 所示的输出特性曲线可以分为三个区域：

截止区：由图可见，$i_B \leq 0$，即 $u_{BE} \leq u_{on}$，且 $i_c \approx 0$，此时 u_{CE} 为一定值且大于 u_{BE}。因此，晶体管处于截止区的条件是：发射结电压小于导通电压，且集电结反偏。由于 $i_C \approx 0$，且 $u_c \gg 0$，故此时晶体管的集—射极间相当于一个断开的开关。

放大区：由图可见，$i_B \neq 0$，即 $u_{BE} > u_{ON}$，u_{CE} 有一定值且大于 u_{BE}。因此，晶体管处于放大区的条件是：发射结正偏，集电结反偏。

放大区的特性曲线有以下特点：

（1）当 u_{CE} 一定时，基极电流增加一个 Δi_B，集电极电流将增加一个 Δi_c，共射极交流电流放大系数为：

$$\beta = \frac{\Delta i_C}{\Delta i_B}\Big|u_{CE} = 常数$$

（2）对于曲线上的一点来说，共发射极直流电流放大系数为：

$$\overline{\beta} = \frac{i_C}{i_B}\Big|u_{CE} = 常数$$

因有 $\overline{\beta} \approx \beta$，故在实际应用中，$\overline{\beta}$ 与 β 是不加区别的。

当 E 增加时，i_c 是升高的，即输出特性曲线是倾斜的，将各条输出特性曲线向左方延长，将与横坐轴的负向相交于同一点，交点值为 $-u_A$。u_A 称为厄尔利（Early）电压，如图 5-8 所示。

在放大区，由于 i_C 与 i_B 成正比，故此时晶体管相当于一个由基极电流 i_B 控制集电极电流 i_C 的流控电流源。

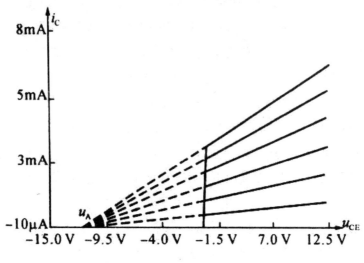

图 5-8　厄尔利（Early）电压

饱和区：由图可见，$i_B \neq 0$，即 $u_{BE} > ON$，i_C 有一定值，且 u_{CE} 很小（$u_{CE} = u_{CES}$ 为晶体管的饱和压降），$u_{CE} < u_{BE}$。因此，晶体管处于饱和区的条件是：发射结和集电结均正偏。由于 i_C 有一定值，且 u_{CE} 很小，故此时晶体管的集一射极间相当于一个闭合的开关。综上所述，当晶体管工作在截止区和饱和区时，晶体管相当于一个开关；当晶体管工作在放大区时，晶体管相当于一个流控电流源，集电极"放大"了基极电流 β 倍。因此，晶体管具有"开关"和"放大"两个作用。"开关"作用主要用于数字电路，产生 0、1 信号；"放大"作用主要用于模拟电路，以实现输入信号对输出信号的控制作用。

第三节　放大电路的分析方法

BJT 可以实现电流控制作用，利用 BJT 的这一特性可以组成各种基本放大电路。本节将以晶体管构成三种组态的基本放大电路为例，对放大电路进行静态分析和动态分析。

一、直流通路和交流通路

直流通路是在直流电源作用下直流电流流经的通路，也就是静态电流流经的通路，用于研究静态工作点。对于直流通路有：①交流电压信号源视为短路，交流电流信号源视为开路，保留其内阻；②电容视为开路；③电感线圈视为短路。

交流通路是交流输入信号作用下交流信号流经的通路，用于研究动态参数。对于交流通路，在中频区有：①直流电源视为短路（接地）；②大容量电容视为短路；③电感线圈视为开路。

求解静态工作点时应利用直流通路，求解动态参数时应利用交流通路，两种通路切不可混淆。静态工作点合适，动态分析才有意义。所以，对放大电路进行分析计算应包括两方面的内容：一是直流分析（静态分析），求出静态工作点；二是交流分析（动态分析），主要是计算电路的性能或分析电压、电流的波形等。

静态工作点的分析步骤如下：

1.画出放大电路的直流通路；

2.根据输入回路，求出 I_{BQ}、U_{BEQ}；

3.根据输出回路，求出 I_{CQ}、U_{CEQ}。

二、放大电路的微变等效电路分析法

BJT 特性的非线性使其放大电路的分析变得非常复杂，不能直接采用线性电路原理来分析计算。但在输入信号电压幅值比较小的条件下，可以把 BIT 在静态工作点附近小范围内的特性曲线近似的用直线代替，这时可以把 BJT 用小信号模型代替，从而将由 BJT 组成的放大电路当成线性电路来理解，这就是微变等效电路分析法。需要强调的是：使用这种方法的条件是放大电路的输入信号为低频小信号。

可以将 BIT 看成一个双口网络，根据输入、输出端口的电压、电流关系式求出相应的网络参数，从而得到它的等效模型。

三、共射极放大器

1.静态分析

如图 5-9 所示为共射极放大器，其直流通路如图 5-10 所示，根据直流通路做静态分析，求解静态工作点 I_{BQ}、I_{CQ}、U_{BEQ}、U_{CEQ}。

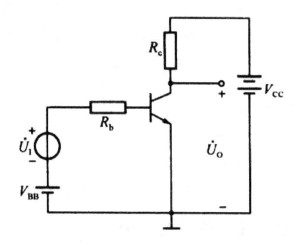

图 5-9　基本共射极放大电路

根据图 5-10 直流通路的输入回路，可得：

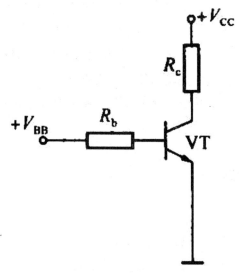

图 5-10　直流电路

$$I_{BQ} = \frac{V_{BB} - U_{BEQ}}{R_b}$$

因此

$$I_{CQ} = \beta I_{BQ}$$

根据输出回路得：

$$U_{CEQ} = V_{CC} - I_{CQ} R_e$$

2）动态分析

首先根据如图 5-9 所示电路，画出对应的微变等效电路如图 5-11 所示。

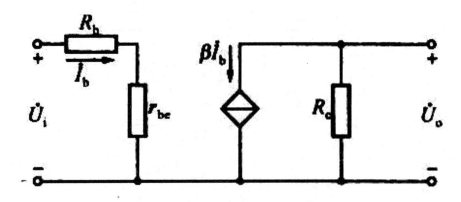

图 5-11　微变等效电路 1

然后，根据静态工作点 I_{EQ} 和公式可以估算出 r_{be} 的值。

四、共集电极放大器

如图 5-12 所示为分压偏置共集电极放大电路，直流分析与分压偏置共射极放大电路的分析方法相似，这里不再赘述。下面重点对电路做动态分析。

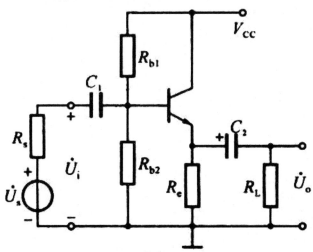

图 5-12　分压偏置共集电极放大电路

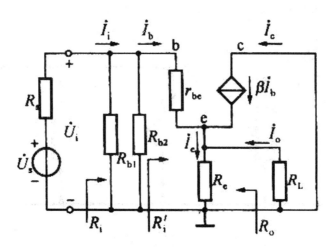

图 5-13   微变等效电路图 2

（1）电压增益 A。

由图 5-13 可知：

$$U_o = -I_b \left(r_{be} + R_s^{'} \right)$$

$$R_s^{'} = R_s \| R_{b1} \| R_{b2}$$

$$\dot{U}_i = \dot{I}_b r_{be} + \dot{I}_e \left(R_e /\!/ R_L \right)$$

因此

$$\dot{A}_u = \frac{\dot{U}_o}{\dot{U}_i} = \frac{\dot{I}_e \left(R_e /\!/ R_L \right)}{\dot{I}_b r_{be} + \dot{I}_e \left(R_e /\!/ R_L \right)} = \frac{(1+\beta)\left(R_e /\!/ R_L \right)}{r_{be} + (1+\beta)\left(R_e /\!/ R_L \right)}$$

表明 $\left| \dot{A}_u \right|$ 恒小于 1，但是在 $(1+\beta)\left(R_e /\!/ R_L \right) \gg r_{be}$ 时，$\left| \dot{A}_u \right|$ 趋于 1，且 $\dot{U}_o$ 与 $\dot{U}_i$ 相同。

（2）输入电阻 R_i

$$R_i = R_{b1} \| R_{b2} \| R_i^{'}$$

$$R_i^{'} = r_{be} + (1+\beta)\left(R_e \| R_L \right)$$

由于 $R_i^{'}$ 远大于 r_{be}，故共集电极放大电路的输入电阻较共射极放大电路大有提高。

（3）输出电阻 R_0

$$\dot{I}_o^{'} = -\dot{I}_e = -(1+\beta)\dot{I}_b$$

$$R_o^{'} = \frac{\dot{U}_o}{\dot{I}_o^{'}} = \frac{r_{be} + R_s^{'}}{1 + \beta}$$

$$R_o = \frac{\dot{U}_o}{\dot{I}_b}\bigg|_{U_s = 0} = R_e \parallel R_o^{'} = R_e \left\| \frac{r_{be} + R_s^{'}}{1 + \beta} \right.$$

由此看出，共集电极放大电路的输出电阻确实很小。

五、共基极放大器

如图 5-14 所示是基极放大电路。由图可见，输入电压加在基极和发射极之间，而输出电压在发射极和集电极之间，输出信号，由集电极和基极取出，基极是输入和输出回路的共同端。

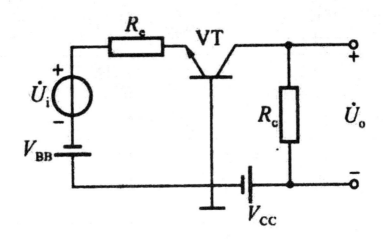

图 5-14　基本共基极放大电路

第四节　晶体管放大电路三种组态的比较

1.三种组态的判别

一般看输入信号加在 BJT 的哪个极，输出信号从哪个极取出。在共射极放大电路中，信号由基极入集电极出；在共集电极放大电路中，信号由基极入，发射极出；共基极电路中，信号由发射极入，集电极输出。

2.三种组态的特点及用途

共射极放大电路的电压和电流增益都大于 1，输入电阻在三种组态中居中，输出电阻与集电极电阻有关，适用于低频情况下多级放大电路的中间级；共集电极放大电路只有电流放大作用，没有电压放大，有电压跟随作用，在三种组态中输入电阻最高，输出电阻最小，频率特性好，可用于输入级、输出级或缓冲级；共基极放大电路只有电压放大作用，没有电流放大作用，有电流跟随作用，输入电阻小，输出电阻与集电极电阻有关，高频特性较好，常用于高频或宽频带的输入阻抗的场合，模拟集成电路中亦兼有电位移动的功能。

放大电路三种组态的主要性能如表 5-1 所示。

表 5-1 放大电路三种组态的主要性能

项目	共射极电路	共集电极电路	共基极电路
电路图			
电压增益 $\dot{A_u}$	$\dot{A_u} = -\dfrac{\beta R_L'}{r_{be}+(1+\beta)R_s}$ $(R_L' = R_e \| R_L)$	$\dot{A_u} = \dfrac{(1+\beta)R_L'}{r_{be}+(1+\beta)R_L'}$ $(R_L' = R_e \| R_L)$	$\dot{A_u} = \dfrac{\beta R_L'}{r_{be}}$ $(R_L' = R_e \| R_L)$
V_e 与 V_k 的相位关系	反相	同相	同相
最大电流增益 A_i	$A_i=\beta$	$A_i=1+\beta$	$A_i \approx a$
输入电阻	$R_i = R_{b1} \| R_{bs} \| [r_{be}+(1+\beta)]R_e$	$R_i = R_b \| [r_{be}+(1+\beta)R_L']$	$R_i = R_e \left\| \dfrac{r_{be}}{1+\beta}\right.$
输出电阻	$R_0 \approx R_e$	$R_o = \dfrac{r_{be}+R_s'}{1+\beta} \| R_e \ (R_s' = R_s \| R_b)$	$R_0 \approx R_e$
用途	多级放大电路的中间级	输入级、中间级、输出级	高频或宽频带电路

第五节　电路应用

1.如图 5-15 所示的偏置电路中，热敏电阻 R_t 具有负温度系数，则能否起到稳定工作点的作用。

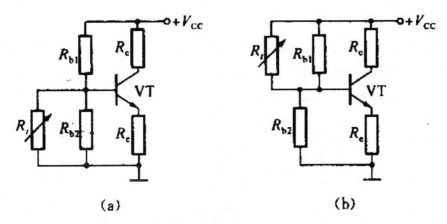

（a）　　　　　　　　　　（b）

图 5-15　偏置电路图

解：图 5-15（a）具有稳定工作点的作用。当温度升高时，β 和 I_{CBO} 增大，U 的减小，它们的共同作用是使 I_c 增大。由于 R_t 减小，三极管的基极电压降低，I_c 减小，两者相反作用使之接近原来的数值。

图 5-15（b）不具有稳定工作点的作用。因温度升高时 I_c 增大，R_t 减小，三极管的基极电压升高，I_c 比不加 R_t 时更大。

2.说明如图 5-16 所示的三个电路有无温度补偿作用。若有补偿作用，要求非线性元件 r 具有怎样的温度特性？

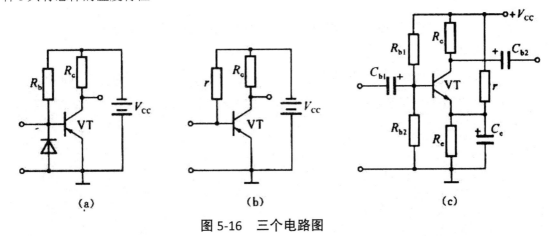

（a）　　　　　　　　（b）　　　　　　　　（c）

图 5-16　三个电路图

解：图 5-16（a）电路具有温度补偿作用。当温度升高时，三极管的发射极电压降低，二极管的导通电压也降低。

图 5-16（b）电路要求非线性元件 r 具有正温度特性时才具有温度补偿作用。

图 5-16（c）电路要求非线性元件 r 具有负温度特性时才具有温度补偿作用。

第六节　微项目演练

1.小电容的测量

当用万用表检查电容时，一般只能鉴别容量较大的电容的好坏。对于小电容，因为套初始充电电流很小，所以，表针的惯性摆幅极小，甚至不摆动，不容易鉴别。

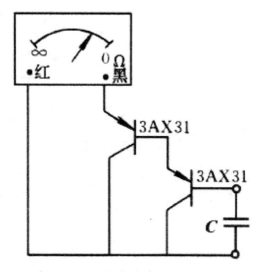

图 5-17　小电容电容测量图

若按图 5-17 加上二只 PNP 型复合管，将被测小电容接在复合晶体管的集电极和基极之间，则在测试笔接触的瞬间，由于晶体管的电流放大作用流过小电容的初始充电电流被放大倍后加到表头上，使指针摆幅大大增加，这样鉴别起来就容易了。

2.晶体管用于放大音乐片信号

现在的音乐集成电路（俗称音乐片）能产生许多大家熟悉的歌曲，它的输出电压是一连串幅度不变，但频率和占空比随音乐内容变化而变化的方波脉冲群，如图 5-18 a）所示。

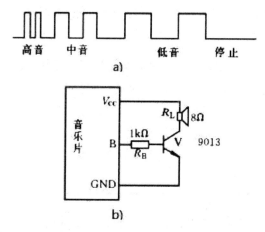

图 5-18　音乐方波脉冲群

由于音乐 IC 的输出电流很小，不足以带动扬声器，因此，可以用最简单的晶体管放大电路做功率放大，电路如图 5-18 b）所示。

VT 为共射接法，当音乐片没有信号输出 B 端处于"停"状时，所以 VT 工作在截止区。

当音乐片的输出方波脉冲跳变到 +3V 时，VT 处于饱和区，由于管耗数值较小，所以不会引起 VT 发热。

VT 是轮流工作在截止区和饱和区，管耗小，效率高，但不适应于放大正弦信号，否则会起很大的失真。

3.信件电子报讯器

图 5-19 为信件电子报讯器的电路原理图。红外发光二极管 VL$_1$ 与光敏三极管 VL$_2$ 构成一光控电路。VL$_2$ 是一频闪发光二极管，它由振荡器、分频器、驱动放大器和普通发光二极管组成。通过驱动放大器使发光二极管产生频闪，频闪频率在 1～5Hz 之间，所以很容易引起人们的注意。

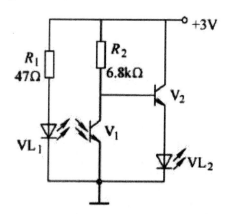

图 5-19　信件电子报讯器的电路原理图

当信箱中无信件时，V_1 受 VL_1 红外光线照射呈低电阻，晶体管 V_2 截止，频闪 VL_2 不发光；

当有信件从信箱投入口投入时，隔断了 VL_1 与 V_1 之间的光路，V_1 没有受到来自 VL_1 的红外线照射，因而其内阻增大，这时 V_2 导通，短路电流流过 VL_2，使其发光，指示信箱中有信件。

4.恒流管在测量仪表中的应用

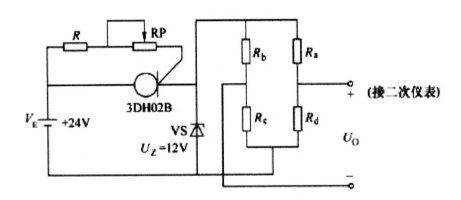

图 5-20　恒流三极管在电子秤中的应用电路图

恒流三极管在电子秤中的应用电路如图 5-20 所示。

力敏传感器由四只接成桥路的电阻应变片 R_a-R_d 构成。供桥电路采用了恒流、稳压供电。

调整电位器 R_P，可使恒流三极管 3DH02B 输出 I_H=40mA 的恒定电流。其中，流过 12V 稳压管的电流 I_Z=10mA，而流过传感器的电流 I_L=30mA。在称重时，应变片发生应变，传感器就产生相应的输出电压 V_o，送至二次仪表，最终显示出被测物体的重量。

由于供桥电压 V_E 是用恒流与稳压方式获得的，其稳定度达 0.05%，因此可保证称重的准确性。

第六章　信号处理电路

第一节　对数运算电路和指数运算电路

1.二极管结构对数运算电路

图 6-1 为采用二极管构成的对数运算电路。

二极管的电流与其端电压间存在如下关系：$i_D = I_S\left(e^{u_D/U_T} - 1\right)$

当 $u_D \gg U_T$ 时，$i_D \approx I_S e^{u_D/U_T}$，所以 $u_D = U_T \ln \dfrac{i_D}{I_S}$。

因为 $i_D = i_R = \dfrac{u_i}{R}$，所以

$$u_O = -u_D = -U_T \ln \frac{i_D}{I_S} = -U_T \ln \frac{u_1}{RI_S} = -U_T \ln u_1 + U_T \ln RI_S$$

即 u_o 与 u_I 间满足对数关系。此电路的工作范围较小，因为大电流时二极管的伏安特性与理想 PN 结有较大偏差，小电流时较难满足 $u_D \gg U_T$。

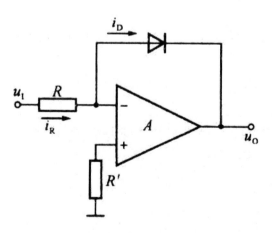

图 6-1　二极管对数电路

2.三极管结构对数运算电路

图 6-2 为三极管构成的对数运算电路。

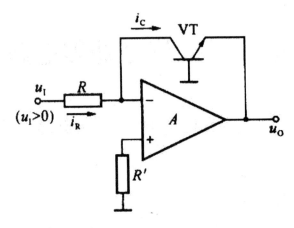

图 6-2 三极管对数电路

三极管射级电流与基射间电压关系为 $i_E = I_S \left(e^{\frac{u_{BE}}{U_T}} - 1 \right)$。

忽略基极电流，当 $u_{BE} \gg U_T$ 时，$i_C = i_E = I_S \left(e^{\frac{u_{BE}}{U_T}} - 1 \right) \approx I_S e^{\frac{u_{BE}}{U_T}}$，所以，

$$u_{BE} = U_T \ln \frac{i_C}{I_S}。$$

因为虚短，$i_C = i_R = \dfrac{u_i}{R}$，所以

$$u_O = -u_{BE} = -U_T \ln \frac{i_C}{I_S} = -U_T \ln \frac{u_1}{I_S R} = -U_T \ln u_1 + U_T \ln I_S R$$

u_O 与 u_1 满足对数关系。

3.指数运算电路

图 6-3 为指数运算电路。三极管射极电流与基射电压间的关系为

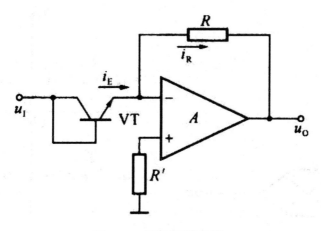

图 6-3　指数运算电路

当 $u_{BE} \gg U_T$ 时，$i_E = I_S e^{\frac{u_{BE}}{U_T}}$。

因为 $u_I = u_{BE}$，所以 $i_E \approx I_S e^{\frac{u_{BE}}{U_T}}$。

因为虚断，$i_R = i_E$，所以 $u_O = -i_R R \approx -I_S \mathrm{Re}^{\frac{u_I}{U_T}}$

由公式可知，u_o 与 u_I 满足指数关系。

对数、指数电路输出表达式中包含与温度有关的参数，在实际使用时，必须采用温度补偿等措施，以克服 U_T、I_S 因温度产生的误差。

第二节　模拟乘法器

模拟乘法器是实现两个模拟量相乘的非线性电子器件，可以进行模拟信号的乘除、乘方、开方等处理，广泛应用于广播电视、通信、仪表、自动控制系统方面，用于调制、解调、混频、倍频。

图 6-4（a）为模拟乘法器的符号示意图，输出电压表示为两个输入模拟量的乘积：$u_O = K u_X u_Y$，K 为不随信号改变的比例因子，量纲为 V^{-1}。输入信号有四种可能的组合，在直角坐标平面上分为四个区域，即四个象限，如图 6-4（b）所示。模拟乘法器可以分为单象限、双象限、四象限。

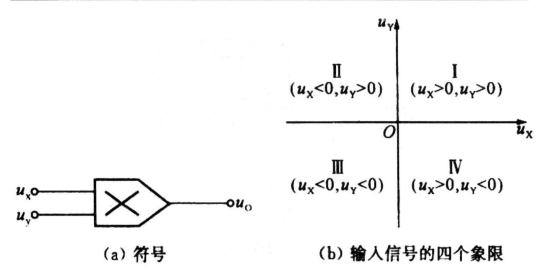

（a）符号　　　　　**（b）输入信号的四个象限**

图 6-4　模拟乘法器

1.变跨导型模拟乘法器的基本原理

利用差动放大器章节的结论，可以得到 $u_O = -\dfrac{\beta R_c}{r_{be}}ux$，而 $r_{be} \approx (1+\beta)\dfrac{26mV}{I_E}$，所

$$\text{以，}\quad u_O \approx -\frac{\beta R_c}{\beta 26mV}I_E ux = -\frac{R_c}{26mV}I_E ux \text{。}$$

又因为 $I_E = \dfrac{I_{C3}}{2} = \dfrac{u_Y - U_{BE}}{2R_e} \approx \dfrac{1}{2}\dfrac{u_Y}{R_e}$，所以，

$$u_O = -\frac{1}{52mV}\frac{R_e}{R_e}u_X u_Y = K u_X u_Y$$

输出为输入的乘积。

因 I_{C3} 随 u_Y 而变，其比值为电导量，故此电路称为变跨导乘法器。输入 u_X 可正可负，u_Y 必须大于 0，电路只能工作在两个象限。

2.双平衡四象限变跨导型模拟乘法器

图 6-5 为四象限变跨导模拟乘法器，u_X 可正可负，u_Y 可正可负。

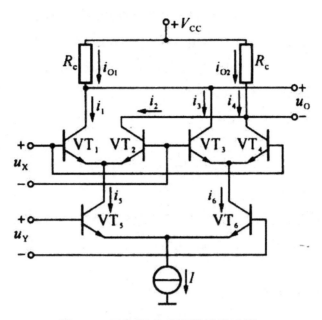

图 6-5　四象限变跨导模拟乘法器

3.集成模拟乘法器

（1）MC1496-双差分对模拟乘法器

MC1496 常用于输出电压是输入电压（信号）和转换电压（载波）的乘积的场合。典型应用主要包括抑制载波调幅、同步检波、FM 检波、鉴相器。在内部结构图中，VT_1、VT_2、VT_5、VT_3、VT_4、VT_6 为模拟乘法器，VD、VT_7、VT_8、R 为电流源电路。图 6-6 为模拟乘法器 MC1496 的引脚图和内部结构图。

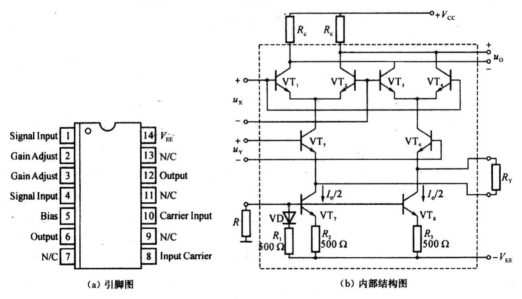

图 6-6　模拟乘法器 MC1496

（2）MC1595-多频线性四象限乘法器

对 MC1595 用户可以选用平移法以获得最大的通电性。典型应用主要包括乘法、除法和开方，也可用于调幅、解调、混频，鉴相和自动增益控制电路。

基本特点如下：①宽频；②线性指标的卓越性：9 端最大输入误差为 1%，Y 端最大输入误差为 2%；③乘法器增益系数为 K；④具有良好的温度稳定性；⑤宽频输入的电压范围：±10 V；⑥采用 ±15 V 电压。

第三节　滤波器

在自动控制系统、通信系统等场合，常需要滤除不需要的频率信号，保留所需的频率信号，滤波器就是这样一种频率选择电路。

一、滤波器基础

1.分类

滤波器主要有几种不同的分类方法。

（1）按工作频率分，即按滤除信号的频率范围分，滤波器可以分为以下几种：

低通滤波器：频率低于某个频率（截止频率）的信号通过，高于截止频率的信号被衰减的滤波器。常用于直流电源整流后的滤波电路。图 6-7（a）为低通滤波器的幅频特性。折线表示理想滤波器响应，弧线表示实际滤波器响应。

高通滤波器：频率高于截止频率的信号通过，低于截止频率的信号被衰减的滤波器。常用于交流耦合电路。图 6-7（b）为高通滤波器的幅频特性。$0<\omega<\omega_L$ 范围内的频率为阻滞，高于 ω_L 的频率为通带。

带通滤波器：频率位于上限截止频率与下限截止频率之间的信号能通过的滤波器。常用于通信系统的调制解调电路。图 6-7（c）为带通滤波器的幅频特性。

带阻滤波器：频率位于上限截止频率与下限截止频率之间的信号被衰减的滤波器。常在通信系统中用于阻止噪声或干扰。图 6-7（d）为带阻滤波器的幅频特性。

全通滤波器：所有频率的信号均能通过的滤波器，但对于不同频率的信号有不同的相移。

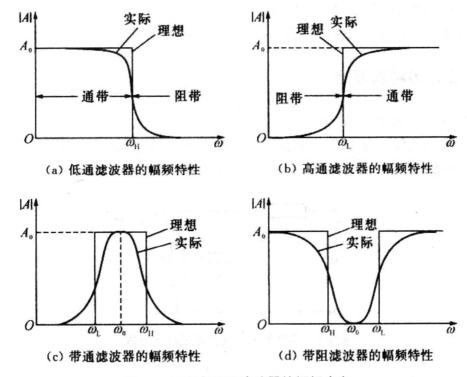

图 6-7 理想与实际滤波器的幅频响应

（2）按组成的元件特性分：无源滤波器：滤波器由电阻、电容、电感等无源元件组成。有源滤波器：滤波器由 BJT 管、FET 管、运放等有源元件组成。

（3）按滤波器传输函数分母中 s 的最高指数分：一阶滤波器：滤波器传输函数分母中 s 的最高指数为 1；二阶滤波器：滤波器传输函数分母中 s 的最高指数为 2；高阶滤波器：滤波器传输函数分母中 s 的最高指数高于 2。

2.概念

（1）通带、阻带、过渡带

通带：能够通过的信号频率范围。

阻带：受阻或衰减的信号频率范围。

过渡带：通带或阻带之间的频率范围。

（2）通带增益（通带放大倍数）

通带中输出电压与输入电压之比，常取对数后用 dB 表示。

（3）通带截止频率，

使增益为通带增益 0.707 倍对应的频率。

（4）下限截止频率和上限截止频率

下限截止频率：信号频率降低时使增益等于 0.707 倍通带增益的频率。

上限截止频率：信号频率升高时使增益等于 0.707 倍通带增益的频率。

（5）滤波器的传递函数与频率响应

在复频域内，输出与输入间关系用传递函数来描述。

二、各种滤波器

1.一阶无源低通滤波器

一阶无源低通滤波器，通带增益为 1，幅频特性衰减为-20 dB/10 倍频。

如果带负载 R_L，如图 6-8 所示，滤波器的传输特性将变为：

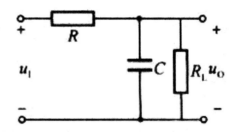

图 6-8 带负载的一阶无源低通滤波器

$$A(s) = \frac{U_o(s)}{U_i(s)} = \frac{R_L // \dfrac{1}{sC}}{R + R_L // \dfrac{1}{sC}}$$

相应地，频响函数将变为：

$$A(j\omega) = \frac{\dfrac{R_L}{R + R_L}}{1 + j\omega(R_L // R)C}$$

通带增益和截止频率变为：

$$|A(j\omega)| = \sqrt{\frac{\left(\dfrac{R_L}{R + R_L}\right)^2}{1 + [\omega(R_L // R)C]^2}}$$

$$\omega_o = \frac{1}{(R_L // R)C}$$

加入负载后，滤波器的通带增益和截止频率都随负载变换，这是无源滤波器的共同特点，不符合电路应用的要求，因而，产生了接入负载后对滤波器参数影响不大的有源滤波电路。

2.一阶有源低通滤波器

运算放大器具有高输入阻抗、低输出阻抗的特性，引入负反馈后，可以工作在线性区，构成一定增益的电路，有源滤波器可以用运算放大器来构成。

3.二阶有源低通滤波器

（1）简单二阶低通滤波器

若要求衰减速率更快，可以增加 RC 环节，采用二阶、三阶滤波电路。高阶滤波器可以由一阶、二阶构成的。

（2）压控电压源二阶低通滤波器

图 6-9（a）电路中既引入了负反馈，同时又引入了正反馈。当信号频率趋于 0 时，由于 C_1 的电抗无穷大，使正反馈很弱。当信号频率趋于无穷时，由于 C_2 的电抗趋于 0，使同相端电位趋于 0。因此，只要正反馈引入得当，既可使 $\omega=\omega_0$ 处电压放大倍数数值增大，又不会因正反馈过强而自激。

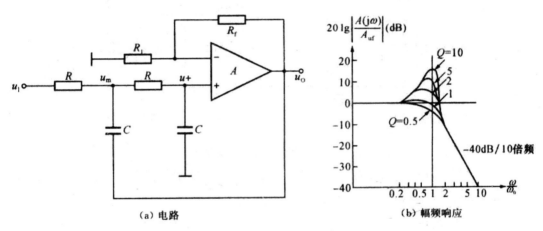

（a）电路　　　　　　　　　　　（b）幅频响应

图 6-9　压控电压源二阶低通滤波器

根据幅频特性式可以画出图 6-9（b）中曲线。

当 $A_{uf}<3$ 时，滤波器可以稳定工作。此时特性与 Q 有关。当 Q=0.707 时，幅频特性较平坦。

当 $f\gg f_L$ 时，幅频特性曲线的斜率为-40 dB/10 倍频。

当 $A_{uf}\geq3$ 时，Q=∞，有源滤波器自激。

第四节　微项目演练

1.由 741 构成的莫尔码滤波器电路

使接收到的杂乱信号变为可录制的有用信号。L_1/C_1 构成并联谐振电路，谐振频率在

840 Hz 左右。仿真电路如图 6-10 所示。

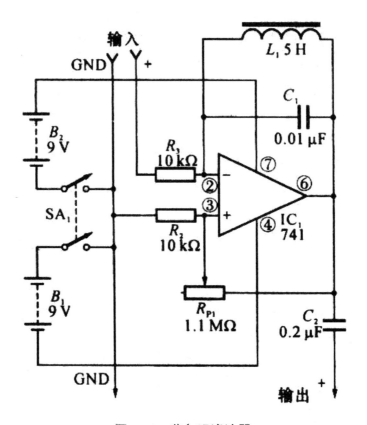

图 6-10 莫尔码滤波器

信号经 R_3 输入到 IC_1 的 2 脚，经放大后，其中一路输出接耳机，另一路由 R_{p1} 反馈到 IC_1 同相端的 3 脚，还有一路输出信号经过 L_1C_1 并联的谐振电路返回到芯片的反相输入端构成谐振放大器。正反馈系统可以通过 R_{p1} 调节，正反馈量越大，滤波器越灵敏。但若灵敏度太高，电路会振荡。

2.压控通用滤波器电路

截止频率可调。可通过改变控制电压的方法改变滤波器的截止频率，可实现低通、高通、带通、带阻滤波器的转换。

第七章　直流稳压电源

电子电路及电子设备都需要稳定的直流电源供电。在大多数情况下，直流电源的能量来自供电电网的交流电。直流电源的功能就是把交流电压转变成稳定的直流电压。本章将介绍直流电源电路及其工作原理。

第一节　直流电源的组成结构

图 7-1 所示为直流电源的组成结构方框图。直流电源的输入 u_i 为 220 V 50 Hz 的正弦交流电压。直流电源主要包括电源变压器、整流电路、滤波电路和稳压电路，各部分的作用简单说明如下：

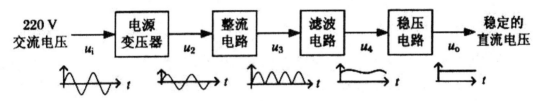

图 7-1　直流电源组成结构方框图

1.电源变压器。一般采用降压变压器，其作用是将 u_i 变换成幅度较低、符合后续路要求的交流电压 U_2。

2.整流电路。将正弦交流电压 u_2 变换成单向的直流脉动电压 u_3。

3.滤波电路。用滤波的方法，滤除 u_3 中的交流成分，使输出电压 u_4 成为比较平滑的直流电压。

4.稳压电路。滤波之后的直流电压 u_4，仍会受到电网波动或负载变化的影响而不太稳定。稳压电路的功能则是减小这些外部因素的影响，使输出直流电压 u_o 更加稳定。图 7-1 中还粗略画出了各个部分的输入输出波形。

第二节　整流电路

整流电路利用二极管的单向导电性，把正弦交流电压转变为单向脉动电压。为了简化分析过程，突出电路的主要特性，假设整流电路的负载为纯电阻性。同时假设整流二极管具有理想二极管特性。

一、单相半波整流电路

单相半波整流电路如图 7-2 所示，图中 T 为电源变压器，u_2 是其副边电压，也就是整流电路的输入电压。D 为整流二极管，R_L 是整流电路的负载电阻。

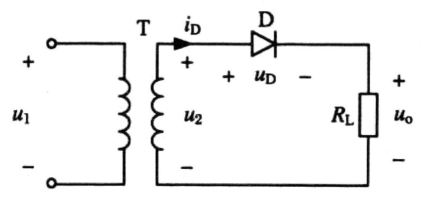

图 7-2　单相半波整流电路

设 $u_2 = \sqrt{2}U_2 \sin(\omega t)$。在 u_2 的正半周，二极管 D 被加正向电压而导通。按照整流二极管的理想二极管假设，此时二极管 D 的等效电路为短路。因此有 $u_o=u_2$，$u_D=0$。在 u_2 的负半周，二极管 D 被加反向电压而截止，此时二极管 D 相当于开路，因此有 $u_0=0$，$u_D=u_2$。图 7-3 画出了 u_2，u_o 和 u_D 的波形。可见，输出电压 u_o 已是单向直流脉动电压。将整流电路的输出 u_o 用傅里叶级数展开，得到

$$u_o = \sqrt{2}U_2\left(\frac{1}{\pi} + \frac{1}{2}\sin(\omega\pi) - \frac{2}{3\pi}\cos(2\omega\pi) + ...\right)$$

可知，整流电路输出 u_o 中的直流分量为

$$U_o = \frac{\sqrt{2}U_2}{\pi} \approx 0.45U_2$$

图 7-2 中的 u_D 和 i_D 分别是整流二极管 D 的端电压和端电流。由图 7-3 可知，二极管 D 在截止期间承受的最大反向电压为

$$U_{DR_{max}} = \sqrt{2}U_2$$

二极管 D 平均电流为

$$I_{DA} = \frac{\sqrt{2}U_2}{\pi R_L} \approx \frac{0.45U_2}{R_L}$$

为了确保整流二极管安全工作，应根据公式选择电源变压器副边电压和整流二极管的参数。

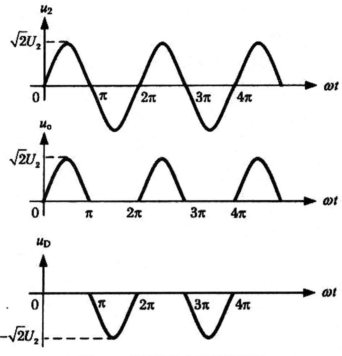

图 7-3　半波整流电路的波形图

整流输出电压的基波振幅值 U_{OP} 与直流分量 U_{OA} 之比，称为脉动系数，用 S 表示，即

$$S = \frac{U_{OP}}{U_{OA}}$$

由公式可知，半波整流输出电压的脉动系数为

$$S = \frac{1/2}{1/\pi} = \frac{\pi}{2} \approx 1.57$$

二、单相桥式全波整流电路

单相桥式全波整流电路如图 7-4 所示。自该电路中，四个整流二极管连接成四臂电桥。

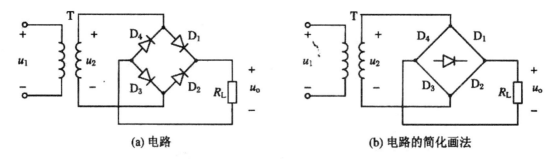

(a) 电路   (b) 电路的简化画法

图 7-4   单相桥式全波整流电路

电桥的对角端分别接交流输入 u_2 和直流输出 u_o。

设 $u_2 = \sqrt{2}U_2 \sin(\omega t)$，在 u_2 的正半周，二极管 D_1 和 D_3 导通，D_2 和 D_4 截止。此时，整流电路的等效电路如图 7-5（a）所示。整流电路的输出电压为 $u_o = u_2$。同时，截止的二极管 D_2 和 D_4 上的电压 $u_{D2} = u_{D4} = -u_2$。在 u_2 的负半周，二极管 D_2 和 D_4 导通，D_1 和 D_3 截止，此时整流电路的等效电路如图 7-5（b）所示。整流电路的输出电压为 $u_o = -u_2$。同时，截止的二极管 D_1 和 D_3 上的电压 $u_{D1} = u_{D3} = u_2$。

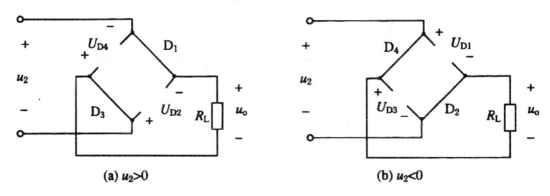

(a) $u_2 > 0$ (b) $u_2 < 0$

图 7-5   桥式整流电路在 u_2 正负半周时的等效电路

图 7-6 画出了桥式整流电路的输入电压 u_2，输出电压 u_o 和各二极管上电压的波形。

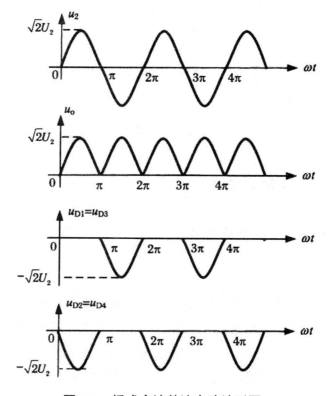

图 7-6　桥式全波整流电路波形图

将桥式全波整流电路的输出电压 u_o 用傅里叶级数展开，得到

$$u_o = \sqrt{2}U_2\left(\frac{2}{\pi} + \frac{4}{3\pi}\sin(\omega\pi) - \frac{4}{15\pi}\cos(4\omega\pi) - \ldots\right)$$

可知，整流电路输出电压 u_o 中的直流分量为

$$U_o = \frac{2\sqrt{2}U_2}{\pi} \approx 0.9U_2$$

整流电路输出电压 u_o 的脉动系数为

$$S = \frac{4/3\pi}{2/\pi} \approx \frac{2}{3} \approx 0.67$$

显然桥式全波整流的脉动系数小于半波整流的脉动系数。

负载的平均电流为

$$I_o = \frac{2\sqrt{2}U_2}{\pi R_L} \approx \frac{0.9U_2}{R_L}$$

由于整流二极管在 u_2 的正负半周两两轮流导通，每个二极管只是半周导电，每个二极管的平均电流，只是负载平均电流的一半，即

$$I_{DA} = \frac{0.45U_2}{R_L}$$

与半波整流电路中二极管的平均电流相同。整流二极管在截止期间所承受的最大反向电压与半波整流相同：

$$U_{DR_{max}} = \sqrt{2}U_2$$

三、三相可控整流电路

（一）三相半波可控整流电路

1.电阻负载

三相半波可控整流电路如图7-7（a）所示。为得到零线，变压器二次侧必须接成星形，而一次侧接成三角形，避免三次谐波流入电网。三个晶闸管分别接入 a，b，c 三相电源，它们的阴极连接在一起，称为共阴极接法，这种接法触发电路有公共端，连线方便。假设将电路中的晶闸管换作二极管，并用 VD 表示，该电路就成为三相半波不可控整流电路，以下首先分析其工作情况。此时，三个二极管对应的相电压中哪一个的值最大，则该相所对应的二极管导通，并使另两相的二极管承受反压关断，输出整流电压即为该相的相电压，波形如图7-7（d）所示。在一个周期中，器件工作情况如下：在$\omega t_1 \sim \omega t_2$期间，a 相电压最高，VD$_1$导通，$u_d = u_a$；在$\omega t_2 \sim \omega t_3$期间，b 相电压最高，VD$_2$导通，$u_d = u_b$；在$\omega t_3 \sim \omega t_4$期间，c 相电压最高，VD$_3$导通，$u_d = u_c$。此后，在下一周期相当于$\omega t_1$的位置，VD$_1$又导通，重复前一周期的工作情况。如此，一周期中 VD$_1$，VD$_2$，VD$_3$轮流导通，每管各导通120%。u_d波形为三个相电压在正半周期的包络线。

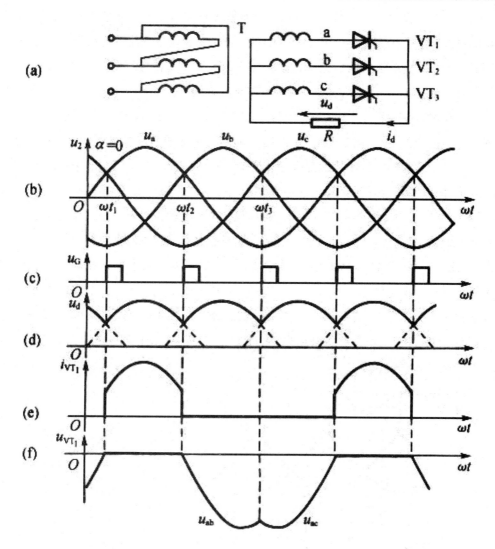

图 7-7　三相半波可控整流电路共阴极接法电阻负载时的电路及α=0°时的波形图

在相电压的交点ωt_1，ωt_2，ωt_3 处，均出现了二极管换相，即电流由一个二极管向另一个二极管转移，这些交点称为自然换相点。对三相半波可控整流电路而言，自然换相点是各相晶闸管能触发导通的最早时刻，将其作为计算各晶闸管触发角a的起点，即规定图 7-7（b）交流电源波形中 $\omega t = \dfrac{\pi}{6}$ 的点作为 a 相晶闸管 VT$_1$ 触发角α=0°的点，

$\omega t = \dfrac{\pi}{6} + \dfrac{2\pi}{3} = \dfrac{5\pi}{6}$ 的点和 $\omega t = \dfrac{5\pi}{6} + \dfrac{2\pi}{3} = \dfrac{3\pi}{2}$ 的点分别作为 b 相和 c 相晶闸管 VT$_2$，VT$_3$触发角α=0°的点。要改变触发角只能是在此基础上增大，即沿时间坐标轴向右移。若在自然换相点处触发相应的晶闸管导通，则电路的工作情况与以上分析的二极管整流工作情况一样。回顾上节的单相可控整流电路可知，各种单相可控整流电路的自然换相点是变压器二次电压 u_2 的过零点。

当α=0°时，变压器二次侧 a 相绕组和晶闸管 VT₁ 的电流波形如图 7-7（e）所示，另两相电流波形形状相同，相位依次滞后 120°，可见变压器二次绕组电流有直流分量。图 7-7（f）是 VT₁ 两端的电压波形，由三段组成：第一段，VT₁ 导通期间，为一管压降，可近似为 $u_{VT1}=0$；第二段，在 VT₁ 关断后，VT₂ 导通期间，$U_{VT1}=u_a-u_b=u_{ab}$，为一段线电压；第三段，在 VT₃ 导通期间，$u_{VT1}=u_a-u_c=u_{ac}$，为另一段线电压。即晶闸管电压由一段管压降和两段线电压组成。由图可见，α=0°时，晶闸管承受的两段线电压均为负值，随着α增大，晶闸管承受的电压中正的部分逐渐增多。其他两管上的电压波形相同，相位依次差 120°。增大α值，将脉冲后移，整流电路的工作情况相应地发生变化。

α=30°时的波形如图 7-8 所示。从输出电压、电流的波形可看出，这时负载电流处于连续和断续的临界状态，各相仍导电 120°。如果α>30°，例如α=60°时，整流电压的波形如图 7-9 所示，当导通一相的相电压过零变负时，该相晶闸管关断。此时下一相晶闸管虽承受正电压，但它的触发脉冲还未到，不会导通，因此输出电压、电流均为零，直到触发脉冲出现为止。在这种情况下，负载电流断续，各晶闸管导通角为 90°，小于 120°。若α角继续增大，整流电压将越来越小，α=150°时，整流输出电压为零。故电阻负载时α角的移相范围为 0°~150°。

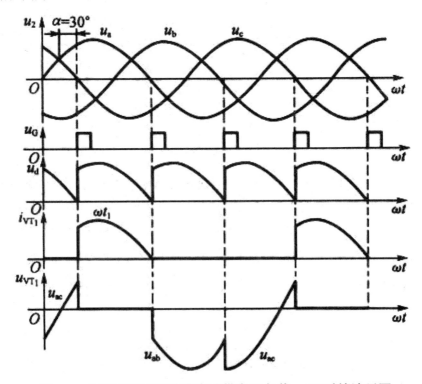

图 7-8　三相半波可控整流电路带电阻负载α=30°时的波形图

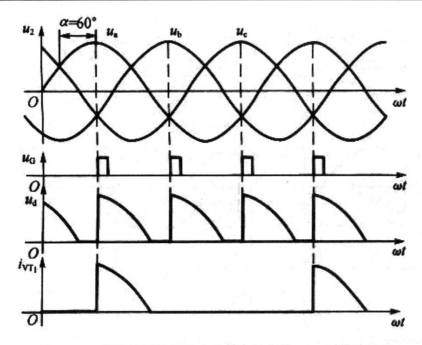

图 7-9　三相半波可控整流电路带电阻负载α=60°时的波形图

2.阻感负载

如果负载为阻感负载，且 L 值很大，则如图 7-10 所示，整流电流 i_d 的波形基本是平直的，流过晶闸管的电流接近矩形波。α≤30°时，整流电压波形与电阻负载时相同，因为在两种负载情况下，负载电流均连续。α>30°时，例如，α=60°时的波形如图 7-10 所示。当 u_2 过零时，由于电感的存在，阻止电流下降，因而 VT 继续导通，直到下一相晶闸管 VT_2 的触发脉冲到来才发生换流，由 VT_2 导通向负载供电，同时向 VT 施加反压使其关断。这种情况下 u_d 波形中出现负的部分，若α增大，u_d 波形中负的部分将增多，至α=90°时，u_d 波形中正负面积相等，u_d 的平均值为零。可见阻感负载时α的移相范围为0°~90。

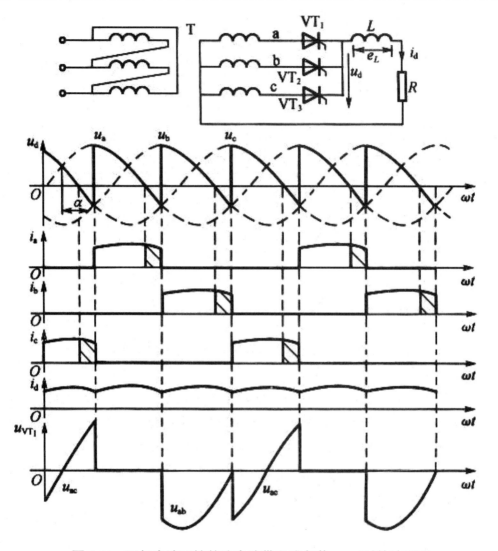

图 7-10　三相半波可控整流电路带阻感负载α=60°时的波形图

三相半波可控整流电路的主要缺点在于其变压器二次电流中含有直流分量，为此其应用较少。

（二）三相桥式全控整流电路

目前在各种整流电路中，应用最为广泛的是三相桥式全控整流电路，其原理如图 7-11 所示，习惯上将其中阴极连接在一起的三个晶闸管（VT_1，VT_3，VT_5）称为共阴极组；阳极连接在一起的三个晶闸管（VT_4，VT_6，VT_2）称为共阳极组。此外，习惯上希望晶闸管按从 1 至 6 的顺序导通，为此将晶闸管按图示的顺序编号，即共阴极组中与 a，b，c 三相电源相接的三个晶闸管分别为 VT_1，VT_3，VT_5，在共阳极组中与 a，b，c 三相电源相接的三个晶闸管分别为 VT₄，VT₆，VT₂；从后面的分析可知，按此编号，晶闸管的导通顺序为 VT₁——VT₂——VT₃——VT₄——VT₅——VT₆。以下首先分析带电阻负载时的工作情况。

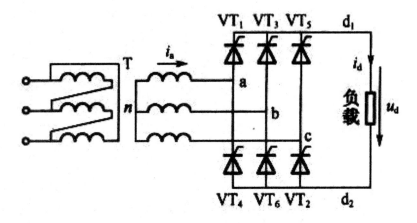

图 7-11　三相桥式全控整流电路原理图

1.带电阻负载时的工作情况

可以采用与分析三相半波可控整流电路时类似的方法，假设将电路中的晶闸管换作二极管，这种情况也就相当于晶闸管触发角α=0°时的情况。此时，对于共阴极组的三个晶闸管，阳极所接交流电压值最高的一个导通。而对于共阳极组的三个晶闸管，则是阴极所接交流电压值最低（或者说负得最多）的一个导通。这样，任意时刻共阳极组和共阴极组中各有一个晶闸管处于导通状态，施加于负载上的电压为某一线电压。

下面以α=0°为例，对其工作原理进行详细分析。α=0°时，各晶闸管均在自然换相点处换相。由图中变压器二次绕组相电压与线电压波形的对应关系看出，各自然换相点既是相电压的交点，同时也是线电压的交点。在分析 u_s 的波形时，既可以从相电压波形分析，也可以从线电压波形分析。

从相电压波形看，以变压器二次侧的中点 n 为参考点，共阴极组晶闸管导通时，整流输出电压 u_{d1} 为相电压在正半周的包络线；共阳极组导通时，整流输出电压 u_{d2} 为相电压在负半周的包络线，总的整流输出电压 $u_d=u_{d1}-u_{d2}$ 是两条包络线间的差值，将其对应到线电压波形上，即为线电压在正半周的包络线。

直接从线电压波形看，由于共阴极组中处于通态的晶闸管对应的是最大（正得最多）的相电压，而共阳极组中处于通态的晶闸管对应的是最小（负得最多）的相电压，输出整流电压 u_d 为这两个相电压相减，是线电压中最大的一个，因此输出整流电压 us 波形为线电压在正半周期的包络线。

为了说明各晶闸管的工作情况，将波形中的一个周期等分为六段，每段为60°。六个晶闸管的导通顺序为 VT_1-VT_2-VT_3-VT_4-VT_5-VT_6。

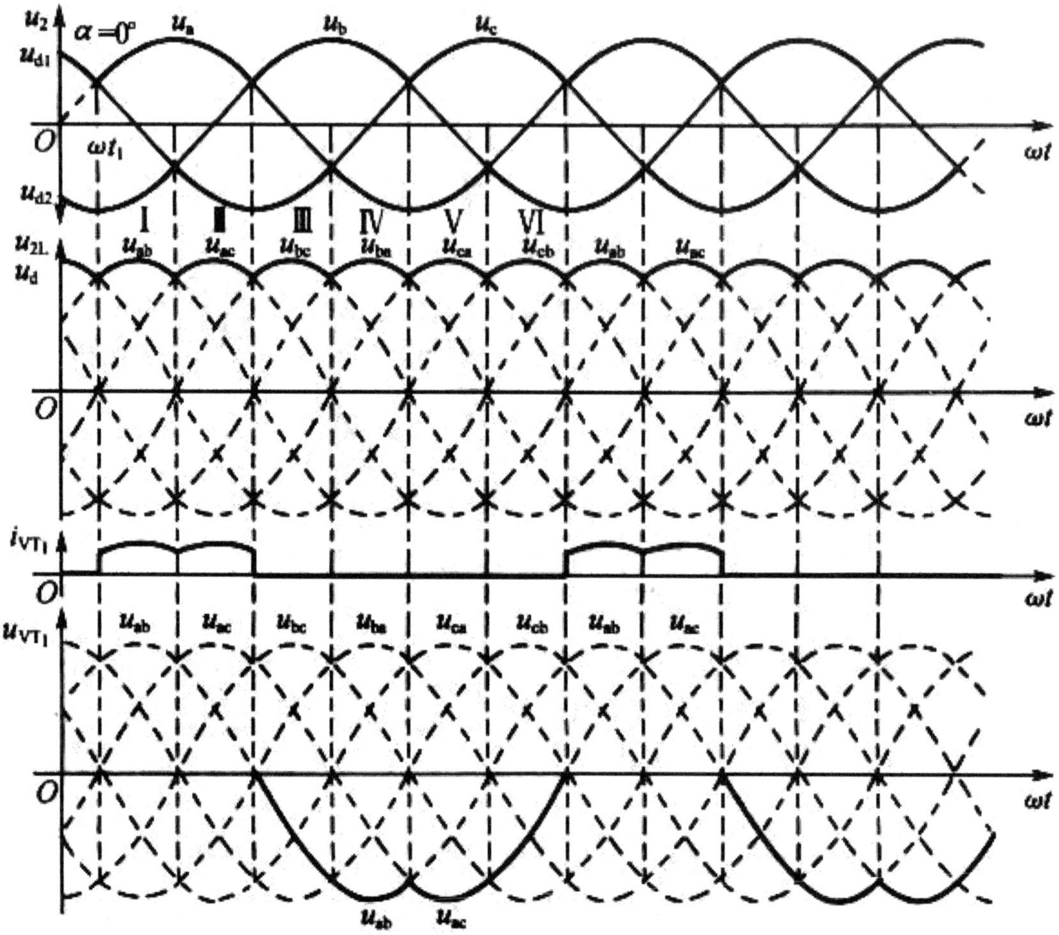

图 7-12　三相桥式全控整流电路带电阻负载α=0°时的波形图

从触发角α=0°时的情况可以总结出三相桥式全控整流电路的一些特点如下：

（1）每个时刻均需两个晶闸管同时导通，形成向负载供电的回路，其中一个晶闸管是共阴极组的，一个晶闸管是共阳极组的，且不能为同一相的晶闸管。

（2）对触发脉冲的要求：六个晶闸管的脉冲按 VT_1-VT_2-VT_3-VT_4-VT_5-VT_6 的顺序，相位依次差 60°；共阴极组 VT_1，VT_3，VT_5 的脉冲依次差 120°，共阳极组 VT_4，VT_6，VT_2 也依次差 120；同一相的上下两个桥臂，即 VT_1 与 VT_4，VT_3 与 VT_6，VT_5 与 VT_2，脉冲相差 180%。

（3）整流输出电压 u_d 一周期脉动六次，每次脉动的波形都一样，故该电路为六脉波整流电路。

（4）在整流电路合闸启动过程中或电流断续时，为确保电路的正常工作，需保证同时导通的两个晶闸管均有触发脉冲。为此，可以采用两种方法：一种方法是使脉冲宽度大于60°（一般取80°~100°），称为宽脉冲触发；另一种方法是在触发某个晶闸管的同时，给前一个晶闸管补发脉冲，即用两个窄脉冲代替宽脉冲，两个窄脉冲的前沿相差60°，脉宽一般为20°~30°，称为双脉冲触发。双脉冲电路较复杂，但要求触发电路输出功率小；宽脉冲触发电路虽可少输出一半脉冲，但为了不使脉冲变压器饱和，需要将铁芯体积做得较大，绕组匝数较多，导致漏感增大，脉冲前沿不够陡，对于晶闸管串联使用不利。虽可用去磁绕组改善这种情况，但又使触发电路复杂化，因此常用的是双脉冲触发。

（5）α=0°时晶闸管承受的电压波形如图7-12所示。图中仅给出VT的电压波形。将此波形与三相半波时VT$_1$电压波形比较可见，两者是相同的，晶闸管承受最大正、反向电压的关系也与三相半波时一样。

图7-12中还给出了晶闸管VT$_1$流过电流i_{VT}的波形，由此波形可以看出，晶闸管一周期中有120°处于通态，240°处于断态，由于负载为电阻，晶闸管处于通态时的电流波形与相应时段的u_d波形相同。

当触发角α改变时，电路的工作情况将发生变化。图7-13给出了α=30°时的波形。

与α=0°时的情况相比，一周期中u_d波形仍由六段线电压构成，每一段导通晶闸管的编号等仍符合规律。区别在于，晶闸管起始导通时刻推迟了30°，组成u_d的每一段线电压因此推迟了30°，u_d平均值降低，晶闸管电压波形也相应发生了变化。图中同时给出了变压器二次侧a相电流i_a的波形，该波形的特点是，在VT$_1$处于通态的120°期间，i_a为正，i_a波形也与同时段的u_d波形相同，在VT$_4$处于通态的120°期间，i_a波形也与同时段的u_d波形相同，但为负值。

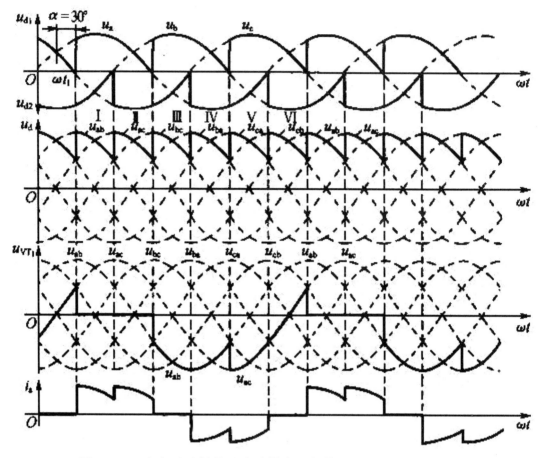

图 7-13 三相桥式全控整流电路带电阻负载α=30°时的波形图

图 7-14 给出了 α=60°时的波形。在 u_d 波形中每段线电压的波形继续向后移，u_d 平均值继续降低。α=60°时 u_d 出现了为零的点。

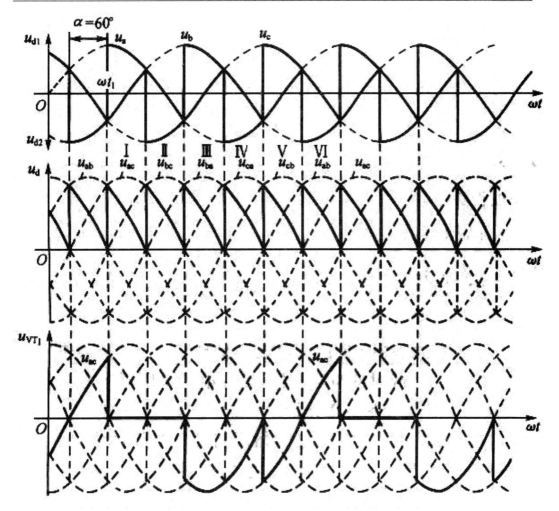

图 7-14　三相桥式全控整流电路带电阻负载α=60°时的波形图

由以上分析可见，当α≤60°时，u_d波形均连续，对于电阻负载，i_d波形与u_d波形是一样的，也连续。

当α>60°时，如α=90°时带电阻负载情况下的工作波形如图 7-14 所示，此时 u_d 波形每60°中有30°为零，这是因为带电阻负载时 i_d 波形与 u_d 波形一致，一旦 u_d 降至零，i_d 也降至零，流过晶闸管的电流即降至零，晶闸管关断，输出整流电压 u_d 为零，因此 u_d 波形不能出现负值。图 7-15 中还给出了晶闸管电流和变压器二次电流的波形。

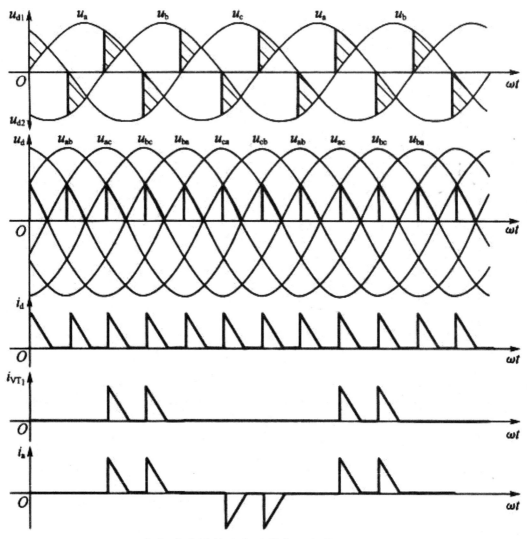

图 7-15 三相桥式全控整流电路带电阻负载α=90°时的波形图

如果继续增大至 120°，整流输出电压 u_d 波形将全为零，其平均值也为零，可见带电阻负载时三相桥式全控整流电路α角的移相范围是 0°~120°。

在电阻性负载时，晶闸管承受的最大正向电压应为 $\max(\sqrt{6}U_2\sin120°,\sqrt{2}U_2)$，既

$$\sqrt{6}U_2\sin120°=\frac{3\sqrt{2}}{2}U_2，\text{最大反向电压为}\sqrt{6}U_2。$$

2.阻感负载时的工作情况

三相桥式全控整流电路大多用于向阻感负载和反电动势阻感负载供电（即用于直流电机传动），下面主要分析阻感负载时的情况，对于带反电动势阻感负载的情况，只需在阻感负载的基础上掌握其特点，即可把握其工作情况。

（1）当α≤60°时，u_d波形连续，电路的工作情况与带电阻负载时十分相似，各晶闸管的通断情况、输出整流电压 u_d 波形、晶闸管承受的电压波形等都一样。区别在于负载不同时，同样的整流输出电压加到负载上，得到的负载电流 i_d 波形不同，电阻负载时 i_d波形与 u_d 波形一样；而阻感负载时，由于电感的作用，使得负载电流波形变得平直，当电感足够大的时候，负载电流的波形可近似为一条水平线。

图 7-16 中除给出 u_d 波形和 i 波形外，还给出了晶闸管 VT_1 电流 i_{VT1} 的波形，可与带电阻负载时的情况进行比较。由波形图可见，在晶闸管 VT_1 导通段，i_{VT1} 波形由负载电流 i_d 波形决定，和 u_d 波形不同。

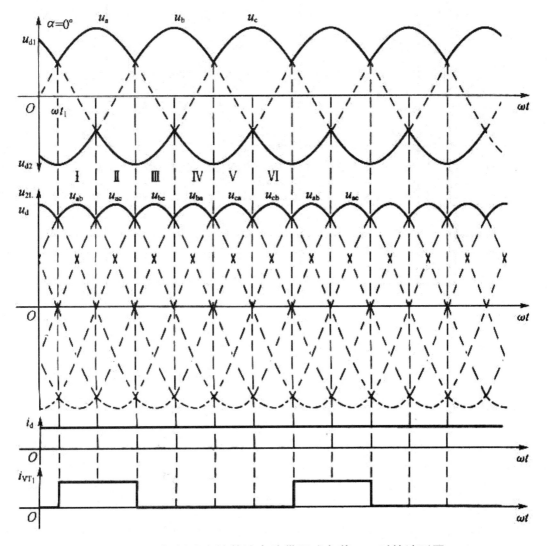

图 7-16　三相桥式全控整流电路带阻感负载α=0°时的波形图

图 7-17 中除给出 u_d 波形和 i_d 波形外，还给出了变压器二次侧 a 相电流 i_a 的波形，可与带电阻负载时的情况进行比较。

（2）当α>60°时，阻感负载时的工作情况与电阻负载时不同，电阻负载时 u_d 波形不会出现负的部分；而阻感负载时，由于电感 L 的作用，u_d 波形会出现负的部分。图 7-18 给出了α=90°时的波形。若电感 L 值足够大，u_d 中正负面积将基本相等，u_d 平均值近似为零。这表明，当带阻感负载时，三相桥式全控整流电路的 α 角移相范围为 0°~90°。

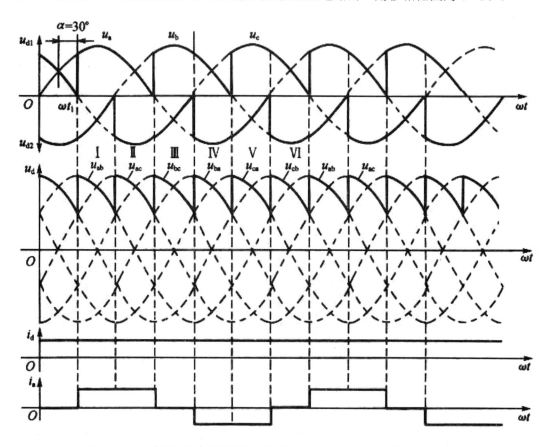

图 7-17　三相桥式全控整流电路带阻感负载α=30°时的波形图

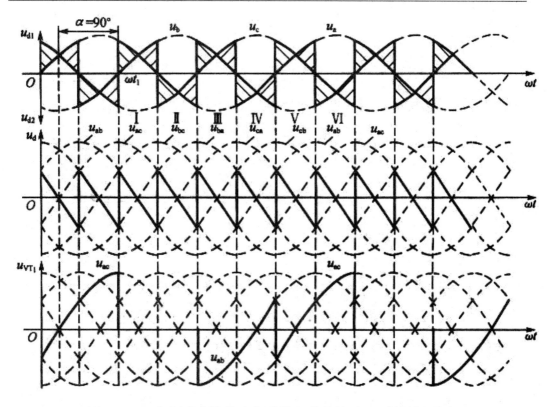

图 7-18　三相桥式全控整流电路带阻感负载α=90°时的波形图

四、交流电路中电感对整流特性的影响

在前面分析整流电路时，均未考虑交流侧电路中电感的影响，认为换相是瞬时完成的。但实际上交流侧电路中总有一定量的电感，例如，变压器绕组的漏感。该漏电感可用一个集中的电感 L_B 表示。由于电感对电流的变化起阻碍作用，电感电流不能突变，因此，换相过程不能瞬间完成，而是会持续一段时间。下面以三相半波为例分析考虑变压器漏感时的换相过程以及有关参量的计算，然后将结论推广到其他的电路形式。

图 7-19 为考虑变压器漏感时的三相半波可控整流电路带电感负载的电路及波形图。假设负载中电感很大，负载电流为水平线。

该电路在交流电源的一周期内有三次晶闸管换相过程，因各次换相情况一样，这里只分析从 VT_1 换相至 VT_2 的过程。在 ωt_1 时刻之前 VT_1 导通，ωt_2 时刻触发 VT_2，VT_2 导通，此时因 a，b 两相均有漏感，故 i_a，i_b 均不能突变，于是 VT_1 和 VT_2 同时导通，这相当于将 a，b 两相短路，两相间电压差为 u_b-u_a，它在两相组成的回路中产生环流 i_k。由于回路中含有两个漏感，故有 $2L_b\,(\mathrm{d}i_k/\mathrm{d}t)=u_b-u_a$。这时，$i_b=i_k$ 是逐渐增大的，而 $i_a=I_d-i_k$ 是逐渐减小的。当 i_k 增大到等于 I_d 时，$i_a=0$，VT_1 关断，换相过程结束。换相过程持续的时间用电角度γ表示，称为换相重叠角。

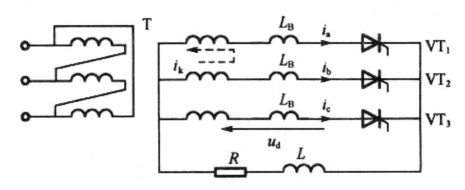

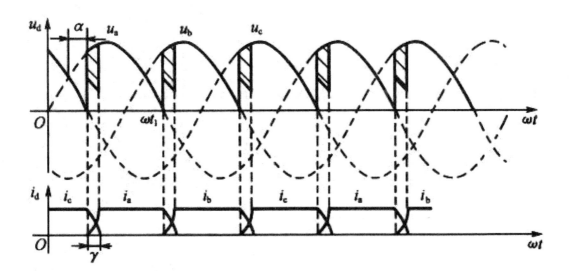

图 7-19　考虑变压器漏感时可控整流电路及换流时波形图

在上述换相过程中，整流输出电压瞬时值为

$$u_d = u_a + L_B \frac{di_k}{dt} = u_b - L_B \frac{di_k}{dt} = \frac{u_a + u_b}{2}$$

由此式知，在换相过程中，整流电压 u_d 为同时导通的两个晶闸管所对应的两个相电压的平均值，由此可得 u_d 波形。与不考虑变压器漏感时相比，每次换相 u_d 波形均少了阴影标出的一块，导致 u_d 平均值降低，降低的多少用 ΔU_d 表示，称为换相压降。

$$\Delta U_d = \frac{1}{\frac{2\pi}{3}} \int_{\frac{5\pi}{6}+\alpha}^{\frac{5\pi}{6}+\alpha+\gamma} (u_b - u_d) d(\omega t) = \frac{1}{\frac{2\pi}{3}} \int_{\frac{5\pi}{6}+\alpha}^{\frac{5\pi}{6}+\alpha+\gamma} \left[u_b - (u_b - L_B \frac{di_k}{dt}) \right] d(\omega t)$$

$$= \frac{1}{\frac{2\pi}{3}} \int_{\frac{5\pi}{6}+\alpha}^{\frac{5\pi}{6}+\alpha+\gamma} L_B \frac{di_k}{dt} d(\omega t) = \frac{3}{2\pi} \int_0^d \omega L_B di_k = \frac{3}{2\pi} X_B I_d$$

式中，$X_B = \omega L_B$，X_B 是漏感为 L_B 的变压器每相折算到二次侧的漏电抗。

我们还关心换相重叠角 γ 的计算，这可从下式开始

$$\frac{di_k}{dt} = \frac{u_b - u_a}{2L_B} = \frac{\sqrt{6}U_2 \sin(\omega t - \frac{5\pi}{6})}{2L_B}$$

由上式得

$$\frac{di_k}{d(\omega t)} = \frac{\sqrt{6}U_2 \sin(\omega t - \frac{5\pi}{6})}{2X_B}$$

进而得出

$$i_k = \int_{\frac{5\pi}{6}+\alpha}^{\omega t} \frac{\sqrt{6}U_2 \sin(\omega t - \frac{5\pi}{6})}{2X_B} d(\omega t) = \frac{\sqrt{6}U_2}{2X_B}\left[\cos\alpha - \cos(\omega t - \frac{5\pi}{6})\right]$$

$$\omega t = \frac{5\pi}{6} + \alpha + \gamma, \quad i_k = I_d,$$

于是

$$I_d = \frac{\sqrt{6}U_2}{2X_B}\left[\cos\alpha - \cos(\alpha + \gamma)\right]$$

$$\cos\alpha - \cos(\alpha + \gamma) = \frac{2X_B I_d}{\sqrt{6}U_2}$$

请注意：以上分析换流过程时，变压器漏感 L_B 的电流 i_a，i_b 是从 I_d 下降至零或从零上升至 I_d，即电感电流变化量为 I_d，但单相桥式整流电路，换流过程中电感电流是从 I_d 变为 $-I_d$，即电流变化量为 $2I_d$，所以单相桥式整流（m=2）时换相压降 $\triangle U_d$ 应比两相半波（也是 m=2）时大一倍。

根据以上分析及结果，可以得出以下结论：

1.出现换相重叠角 γ，整流输出电压平均值 U_d 降低；

2.整流电路的工作状态增多，例如三相桥的工作状态由 6 种增加至 12 种；

3.晶闸管的 di/dt 减小，有利于晶闸管的安全开通；

4.换相时晶闸管电压出现缺口，产生正的 du/dt，可能使晶闸管误导通，为此必须加吸收电路；

5.换相使电网电压出现缺口，实际的整流电源装置的输入端有时加滤波器以消除这

种畸变波形的影响。

五、电容滤波的不可控整流电路

（一）电容滤波的单相不可控整流电路

本电路常用于小功率单相交流输入的场合。目前大量普及的计算机、电视机等家电产品中所采用的开关电源中，其整流部分就是如图 7-20（a）所示的单相桥式不可控整流电路。以下就对该电路的工作原理进行分析，总结其特点。

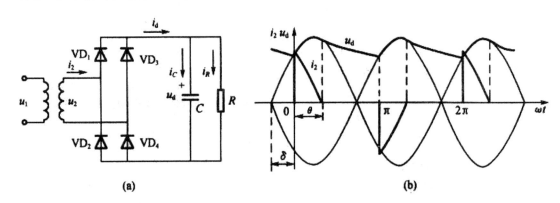

图 7-20　电容滤波的单相桥式不可控整流电路及其工作波形图

（a）电路图；（b）波形图

1.工作原理及波形分析

图 7-20（b）所示为电路工作波形。假设该电路已工作于稳态，同时由于实际中作为负载的后级电路稳态时消耗的直流平均电流是一定的，所以在分析中以电阻 R 作为负载。

该电路的基本工作过程是，在 u 正半周过零点至 $\omega t=0$ 期间，因 $u_2<u_d$，故二极管均不导通，此阶段电容 C 向 R 放电，提供负载所需电流，同时 u_d 下降。至 $\omega t=0$ 之后，u_2 将要超过 u_d，使得 VD_1 和 VD_4 开通，$u_d=u_2$，交流电源向电容充电，同时向负载 R 供电。

设 VD_1 和 VD_4 导通的时刻与 u_2 过零点相距δ角，则 u_2 如下式所示

$$u_2 = \sqrt{2}U_2 \sin(\omega t + \delta)$$

在 VD_1 和 VD_4 导通期间，以下方程式成立

$$u_d(0) = \sqrt{2}U_2 \sin\delta$$

$$u_d(0) + \frac{1}{C}\int_0^t i_C dt = u_2$$

式中，u_2（0）为 VD_1，VD_4 开始导通时刻直流侧电压值。

将 u_2 代入并求解得

$$i_c = \sqrt{2}\omega C U_2 \sin(\omega t + \delta)$$

而负载电流为

$$i_R = \frac{u_2}{R} = \frac{\sqrt{2}U_2}{R}\sin(\omega t + \delta)$$

于是

$$i_d = i_C + i_R = \sqrt{2}\omega C U_2 \cos(\omega t + \delta) + \frac{\sqrt{2}U_2}{R}\sin(\omega t + \delta)$$

设 VD_1、和 VD_4 的导通角为 θ，则当 $\omega t = \theta$ 时，VD_1 和 VD_4 关断。将 $i_d(\theta)=0$ 代入上式得

$$\tan(\theta + \delta) = -\omega RC$$

电容被充电到 $\omega t = \theta$ 时，$u_d = u_2 = \sqrt{2}U_2 \sin(\theta + \delta)$，$VD_1$ 和 VD_4 关断。电容开始以时间常数 RC 按指数函数放电，当 $\omega t = \pi$，即放电经过 $\pi\text{-}\theta$ 角时，u_d 降至开始充电时间的初值 $\sqrt{2}U_2 \sin\delta$，另一对二极管 VD_2 和 VD_3 导通，以后 u_2 又向 C 充电，u_d 与 u_2 正半周的情况一样。由于二极管导通后 u_2 开始向 C 充电时的 u_d 与二极管关断后 C 放电结束时的 u_d 相等，故有下式成立

$$\sqrt{2}U_2 \sin(\theta + \delta) \bullet e^{\frac{\pi - \theta}{\omega RC}} = \sqrt{2}U_2 \sin\delta$$

注意到 $\delta + \theta$ 为第 II 象限的角，由上式得

$$\pi - \theta = \delta + \arctan(\omega RC)$$

$$\frac{\omega RC}{\sqrt{(\omega RC)^2 + 1}}e^{-\frac{\arctan(\omega RC)}{\omega RC}} \bullet e^{-\frac{\delta}{\omega RC}} = \sin\delta$$

在 ωRC 已知时，即可由上式求出 δ，进而由上式求出 θ。显然 δ 和 θ 仅由乘积 ωRC 决定。图 7-21 给出了根据以上两式求得的 δ 和 θ 角随 ωRC 变化的曲线。

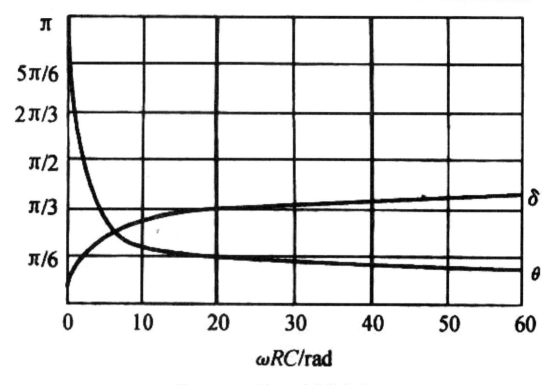

图 7-21 δ，θ随ωRC 变化的曲线

二极管 VD_1 和 VD_4 关断的时刻，即ω_t达到θ的时刻，还可用另一种方法确定。显然，在 u_2 达到峰值之前，VD_1 和 VD_4 是不会关断的。u_2 过了峰值之后，u_2 和电容电压 u_d 都开始下降。VD_1 和 VD_4 的关断时刻，从物理意义上讲，就是两个电压下降速度相等的时刻，一个是电源电压的下降速度$|du_2/d(\omega_t)|$，另一个是假设二极管 VD_1 和 VD_4 关断而电容开始单独向电阻放电时电压的下降速度$|du_d/d(\omega_t)|_p$（下标表示假设）。前者等于该时刻 u_2 导数的绝对值，而后者等于该时刻 u_d 与ωRC 的比值，据此即可确定θ。

2.主要的数量关系

（1）输出电压平均值

空载时，$R=\infty$，放电时间常数为无穷大，输出电压最大，$U_d = \sqrt{2}U_2$。

整流电压平均值 U_d 可根据前述波形及有关计算公式推导得出，但推导烦琐，故此处直接给出 U_d 与输出到负载的电流平均值 I_R 之间的关系，如图 7-22 所示。空载时 $U_d = \sqrt{2}U_2$。重载时，R 很小，电容放电很快，几乎失去储能作用，随负载加重，U_d 逐渐趋近于 $0.9U_2$，即趋近于接近电阻负载时的特性。

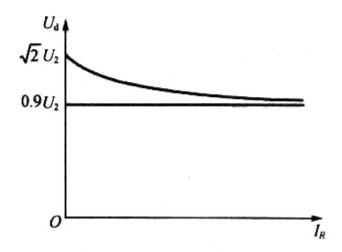

图 7-22　电容滤波的单相桥式不可控整流电路输出电压，与输出电流的关系

通常在设计时根据负载的情况选择电容 C 值，$RC \gg \dfrac{3 \sim 5}{2} T$，$T$ 为交流电源的周期。此时输出电压为

$$U_d \approx 1.2U_2$$

（2）电流平均值

输出电流平均值 I_R 为

$$I_R = U_d/R$$

在稳态时，电容 C 在一个电源周期内吸收的能量和释放的能量相等，其电压平均值保持不变，相应地，流经电容的电流在一个周期内的平均值为零，又由 $i_d = i_c + i_R$ 得出

$$I_d = I_R$$

在一个电源周期中，i 有两个波头，分别轮流流过 VD_1，VD_4、和 VD_2，VD_3。反过来说，流过某个二极管的电流 i_{VD} 只是两个波头中的一个，故其平均值为

$$I_{dVD} = I_d/2 = I_R/2$$

（3）二极管承受的电压

二极管承受反向电压最大值为变压器二次电压最大值，即 $\sqrt{2}U_2$。

在以上讨论过程中，忽略了电路中诸如变压器漏抗、线路电感等的作用。另外，实际应用中为了抑制电流冲击，常在直流侧串入较小的电感，成为感容滤波的电路，如图 7-23（a）所示。此时输出电压和输入电流的波形如图 7-23（b）所示。由波形可见，U_d 波形更平直，而电流 i_2 的上升段平缓了许多，这对于电路的工作是有利的。当 L 与 C 的取值变化时，电路的工作情况会有很大的不同，这里不再做详细介绍。

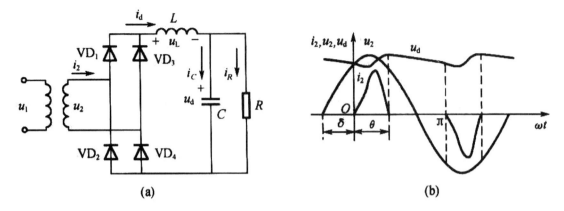

图 7-23　感容滤波的单相桥式不可控整流电路及其工作波形图

（a）电路图；（b）波形图

（二）电容滤波的三相不可控整流电路

在电容滤波的三相不可控整流电路中，最常用的是三相桥式结构，图 7-24 给出了其电路及理想的工作波形。

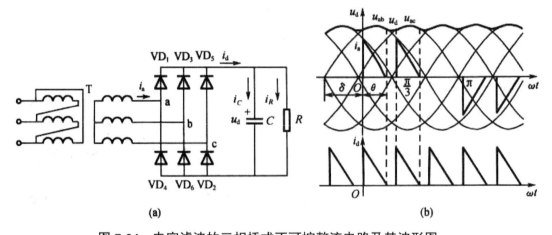

图 7-24　电容滤波的三相桥式不可控整流电路及其波形图

1.基本原理

在该电路中，当某一对二极管导通时，输出直流电压等于交流侧线电压中最大的一个，该线电压既向电容供电，也向负载供电。当没有二极管导通时，由电容向负载放电，u_d 按指数规律下降。设二极管在距线电压过零点δ角处开始导通，并以二极管 VD$_6$ 和 VD$_1$ 开始同时导通的时刻为时间零点，则线电压为

$$u_{ab} = \sqrt{6}U_2 \sin(\omega t + \delta)$$

相电压为

$$u_a = \sqrt{2}U_2 \sin(\omega t + \delta - \frac{\pi}{6})$$

在 $\omega t=0$ 时，二极管 VD$_6$ 和 VD$_1$ 开始同时导通，直流侧电压等于 u_{ab}；下一次同时导通的一对管子是 VD$_1$ 和 VD$_2$，直流侧电压等于 U_{ac} 这两段导通过程之间的交替有两种情况：一种是在 VD$_1$ 和 VD$_2$ 同时导通之前 VD$_6$ 和 VD$_1$ 是关断的，交流侧向直流侧的充电电流 i_d 是断续的；另一种是 VD$_1$ 一直导通，交替时由 VD$_6$ 导通换相至 VD$_2$ 导通，i_d 是连续的。介于两者之间的临界情况是，VD$_6$ 和 VD$_1$ 同时导通的阶段与 VD$_1$ 和 VD$_2$ 同时导通的阶段在 $\omega t+\delta=2m\pi/3$ 处恰好衔接了起来，i_d 恰好连续。由前面所述"电压下降速度相等"的原则，可以确定临界条件。假设在 $\omega t+\delta=2\pi/3$ 的时刻"速度相等"恰好发生，则有

$$\left| \frac{d\left[\sqrt{6}U_2 \sin(\omega t + \delta)\right]}{d(\omega t)} \right|_{\omega t+\delta=\frac{2\pi}{3}} = \left| \frac{d\left[\sqrt{6}U_2 \sin\frac{2\pi}{3} e^{-\frac{1}{\omega RC}\left[\omega t - \left(\frac{2\pi}{3} - \delta\right)\right]}\right]}{d(\omega t)} \right|_{\omega t+\delta=\frac{2\pi}{3}}$$

可得

$$\omega RC = \sqrt{3}$$

这就是临界条件 $\omega RC > \sqrt{3}$ 和 $\omega RC \leq \sqrt{3}$ 分别是电流 i_d 断续和连续的条件。图 7-25 给出了 ωRC 小于 3 时的电流波形。对一个确定的装置来讲，通常只有 R 是可变的，它的大小反映了负载的轻重。因此，可以说，在轻载时直流侧获得的充电电流是断续的，重载时是连续的，分界点就是 $R > \sqrt{3}/(\omega C)$。$\omega RC > \sqrt{3}$ 时，其中 δ 和 θ 的求取可仿照单相电路的方法。δ 和 θ 确定之后，即可推导出交流侧线电流 i_a 的表达式，在此基础上可对交流侧电流进行谐波分析。由于推导过程十分烦琐，这里不再详述。以上分析的是理想的情况，未考虑实际电路中存在的交流侧电感以及为抑制冲击电流而串联的电感。当考虑上述电感时，电路的工作情况发生变化，其电路图和交流侧电流波形如图 7-26 所示，其中图（a）为电路原理图，图（b）（c）分别为轻载和重载时的交流侧电流波形图。将电流波形与不考虑电感时的波形比较可知，当有电感时，电流波形的前沿平缓了许多，有利于电路的正常工作；随着负载的加重，电流波形与电阻负载时的交流侧电流波形逐渐接近。

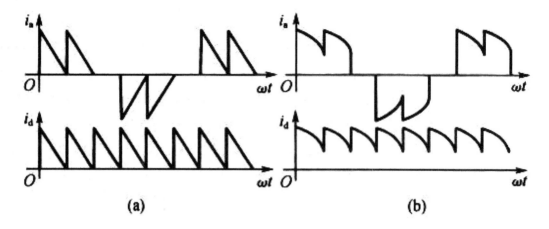

图 7-25　电容滤波的三相桥式整流电路当 ωRC 等于和小于 $\sqrt{3}$ 时的电流波形图

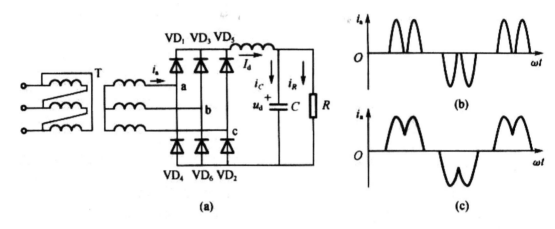

图 7-26　考虑电感时电容滤波的三相桥式整流电路及其波形图

（a）电路原理图；（b）轻载时的交流侧电流波形图；（c）重载时的交流侧电流波形图

2.主要数量关系

（1）输出电压平均值

在空载时，输出电压平均值最大，$U_d = \sqrt{6}U_2 = 2.45U_2$。随着负载加重，输出电

压平均值最小，至 $\omega RC = \sqrt{3}$ 进入 i_d 连续情况后，输出电压波形为线电压的包络线，其

平均值为 $U_d = 2.34U_2$。可见，U_d 在 $2.34U_2 \sim 2.45U_2$ 之间变化。与电容滤波的单相桥式不可

控整流电路相比，U_d 的变化范围小得多，当负载加重到一定程度后，U_d 就稳定在 $2.34U_2$

不变了。

（2）电流平均值

输出电流平均值 I_R 为

$$I_R = U_d/R$$

与单相电路情况一样，电容电流 i_c 平均值为零，因此

$$I_d = I_R$$

在一个电源周期中，i_d 有 6 个波头，流过每一个二极管的是其中两个波头，因此二极管电流平均值为 I_d 的 1/3，即

$$I_{dVD} = I_d/3 = I_R/3$$

（3）二极管承受的电压

二极管承受的最大反向电压为线电压的峰值，为 $\sqrt{6}U_2$。

六、整流电路反电动势负载

（一）R-E 负载

当负载为蓄电池、直流电动机的电枢（忽略其中的电感）等时，负载可看成一个直流电压源，对于整流电路，它们就是反电动势负载。如图 7-27（a）所示，当忽略主电路各部分的电感时，只有在 u_2 瞬时值的绝对值大于反电动势即 $|u_2|>E$ 时，才有晶闸管承受正电压，才能触发导通。$|u_2|<E$ 时，晶闸管承受反压阻断，因此，反电动势负载时晶闸管导电角θ较小。在晶闸管导通期间输出整流电压 $u_d=E+i_dR$。在晶闸管阻断期间，负载端电压保持为原有电动势 E，故整流输出电压即负载端直流平均电压比电阻、电感性负载时要高一些。输出电流波形出现断续，其波形如图 7-27（b）所示，图中δ称为停止导电角，$\delta = \arcsin(\dfrac{E}{\sqrt{2}U_2})$。

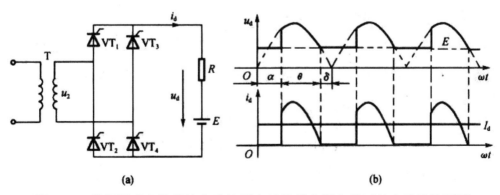

图 7-27　单相桥式全控整流电路接反电动势带电阻负载时的电路及波形图

259

数量关系如下：

1.整流电路输出直流电压平均值

$$U_d = E + \frac{1}{\pi}\int_{\alpha}^{\pi-\delta}(\sqrt{2}U_2\sin\omega t - E)d(\omega t) = \frac{\sqrt{2}U_2}{\pi}(\cos\delta + \cos\alpha) + \frac{\delta+\alpha}{\pi}E$$

2.整流电路输出直流电流平均值

$$I_d = \frac{1}{\pi}\int_{\alpha}^{\pi-\delta}\frac{u_2-E}{R}d(\omega t) = \frac{1}{\pi R}\left[\sqrt{2}U_2(\cos\delta+\cos\alpha) - E\theta\right]$$

如图 7-27（b）所示 i_d 波形在一周期内有部分时间为 0 的情况，称为电流断续。与此对应，若 i_d 波形不出现为 0 的情况，称为电流连续。当 α<δ 时，触发脉冲到来时，晶闸管承受负电压，不可能导通。为了使晶闸管可靠导通，要求触发脉冲有足够的宽度，以保证当 ωt=δ 时刻晶闸管开始承受正电压时，触发脉冲仍然存在。这样，相当于触发角被推迟δ即α=δ。

（二）R-L-E 负载

负载为直流电动机时，如果出现电流断续则电动机的机械特性将很软。从图 7-27（b）可看出，导通角θ越小，则电流波形的底部就越窄。电流平均值是与电流波形的面积成比例的，因而为了增大电流平均值，必须增大电流峰值，这要求较多地降低反电动势。因此，当电流断续时，随着 I_d 的增大，转速 n（与反电动势成比例）降落较大，机械特性较软，相当于整流电源的内阻增大。较大的电流峰值在电动机换向时容易产生火花。与此同时，对于相等的电流平均值，若电流波形底部越窄，则其有效值越大，要求电源的容量也大。

为了克服以上缺点，一般在主电路中直流输出侧串联一个平波电抗器，用来减少电流的脉动和延长晶闸管导通的时间。若负载反电动势为 E，等效电感为 L，电阻为 R，电枢电流连续（导电角θ=π），如果取晶闸管导电起始点（α处）为时间坐标的零点，那时 u_2 可表达为 $u_2 = \sqrt{2}U_2\sin(\omega t + \alpha)$，则图 7-28 的电路电压平衡方程为出

$$L\frac{di_d}{dt} + Ri_d = \sqrt{2}U_2\sin(\omega t + \alpha) - E$$

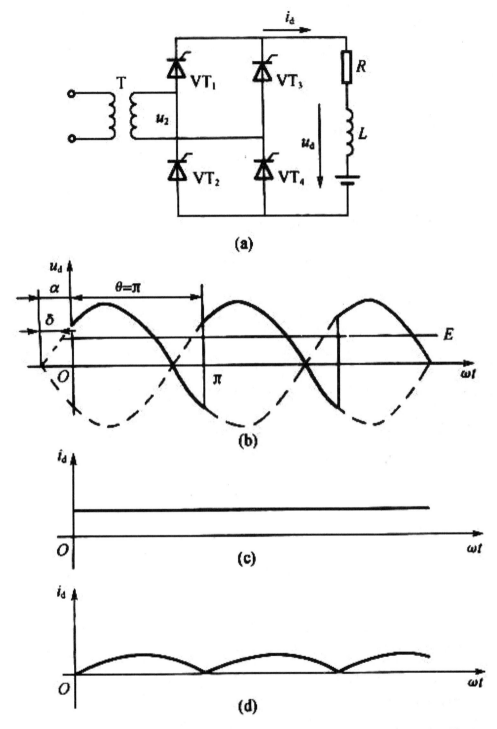

图 7-28　单相桥式全控整流电路带反电动势负载串平波电抗器电流连续情况

设 I_d 为 i_d 的直流平均值，由于电阻压降通常远小于 $E+L\dfrac{di_d}{dt}$，故上式中可近似取

$Ri_d=R_d$，得到

261

$$L\frac{di_d}{dt} = \sqrt{2}U_2 \sin(\omega t + \alpha) - (E + RI_d)$$

在电流连续、导电角θ=π时，整流电压 u_d 的波形和负载电流 i_d 的波形如图 7-28（b）（c）所示，与电感负载电流连续时的波形相同。

整流电路输出的直流电压平均值 U_d 应等于一个周期中 L，R 压降平均值与 E 之和。在一个周期中电感 L 压降平均值为零，故有

$$U_d = RI_d + E = \frac{2\sqrt{2}}{\pi}U_2 \cos\alpha$$

由上式得到

$$L\frac{di_d}{dt} = \sqrt{2}U_2 \sin(\omega t + \alpha) - \frac{2\sqrt{2}}{\pi}U_2 \cos\alpha$$

如果串接电感后，使电流 i_d 处于临界连续工作情况，如图 7-28（d）所示，取晶闸管导电起始点（α处）为时间坐标的零点，VT_1，VT_4 在 $\omega t=0$ 被触发导通时，i_d 从零上升至 I_{dm}（当瞬时值 $u_d=u_2=Ri_d+E$ 时，$L\frac{di_d}{dt}=0$，$I_d=I_{dm}$），然后 i_d 开始下降，到 VT_2，VT_3 被触发导通的 $\omega t=\pi$ 时，正好降为零。这时由上式可得到临界电流连续时的电流 i_d（t）为

$$i_d(t) = \int_0^{i_d} di_d = \frac{\sqrt{2}U_2}{\omega L}\left[\int_0^{\omega t}\sin(\omega t + \beta)d(\omega t) - \int_0^{\omega t}\frac{2}{\pi}\cos\alpha d(\omega t)\right]$$

$$= \frac{\sqrt{2}U_2}{\omega L}\left[\cos\alpha - \cos(\omega t + \alpha) - \frac{2}{\pi}\cos\alpha \bullet \omega t\right]$$

电流临界连续时，直流电流平均值 $I_{d\min} = \frac{1}{\pi}\int_0^\pi i_d(\omega t)d(\omega t)$，由上式的 i_d 可求得

$$I_{d\min} = \frac{2\sqrt{2}U_2}{\pi\omega L}\sin\alpha$$

上式表明，处于临界电流连续时的负载电流平均值 I_{dmin} 与触发角α及电感 L 有关，当实际负载电流 $I_d > I_{dmin}$ 时电流连续，θ=π。当实际负载电流 $I_d < I_{dmin}$ 时，负载电流 i_d（t）断流，导电角θ<π。为了使电流在任何α值时都连续，则负载电流的平均值 I_d 应大于上式，式中令α=90°的 I_{dmin} 即

$$I_d = \frac{2\sqrt{2}U_2}{\pi\omega L}$$

由此得到单相桥式相控整流电流连续条件是

$$L \geq \frac{2\sqrt{2}U_2}{\pi \omega I_d} = 2.87 \times 10^{-3} \frac{U_2}{I_d}(H)$$

式中$\omega=2\pi f=2\pi \times 50 \approx 314$；$U_2$为相电压有效值；电感 L 应是电动机电枢自身电感$L_a$与外加串接电感$L_e$之和。

上式说明若负载电流较小，必须有较大的电感才能使电流连续（$\theta=\pi$）。通常取电动机额定电流的 5%~10%为最小负载电流I_g来计算电感 L，外串电感$L_e=L-L_a$。

单相桥式整流电压u_d在一个电源周期中有两个电压脉波（脉波数 m=2）称为两脉波整流；单相半波整流电压u_d在一个周期中仅有一个电压脉波（m=1）；三相半波整流电路输出电压u_d在每周期中有三个电压脉波 m=3；三相全桥整流电路 m=6，每周期有六个脉波。类似以上的数学分析可以求得 3 脉波、6 脉波整流电路带反电动势负载时电流临界连续的电感量 L。

七、全控整流电路的有源逆变工作状态

（一）逆变的概念

与整流过程相反，将直流电转变成交流电的过程叫作逆变。例如，电力机车工作时，电网的交流电经可控整流后供给直流电动机拖动机车，当机车下坡时，直流电动机作为发电机制动运行，机车的势能转变为电能，反送到交流电网中去。把直流电逆变成交流电的电路称为逆变电路。当交流侧和电网连接时，这种逆变电路称为有源逆变电路；当交流侧不与电网连接，而直接接到负载，即把直流电逆变为某一频率或可调频率的交流电供给负载，称为无源逆变，对应的电路称为无源逆变电路。

从上述例子可以看出，同一套可控电路，既可以用作整流电路，也可以用作逆变电路，关键在于电路的工作条件。因此，在学习本节时必须注意，在什么条件下是整流，在什么条件下是逆变。为了叙述方便，下面将这种既工作在整流状态又工作在逆变状态的整流电路称为变流电路。

本节以全控整流电路为例，介绍有源逆变电路的工作条件、最小逆变角的限制等内容。

下面先从直流发电机-电动机系统入手，研究其间电能流转的关系，再转入变流器中分析交流电和直流电之间电能的流转，以掌握实现有源逆变的条件。

1.直流发电机-电动机系统电能的流转

图 7-29 所示直流发电机-电动机系统中，M 为他励电动机，G 为他励发电机，励磁

回路未画出。控制发电机电动势的大小和极性，可实现电动机四象限的运转状态。下面分别讨论几种不同情况。

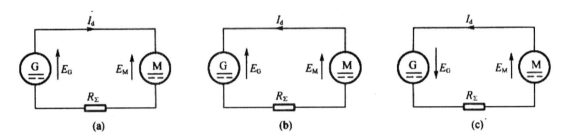

图 7-29　直流发电机-电动机之间电能的流转

（1）两电动势同极性，且 $E_G>E_M$

在图 7-29（a）中，发电机电动势大于电动机反电动势，即 $E_G>E_M$，电流 I_d 从 G 流向 M，I_d 的值为

$$I_d = \frac{E_G - E_M}{R_\Sigma}$$

式中，R_Σ 为主回路的电阻。此时发电机 G 输出电功率 $E_G I_d$，电动机 M 吸收电功率 $E_M I_d$，即发电机的电能转变为电动机轴上输出的机械能，还有少量 $F^2{}_d R_\Sigma$ 是热耗，消耗在回路的电阻上。

（2）两电动势同极性，且 $E_M>E_G$。

如图 7-29（b）所示，$E_M>E_G$，电流反向，从 M 流向 G，其值为

$$I_d = \frac{E_M - E_G}{R_\Sigma}$$

此时 I_d 和 E_M 同方向，与 E_G 反向，M 输出电功率 $E_M I_d$，G 则吸收电功率 $E_G I_d$，R_Σ 上是热耗，电动机 M 处于发电回馈制动运行，将轴上的机械能转变为电能反送给 G，另有少量变为 R_Σ 上的热耗。

（3）两电动势反极性，形成短路。

如图 7-29（c）所示，此时两电动势顺向串联，向电阻 R_Σ 供电，G 和 M 均输出功率，消耗在 R_Σ 上。由于 R_Σ 一般都很小，所以电流相当大，实际上形成短路，在工作中必须严防这类事故发生。

可见两个电动势同极性相接时，电流总是从电动势高的流向电动势低的，由于回路电阻很小，即使很小的电动势差值也能产生大的电流，使两个电动势之间交换很大的功率，这对分析有源逆变电路是十分有用的。

这里需要指出，对于变流电路而言，我们把它看成一个电源，说它吸收或者输出能

量是指一个电源周期讲的，而不能只看某一瞬时。因此，在分析有源逆变电路的能量转换关系时，一律使用平均值。

2.逆变产生的条件

下面以单相桥式全控电路代替上述发电机，举例说明整流状态到逆变状态的转换。如图 7-30 所示为装置在不同状态下的能量图和波形图，分析中假设回路电感 L 足够大，可以使电枢电流连续平直。图 7-30（a）中，M 工作在电动机状态，反电动势 E_M 上正下负，全控电路工作在整流状态，α处在 $0\sim\pi/2$ 区域内，直流侧输出电压 U_d 为正值，即上正下负，并且 $U_d>E_M$，整流电流 $I_d=（U_d-E_M）/R_\Sigma$。因 R_Σ 通常很小，为防止电流过大，故必须控制 $U_d\approx E_M$。此时，电能由交流电网通过变流电路流向直流电动机。

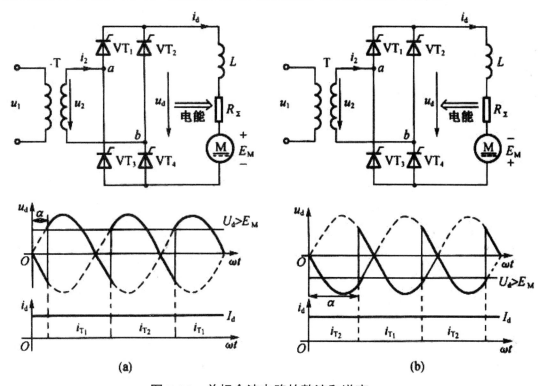

图 7-30　单相全波电路的整流和逆变

在图 7-30（b）中，电动机 M 做发电回馈制动运行，由于晶闸管器件的单向导电性，电路内 I_d 的方向依然不变，欲改变电能的输送方向，只能改变 E_M 的极性。为了防止 E_M 和 U_d 顺向串联，U_d 的极性也必须反过来，即 U_d 应为负值，且 $|E_M|>|U_d|$ 电枢电流 $I_d=（|E_M|>|U_d|）/R_\Sigma$。为防止过电流，同样应满足 $E_M\approx U_d$ 条件。这时，直流电动机轴上输入的机械能转换成电能，通过变流电路输送给交流电网，实现了逆变。

要使直流平均电压 U_d 极性反向，可以调节触发角α。当α在 $\pi/2\sim\pi$ 范围内时，变流电路工作在逆变状态。在逆变工作状态下，虽然晶闸管的阳极电位大部分处于交流电压为负的半周期，但由于有外接直流电动势 E_m 的存在，使晶闸管仍能承受正向电压而导通。

从上述分析中，可归纳出以下两个条件，它们同时具备才能实现有源逆变：

（1）要有直流电动势，其极性需和晶闸管的导通方向一致，其值应大于变流器直流侧的平均电压；

（2）变流电路的直流平均电压 U_d 必须为负值，即必须使触发角 $\alpha>\pi/2$。

必须指出，半控桥或有续流二极管的电路，因其整流电压 u_d 不能出现负值，也不允许直流侧出现负极性的电动势，故不能实现有源逆变。欲实现有源逆变，只能采用全控电路。

（二）三相桥式整流电路的有源逆变工作状态

三相有源逆变要比单相有源逆变复杂些，但我们知道整流电路带反电动势、阻感负载时，整流输出电压与触发角之间存在余弦函数关系，即

$$U_d=U_{d0}\cos\alpha$$

逆变和整流的区别仅仅是触发角 α 的不同。当 $0<\alpha<\pi/2$ 时，电路工作在整流状态；当 $\pi/2<\alpha<\pi$ 时，电路工作在逆变状态。

为实现逆变，需一反向的 E_M，而 U_d 在上式中因 α 大于 $\pi/2$ 已自动变为负值，完全满足逆变的条件，因而，可沿用整流的办法来处理逆变时有关波形与参数计算等各项问题。

为分析和计算方便起见，通常把 $\alpha>\pi/2$ 时的触发角用 $\beta=\pi-\alpha$ 表示，β 称为逆变角。

触发角 α 是以自然换相点作为计量起始点的，由此向右方计量，而逆变角 β 和触发角 α 的计量方向相反，其大小自 $\beta=0$ 的起始点向左方计量，两者的关系是 $\alpha+\beta=\pi$，或 $\beta=\pi-\alpha$。

（三）逆变失败与最小逆变角的限制

当发生逆变运行时，一旦发生换相失败，外接的直流电源就会通过晶闸管电路形成短路，或者使变流器的输出平均电压和直流电动势变成顺向串联。由于逆变电路的内阻很小，就会形成很大的短路电流，这种情况称为逆变失败，或称为逆变颠覆。

1.逆变失败的原因

造成逆变失败的原因很多，主要有下列几种情况：

（1）触发电路工作不可靠，不能适时、准确地给各晶闸管分配脉冲，如脉冲丢失、脉冲延时等，致使晶闸管不能正常换相，使交流电源电压和直流电动势顺向串联，形成短路；

（2）晶闸管发生故障，在应该阻断期间，器件失去阻断能力，或在应该导通时，器件不能导通，造成逆变失败；

（3）在逆变工作时，交流电源发生缺相或突然消失，由于直流电动势 E_M 的存在，晶闸管仍可导通，此时变流器的交流侧由于失去了同直流电动势极性相反的交流电压，因此，直流电动势将通过晶闸管使电路短路；

（4）换相的裕量角不足，引起换相失败，应考虑变压器漏抗引起重叠角对逆变电路换相的影响，如图 7-31 所示。

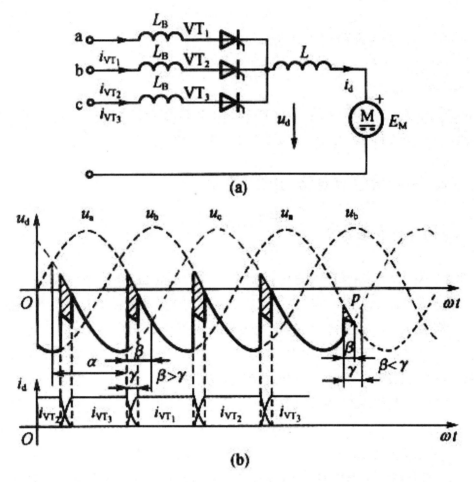

图 7-31　交流侧电抗对逆变换相过程的影响

由于换相有一过程，且换相期间的输出电压是相邻两电压的平均值，故逆变电压 U_d 要比不考虑漏抗时的更低（负的幅值更大）。存在重叠角会给逆变工作带来不利的后果，如以 VT_1 和 VT_2 的换相过程来分析，如图 7-31（b）所示，当逆变电路工作在β>γ时，经过换相过程后，b 相电压 u_b 仍高于 a 相电压 u_a，所以，换相结束时，能使 VT_1 承受反压而关断。如果换相的裕量角不足，即当β<γ时，从图 7-31（b）的波形中可清楚地看到，换相尚未结束，电路的工作状态到达自然换相点 p 之后，u_a 将高于 u_b，晶闸管 VT_2 承受反压而重新关断，使得应该关断的 VT_1 不能关断却继续导通，且 a 相电压随着时间的推

移愈来愈高，电动势顺向串联导致逆变失败。

综上所述，为了防止逆变失败，不仅逆变角β不能等于零，而且不能太小，必须限制在某一允许的最小角度内。

2.确定最小逆变角β_{min}的依据

逆变时允许采用的最小逆变角β应为

$$\beta_{min}=\delta+\gamma+\theta'$$

式中δ——晶闸管的关断时间t_g折合的电角度；

γ——换相重叠角；

θ'——安全裕量角。

晶闸管的关断时间t_q，大的可达200~300μs，折算到电角度γ为4°~5°。至于重叠角γ，它随直流平均电流和换相电抗的增加而增大。

八、晶闸管整流电路的触发控制

（一）数字化触发器

集成触发器，都是利用控制电压的幅值与交流同步电压综合（又称垂直控制）来获得同步和移相脉冲，即用控制电压的模拟量来直接控制触发相位角的，称为模拟触发电路。由于电路元件参数的分散性，各个触发器的移相控制必然存在某种程度的不一致，这样用同一幅值的电压去控制不同的触发器，将产生各相触发脉冲延迟角（或超前角）误差，导致三相波形的不对称，这在大容量装置的应用中，将造成三相电源的不平衡中线出现电流。一般模拟式触发电路各相脉冲不均衡度为±3°，甚至更大。

晶闸管触发信号，本质上是一种离散量，完全可由数字信号实现。随着微电子技术的发展，特别是微型计算机的广泛应用，数字式触发器的控制精度可大大提高，其分辨率可达0.7°~0.003°，甚至更高。由于微电子器件种类繁多，具体电路各异，可由单片机或数字集成电路构成，本节仅对数字触发器的基本原理做一些介绍。

由硬件构成的数字触发器原理如图7-32所示。它由时钟脉冲发生器、模拟/数字转换器（A/D转换器）、过零检测与隔离、计数器、脉冲放大与隔离等几个基本环节组成，其中核心部分是计数器，它可由计数器芯片或计算机来实现，如图7-32虚框所示。

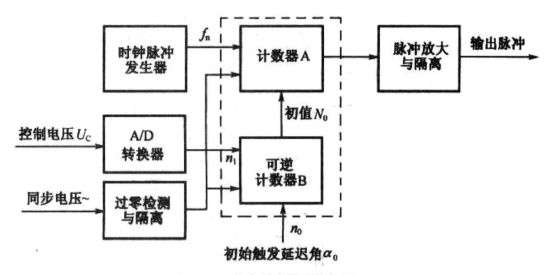

图 7-32 数字触发器结构框图

数字触发器各环节的功能如下：

1.时钟脉冲发生器

时钟脉冲发生器是计数器计数脉冲源，要求脉冲频率稳定，一般由晶体振荡器产生。

2.A/D 转换器

它将输入控制电压 U_c 的模拟量（一般是电压幅值）转换为相应的数字量（即脉冲数）。

3.过零检测与隔离

过零检测是数字触发器的同步环节，它将交流同步电压过零点时刻以脉冲形式输出，作为计数器开始计数的时间基准；输入隔离是为了使强弱电隔开，以保护集成电路或微型计算机。

4.计数器

计数器 A 为加法（或减法）计数器。当为加法计数器时，它从预先设置的初值 N_0 进行加法计数，至计满规定值 N 后输出触发脉冲，计数的差值（N-N_0）所需时间决定了触发延迟角 α_0；当为减法计数器时，由初值 N_0 进行减法计数，待减至零时输出触发脉冲，初值 N_0 直接决定触发延迟角 α_0。可逆计数器 B 给计数器 A 设置初值 N_0，N_0 由触发器的初始延迟角 α_0 以及控制电压 U_c 所决定。

5.脉冲放大与隔离

将脉冲放大到所需功率并整形到所需宽度，经隔离送至相应晶闸管。通常输出隔离是必不可少的。

在电路各环节功能了解之后，就不难懂得电路的工作原理。当控制电压 U_c 为零时，A/D 转换器输出亦为零。设可逆计数器 B 送至计数器 A 的初值 $N_0=n_0$，计数器 A 为减法计数，计数脉冲频率为 f_0，则初始触发延迟角 α_0 为

当控制电路 U_c 为某一负值时，A/D 有输出脉冲 n_0，它与 U_c 成正比。设控制电压极性"负号"使可逆计数器 B 进行减法运行，则送至计数器 A 的初值 $N_0=n_0-n_1$。当过零脉冲到来后，计数器 A 开始减法计数，显然这使触发延迟角 a 减小；当 $+U_c$ 控制时，使可逆计数器 B 进行加法计算，送至计数器 A 的初值 N_0（$N_0=n_0+n_1$）增加，这样就使触发延迟角 α 变大。过零检测脉冲是数字触发器输出脉冲时间基准，它使计数器 A 开始计数。当计数器 A 减至零（或计满 N）时输出一触发脉冲，并使计数器 A 清零，为下次置数做准备。同步电压及其输出脉冲波形如图 7-33 所示。

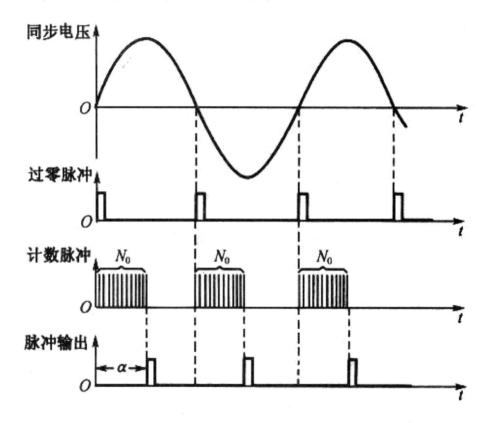

图 7-33　减法计数时数字触发器各点波形图

数字触发器的精度，取决于计数器的工作频率和它的容量，对 M 位二进制计数器来说，其分辨率 $\triangle\varphi=180°/2^n$。采用 8 位二进制计数器时，它的分辨率可达 0.7°，而采用 16 位二进制计数器可达 0.0027%。

（二）微机数字触发器

随着微机的广泛应用，构成计算机控制的系统或装置越来越多。在有计算机参与的晶闸管变流装置中，计算机除了完成系统有关参数的控制与调节外，还可以实现数字触发器的功能，使系统控制更加准确与灵活，但省去多路模拟触发电路。

现以 MCS-96 系列 8098 单片机构成数字触发器为例说明，其原理如图 7-34 所示。与模拟触发器一样，数字触发器同时也包括同步、移相、脉冲形成与输出四部分。

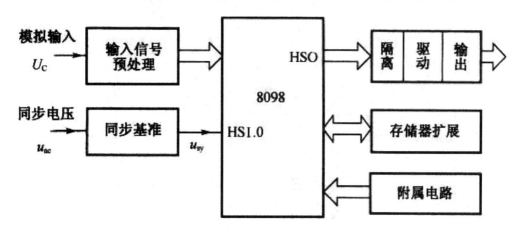

图 7-34　单片机数字触发器

1.脉冲同步

以交流同步电压过零作为参考基准，计算出触发延迟角α的大小，定时器按α值和触发的顺序分别将脉冲送至相应晶闸管的门极。

数字触发器根据同步基准的不同分为绝对触发方式和相对触发方式。所谓绝对触发方式，是指每一触发脉冲的形成时刻均由同步基准决定，在三相桥式电路中需有六个同步基准交流电压及一个专门的同步变压器；而相对触发方式仅需一个同步基准，当第一个脉冲由同步基准产生后，再以第一个触发脉冲作为下一个触发脉冲的基准，依此类推。对三相桥式电路而言，当用相对触发方式时相继以滞后 60° 的间隔输出脉冲，但由于电网频率会在 50Hz 附近波动，所以，α 角及滞后的 60° 电角度的产生必须以电网的一个周期作为 360° 电角度来进行计算，为有效避免积累误差必须进行电网周期的跟踪测量。

同步电压可以用相电压，也可以用线电压，触发器的定相不再需要用同步变压器的连接组来保证相位差，而是在计算第一个脉冲（1 号脉冲）的定时值时加以考虑。例如，当以线电压 u_{ac} 作为交流同步电压时，经过过零比较形成的同步基准信号 u_{sy}（图 7-35）用于三相桥电路，它的上跳沿正好是α=0°，在 HSI.0 中断服务程序中就是读取当前触发延迟角 α 的基准，而当用相电压 u_a 作同步电压时，其过零点就有-30°的相位差。

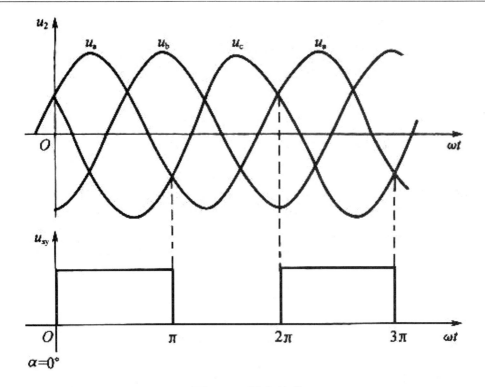

图 7-35 同步基准

2.脉冲移相

当同步信号正跳沿发生时，8098 的 HSI.0 中断立即响应，根据当前输入控制电压 U_C 值计算α值。

设移相控制特性线性，当 $+U_{cm}$ 时，$\alpha_{max}=150°$；当 $-U_{cm}$ 时，$\alpha_{min}=30°$，则

$$\alpha = 90° + 60° \frac{U_C}{U_{Cm}}。$$

由于 8098 具有四路 10 位 AVD 转换通道，不需要再外接 A/D 转换电路，但 8098 单片机 A/D 转换器对外加控制电压有一定要求，它只允许 0~+5 V 的输入电压进行转换，而实际的输入不仅有幅值的差异，还有极性的不同，由此需设置输入信号预处理电路，它的任务是判断输入信号的极性及提取输入信号的幅值。一种可行的办法是：将有极性的输入控制电压 U_c 分成两路，一路直接输入，另一路反相输入，这两路输入均正限幅值为+5 V，负限幅值为-0V。这样，不管输入是正还是负，均为相应的正电压输入，但在不同的通道输出，可根据不同的通道来判断输入的极性并获得相应的幅值。

8098 单片机使用的晶振为 12 MHz，其机器周期为 0.25μs，硬件定时器 T_1 是每八个机器周期计数一次，故计数周期为 2μs。采用相对触发方式时利用相邻同步信号上升沿之间的时间差来计算电网周期。设前一个同步基准到来时定时器 T_1 计数值为 t_1，当前同

步基准到来时定时器计数值为 t_2，则电网周期 $T=t_2-t_1$，单位电角度对应的时间为 T/360°，α电角度对应的时间 $T_{1U}=\alpha T/360°$，T_{1U} 即为在同步基准上升沿发生后第一个脉冲的触发时间。改变第一个脉冲产生的时间就意味着脉冲移相。

3.脉冲形成与输出

利用 8098 软硬件定时器、高速输出通道 HSO 和高速输入通道 HSI 的功能，使用软件定时中断实现触发脉冲的产生和输出。

当同步信号的正跳沿发生时，立即引起 HSI.0 外中断，它根据α计算每周期第一个脉冲对应的时间值 T_{1U}，此即触发脉冲的上升沿定时值，脉冲下降沿定时值 T_{1D} 由脉宽决定，设脉宽为 15°，则 $T_{1D}=（\alpha+15°）T/360°$，将 T_{1U}，T_{1D} 恒置入 HSO 的存储区 CAW 中，HSO 通过与定时器 T_1，比较，在 T_{1U} 时刻输出高电平，在 TT_{1D} 时刻输出低电平，这样就形成了 1 号触发脉冲。

当 1 号脉冲上升沿到来时，HSO 产生中断，根据当前α值，加上两相邻脉冲之间的相位差 $\Delta\alpha$，在三相桥电路中 $\Delta\alpha=60°$，则 2 号脉冲的定时值为：上升沿定时值 $T_{2U}=（\alpha+60°）T/360°$；下降沿定时值 $T_{2D}=（\alpha+75°）T/360°$。

同理，当 2 号触发脉冲至 6 号脉冲的上升沿产生时，也分别引起 HSO 中断，产生 3 号触发脉冲至 6 号触发脉冲。

8098 总片机具有六路高速脉冲输出通道 HSO，因此 HSO 六路输出脉冲可分别送至三相桥电路的相应六只晶闸管，但它必须经过光电隔离、功率放大及变压器隔离输出。8098 单片机具有 64KB 寻址空间，除了 256 个内部特殊存储器外，其余空间均需扩展，用来存放系统控制程序、存储实时采样的数据、各种中间结果及地址缓存等，存储器扩展电路为此而设置。

此外，8098 单片机的附属电路应包括复位电路、模拟基准高精度 5 V 电源、12 MHz晶振等。

第三节 滤波电路

滤波电路的功能是滤除整流电路输出中的交流分量，使脉动的电压变成平滑的直流电压。常用的滤波电路主要有电容滤波电路、电感滤波电路等。

一、电容滤波电路

在整流电路的输出端并联一个较大容量的电容就构成电容滤波电路。如图 7-36 所示。电容与负载并联，电容具有储存电能的作用。当电源供给电压升高时，电容把部分能量储存起来；当电源电压降低时，电容又释放出所储存的能量，使得负载电压波动减小，趋于平滑。

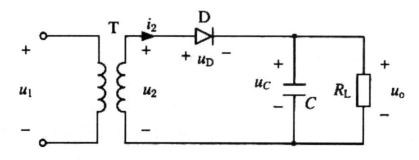

图 7-36 半波整流电容滤波电路

1.滤波工作原理分析

为了进一步说明电容充放电的工作过程，画出图 7-36 电路的输出电压 u_0 的波形图，如图 7-37 所示。图中的虚线表示半波整流电路未加滤波电容 C 时的整流输出电压 $u_o{}'$ 的波形，实线表示加上滤波电容 C 后的输出电压 u_o 的波形，也就是电容上电压 u_c 的波形。

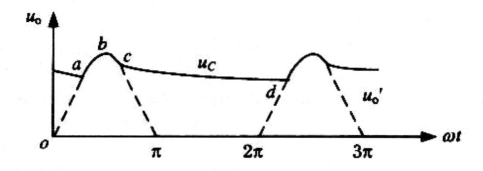

图 7-37 半波整流电容滤波电路的输出电压波形

当变压器副边电压 u_2 处于正半周的上升段，且有 $u_2>u_c$ 时，二极管 D 导通。若变压器的内阻很小，并忽略二极管的正向导通电阻，有 $u_c≈u_2$。此时，变压器副边电流 i_2 向电容 C 充电。电容电压 u_c 随 u_2 上升，见图 7-37 中的曲线的 ab 段。

当 u_2 上升到峰值后开始下降。此时，二极管 D 仍是正向偏置，处于导通状态。电容 C 开始通过 R_L 放电，u_c 开始下降，仍有 $u_c≈u_2$，见图 7-37 曲线 bc 段。

电容按指数规律放电，电容电压 u_c 下降的速度越来越慢。当 u_2 和 u_c 下降到一定数值后，u_c 的下降速度将小于 u_2 的下降速度，进而使 $u_c>u_2$。这就导致二极管 D 反向偏置而截止。此后，电容 C 继续通过 R_L 放电，电容电压 u_c 按指数规律下降，时间常数为

$$\tau = R_L C$$

见图 7-37 中曲线的 cd 段。

在下一个周期正半周，u_2 上升到图 7-37 曲线的 d 点后，$u_2>u_c$，二极管由截止变导通，重复上述过程。

从图 7-37 所示的波形可以看出，经滤波后的输出电压 u_o 变得平滑，平均值也提高了。如果考虑到变压器内阻和整流二极管的正向导通电阻，电容电压 u_c 即滤波电路输出电压 u_o 的波形，如图 7-38 所示。与图 7-37 所示的波形稍有不同，阴影部主要分为变压器内阻和二极管导通电阻上的压降。

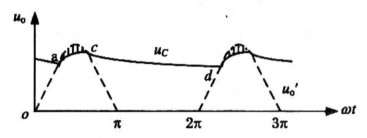

图 7-38　考虑整流电路内阻时电容滤波电路输出波形

在滤波过程中，电容 C 充电时，由于变压器内阻和二极管导通电阻很小，因而，充电时间常数很小，电容电压上升较快。电容 C 放电时，放电时间常数为 R_LC。电容 C 越大，负载电阻 R_L 越大，放电时间常数越大，电容电压下降越慢，输出电压越平滑。

图 7-39 所示为桥式全波整流电容滤波电路及其输出电压的波形。该滤波电路的工作原理与半波整流滤波电路完全相同。显然，在时间常数 $\tau=R_LC$ 相同的情况下，全波整流滤波电路输出波形的波动更小，输出电压平均值更大些。

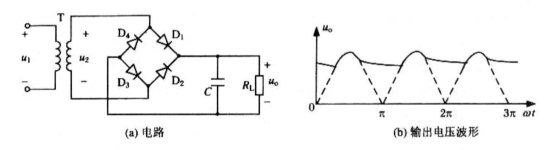

(a) 电路　　　　　　　　　　　(b) 输出电压波形

图 7-39　桥式全波整流电容滤波电路及输出电压波形

2.滤波电路输出电压平均值

一般整流电路内阻很小，充电时间常数很小。而放电时间常数 R_LC 较大。为了方便估算滤波电路输出电压的平均值，可将图 7-39（b）所示的波形近似为图 7-40 所示波形。

图中 T 为供电电压的周期，U_2 为变压器副边交流电压有效值。设电容电压 u_c 放电期间的函数为

$$u_c(t) = \sqrt{2}U_2 e^{-\frac{1}{\tau}}$$

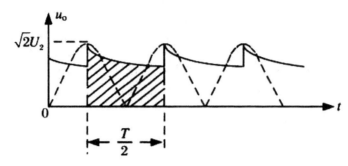

图 7-40　电容滤波电路输出电压平均值计算

其平均值为

$$u_{oA} = \frac{1}{T/2}\int_0^{\frac{T}{2}} \sqrt{2}U_2 e^{-\frac{1}{\tau}} dt = 2\sqrt{2}U_2\left(\frac{\tau}{T}\right)\left(1 - e^{-\frac{1}{2\tau}}\right)$$

由上式可知，滤波电路的输出电压平均值与放电时间常数 τ 有关。τ 愈大，则输出电压平均值愈大。当 $\tau=2T$ 时，有

$$u_{oA} \approx 1.2U_2$$

3.整流二极管的导通角

未加滤波电容的整流电路中，二极管在半个周期导通，即导通角 $\theta=\pi$。加上滤波电容之后，二极管的导通时间也就是电容充电的时间。显然，二极管的导通角 θ 远小于 π，如图 7-41 所示。并且，放电时间常数 $\tau=R_LC$ 愈大，导通角 θ 愈小。所以整流二极管在导通的短暂时间流过一个很大的冲击电流。二极管这种工作状态，对二极管的安全有很大影响。通常应选择其最大整流平均电流 I_M 为负载电流的 2~3 倍以上。

4.电容滤波电路的负载特性

电容滤波电路的输出直流电压平均值 U_{OA} 随输出电流平均值 I_{oA} 变化的关系，称为负载特性，如图 7-42 所示。它与放电常数 $\tau=R_LC$ 密切相关。

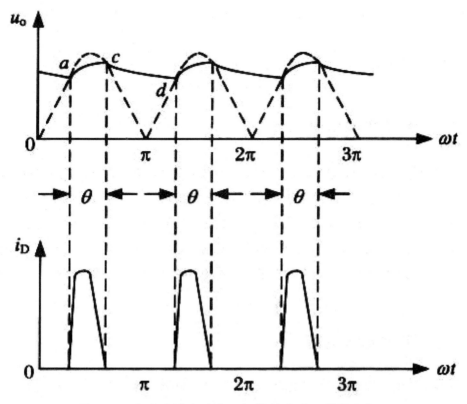

图 7-41　电容滤波电路中二极管的电流及其导通角

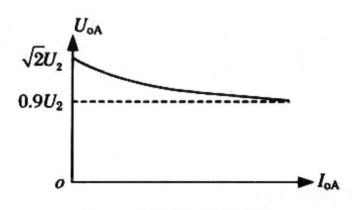

图 7-42　电容滤波电路负载特性

当负载 R_L 开路时，根据电容滤波工作原理可知，输出直流电压平均值 U_{OA} 近似等于 $\sqrt{2}U_2$。当电容 C 开路时，电路为不加滤波的桥式整流电路，根据公式可知，平均值 U_{OA} 近似等于 $0.9U_2$。所以，电容滤波电路的输出直流电压平均值范围在 $0.9U_2 \sim \sqrt{2}U_2$ 之间。在此范围内，根据公式，有

$$u_{oA} = 2\sqrt{2}U_2\left(\frac{\tau}{T}\right)\left(1-e^{-\frac{1}{2\tau}}\right) \approx 2\sqrt{2}U_2\left(1-\frac{T}{4\tau}\right) = 2\sqrt{2}U_2\left(1-\frac{T}{4R_LC}\right)$$

可知，当滤波电容 C 一定，负载 R_L 减小，即输出电流 I_{OA} 增大时，输出直流电压平均值 U_{OA} 减小。因此，电容滤波电路带负载能力较差。

二、电感滤波电路

桥式全波整流电感滤波电路，在整流电路与负载之间串联了一个电感线圈。电感量 L 要足够大。 当流过电感线圈的电流增大时，电感线圈将产生自感电动势，而且自感电动势的方向是阻止电流的增加。此时，电感线圈将一部分电能转化成磁场能存储在电感的磁场中。当流过电感线圈的电流减小时，电感线圈所产生的自感电动势阻止电流的减小。此时，电感线圈释放出储存的能量，以使电流稳定。因此，使得负载电流的变动减小，输出电压的波纹变小，更加平滑。

三、其他滤波电路

电容滤波电路和电感滤波电路各有特点。还可以把两者结合在一起构成复合滤波电路。图 7-43 示出了三种复式电路。其中图 7-43（a）是 LC 滤波电路，图 7-43（b）。

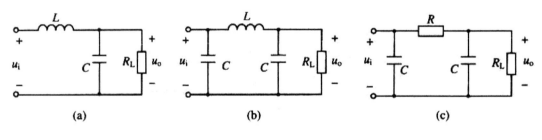

图 7-43　复式滤波电路

四、倍压整流电路

在整流滤波电路中，电容的储能调节作用使负载电压变得平滑。倍压整流电路利用多个二极管和电容可以获得多倍于变压器副边电压有效值的直流电压。

第四节　稳压管稳压电路

整流滤波电路输出的直流电压与变压器副边电压有效值成正比。当电网电压波动时，整流滤波电路的输出电压将随之波动。另外，整流滤波电路存在一定的内阻，当负载电流变化时，内阻上的压降将产生变化，输出电压也随之变化。因此，为了获得更稳定的直流电压，还必须采取稳压措施。本节将介绍稳压管稳压电路及其工作原理。

一、电路组成和工作原理

稳压管稳压电路如图 7-44，它由稳压二极管 D_z 和限流电阻 R 组成。U_i 是稳压电路的输入，它来自整流滤波电路的输出端。R_L 是稳压电路的负载电阻。R_L 上的电压 U_o 是稳压电路的输出。

稳压管的性能在不做介绍，现重新画出它的伏安特性如图 7-45 所示。从稳压管的伏安特性可知，在稳压管的反向击穿区（稳压区），稳压管电压任何小的变化，都会引起稳压管电流较大的变化。只要保证稳压管的电流在（$I_{zmin} \leq i \leq I_{zmx}$）范围之内，稳压管电压就在 U_z 附近，基本稳定。

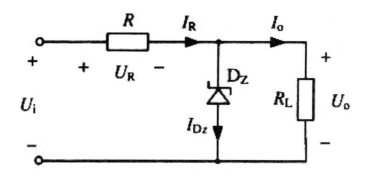

图 7-44　稳压管稳压电路

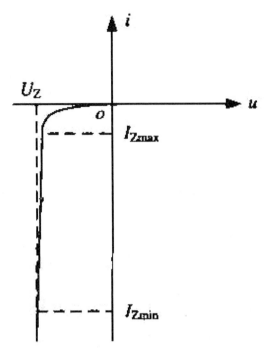

图 7-45 稳压管伏安特性

下面分两种情况，分析稳压电路的工作原理。

1.设负载电阻 R_L 不变

当电网电压波动时，稳压电路的输入电压 U_i 随之变化，输出电压 U_o 也随之变化。这种情况下，要想稳定输出电压 U_o，根据

$$U_o = I_o R_L$$

关键在于使 I_o 稳定不变。

当电网电压升高时，输入电压 U_i 升高。U_i 升高，一方面使 I_R 增大，另一方面使输出电压 U_o 随之升高。输出电压 U_o 就是稳压管的反向电压，所以，反向电压的增大将使稳压管电流 I_{Dz} 急剧增大。根据

$$I_o = I_R - I_{D_z}$$

如果参数选择合适，使得 I_{Dz} 的增量 ΔI_{Dz} 等于 I_R 的增量 ΔI_R，则 I_o 将保持不变。根据公式，U_o 也将保持不变。此过程中稳压管的作用是分流了电流 I_R 增量的绝大部分，使 I_o 稳定不变。

当电网电压降低时，输入电压 U_i 降低。U_i 降低会使 I_R 减小，同时 U_o 随之下降。U_o 下降又使稳压管的电流 I_{Dz} 急剧减小。如果使 I_{Dz} 的负增量等于 I_R 的负增量，则 I_o 将保持不变。此过程中稳压管的作用，承担了 I_R 负增量的绝大部分，使 I_o 稳定不变。保证了 I_o

不变，就保证了输出电压的稳定。

2.设电网电压不变，稳压电路的输入电压 U_i 也不变

当负载 R_L 改变时，负载电流 I_o 也随之变化。在这种情况下，要想稳定输出电压 U_o，根据

$$U_o = U_i - I_R R$$

关键在于使 I_R 稳定不变。

当负载 R_L 减小时，I_o 会增加，根据

$$I_R = I_o + I_{D_z}$$

I_R 也会增加。再根据公式，U_o 会下降。U_o 的下降使稳压管电流 I_{D_z} 急剧下降。如果电路参数选择合适，使 I_{D_z} 下降的变化量 ΔI_{D_z} 等于 I_o 的增量 ΔI_o，根据公式，I_R 将维持不变。

当负载 R_L 增加时，I_o 会减小，I_R 也会减小，U_o 将升高。U_o 的升高使稳压管电流 I_{D_z} 急剧上升。如果参数选择合适，使 I_{D_z} 的增量 ΔI_{D_z} 等于 I_o 下降的增量 ΔI_o，I_R 维持不变。

I_R 如果维持不变，也就保证了输出电压 U_o 稳定不变。

从以上分析可见，稳压管稳压电路中，稳压管起着电流控制作用。作为调控元件的稳压管是与负载 R_L 并联的，因此，稳压管稳压电路被称为并联型稳压电路。而电阻 R 起着电压调整作用。

二、稳压性能指标

1.稳压系数

负载一定时稳压电路输出电压相对变化量与其输入电压相对变化量之比，称为稳压系数，用 S_U 表示，即

$$S_U = \frac{\Delta U_o / U_o}{\Delta U_i / U_i}\bigg|_{R_L} = 常数$$

稳压系数表明电网电压波动对稳压电路输出电压的影响。S_U 愈小，稳压效果愈好。为了计算稳压管稳压电路的稳压系数，画出电路的交流等效电路如图 7-46 所示。在图中，r_z 是稳压管的动态电阻。设稳压管的稳定电压为 U_z，则

$$S_U = \frac{\Delta U_o}{\Delta U_i} \bullet \frac{U_o}{U_i} = \frac{r_z // R_L}{R + r_z // R_L} \bullet \frac{U_i}{U_z}$$

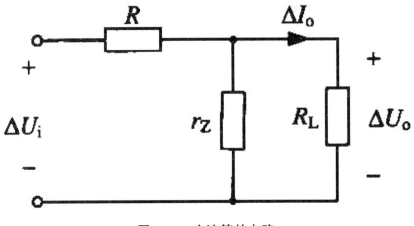

图 7-46　交流等效电路

通常，$r_Z \ll R_L$，$r_Z \ll R$，所以有

$$S_U \approx \frac{r_Z}{R} \cdot \frac{U_i}{U_Z}$$

上式表明，在 U_i 和稳压管参数确定的条件下，增大 R 的取值，有利于降低稳压系数。

2.输出电阻

在输入电压 U_i 一定时，稳压电路输出电压变化量与输出电流变化量之比，称为稳压电路的输出电阻，用 R_o 表示，即

$$R_o = \frac{\Delta U_o}{\Delta I_o}\bigg|_{U_i=常数}$$

输出电阻表示负载电阻对稳压电路输出电压的影响程度。R_o 愈小，输出电压愈稳定。根据图 7-46 所示电路，稳压管稳压电路的输出电阻为

$$R_o = R /\!/ r_Z \approx r_Z$$

由上式可知，输出电阻主要取决于稳压管的动态电阻。

第五节　串联型稳压电路

在稳压管稳压电路的基础上，增加电流放大电路，以增加输出电流的能力，则构成串联型稳压电路。

一、电路组成及其工作原理

1.基本稳压电路

图 7-47 所示为串联型稳压电路的基本电路。该电路由稳压管稳压电路和晶体管射极输出器（即共集电极放大器）两部分构成。射极输出器的电流放大作用，增大了稳压电路的输出电流。射极输出器是电压串联负反馈放大器，是反馈系数为 1 的深度负反馈放大电路，输出电阻很小，输出电压稳定。电路的稳压工作原理简述如下。

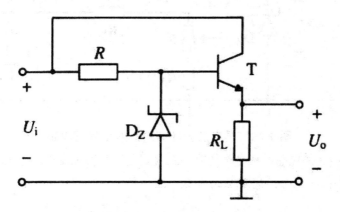

图 7-47　基本串联型稳压电路

当受电网波动或负载变化的影响，输出电压 U_o 增大时，晶体管 T 的发射极电位 U_E 升高。由于稳压管电压 U_z 基本不变，晶体管基极电位 U_B 基本不变。因此，晶体管的发射结电压 $U_{BE}=U_B-U_E$ 减小，导致晶体管基极电流 I_B 减小。因晶体管发射极电流 $I_E=(1+\beta)I_B$，故 I_E 减小，从而使 U_o 下降，当 U_o 降低时，同样的调整过程，使 U_o 上升。所以 U_o 基本保持不变。

晶体管基极电流就是稳压管稳压电路的输出电流。而晶体管射极输出放大电路的输出电流 I_o 是晶体管发射极电流。可见，图 7-47 所示电路的输出电流为稳压管稳压电路输出电流的 $1+\beta$ 倍。

上述稳压过程中，晶体管必须工作在放大区，才能使电路正常工作。因此，电路应该满

足条件：

$$U_i \geq U_o + U_\infty$$

式中，U_{ces} 是晶体管的饱和压降。晶体管在稳压过程中起到调整作用，故称其为调整管。由于调整管与负载 R_L 相串联，故称这类稳压电路为串联型稳压电路。

2.具有放大环节的串联稳压电路

图 7-48 所示为具有放大环节的串联稳压电路。和图 7-47 的串联稳压电路相比，它的放大器部分是由集成运放 A 和晶体管 T 共同构成的电压串联负反馈放大器。

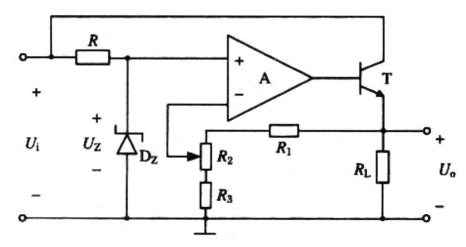

图 7-48　具有放大环节的串联型稳压电路

可以将图 7-48 的电路，从电路功能上主要划分为基准电压电路、比较放大电路、采样电路、调整管四个部分，如图 7-49 所示。

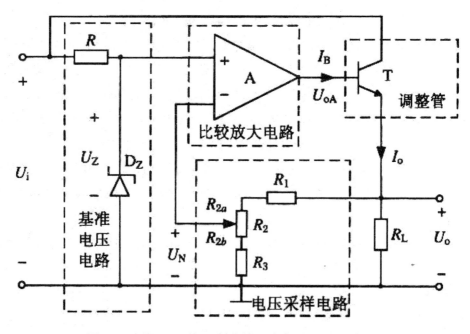

图 7-49　图 7-48 稳压电路的四个部分划分示意图

当由于电网波动或负载变化等原因，输出电压 U_o 变动时，采样电路监测到这一变化，并把它传送到比较放大器的反相输入端。在比较放大部分，将反相输入端的电压 U_N 与同相输入端的基准电压 U_Z 相比较，并将其差值放大。放大器 A 的输出电压 U_{oA}。用来改变

调整管的基极电流 I_B，从而改变调整管的发射极电流 I_o，使输出电压 U_o 得以被调整和改变。

二、集成稳压器中的基准电压电路和保护电路

在集成稳压器芯片内部，基准电压电路和保护电路的设计具有不同的特点。

1.基准电压电路

串联型稳压电路输出电压的稳定性与基准电压的稳定性密切相关。通常要求基准电压电路的输出电阻小，输出电压的温度系数低。

2.保护电路

在集成稳压器内部，含有各种保护电路。当出现不正常情况时，这些保护电路将保证稳压电路不至于被损坏。重点是要保护调整管的安全。

三、集成稳压器

集成稳压器分为固定式稳压电路和可调式稳压电路两种类型。稳压器有三个引脚，分别为输入端、输出端和接地端（或调整端）。固定式稳压器的输出电压是固定值，不能调节；可调式稳压器通过外接采样电阻元件调节输出电压的大小。

四、三端稳压器的应用

1.W7800 稳压器的应用电路

图 7-50 所示为 W7800 稳压器的基本应用电路。图中电容 C_1 是补偿电容，防止电路产生自激振荡，一般取值小于 1μF。电容 C_2 是滤波电容，用于进一步滤除输出电压 U_o 中的高频干扰和噪声。电容的数值，根据实际情况不同，可取小于 1μF，也可以取更大的容量。

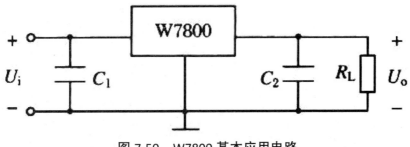

图 7-50　W7800 基本应用电路

图 7-51 所示电路，使 W7800 输出电流的能力得到进一步扩充，外接大功率晶体管 T

构成共集电极放大电路。设 W7800 稳压器的最大输出电流为 I_{omax}，则扩充之后的输出电流最大值为

$$I_{L\max} = (1+\beta)(I_{o\max} - I_R)$$

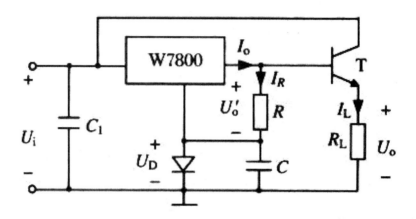

图 7-51　W7800 输出电流扩展电路

由图 7-51 可知，负载上的输出电压为

$$U_o = U_o^{'} + U_D - U_{BE}$$

式中，$U_O^{'}$ 是 W7800 的输出电压，U_D 是二极管 D 的正向导通电压。U_{BE} 是晶体管 T 的发射结正向导通电压。如果 $U_D=U_{BE}$，则有 $U_O=U_O^{'}$。可见，二极管 D 的作用就是抵消晶体管 T 的发射结电压 U_{BE} 对输出电压的影响。

图 7-52 所示电路是利用 W7800 固定稳压器构成输出电压可调的稳压电路，其中 A 是集成运算放大器构成的电压跟随器。W7800 的输出电压为 $U_O^{'}$，输出电压的调节范围为

$$\frac{R_1 + R_2 + R_3}{R_1 + R_2} U_o^{'} \le U_o \le \frac{R_1 + R_2 + R_3}{R_1} U_o^{'}$$

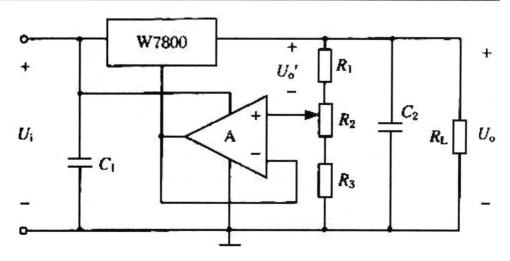

图 7-52　W7800 输出电压可调的稳压电路

2.W117 应用电路

图 7-53 是 W117 稳压器的典型应用电路。R_1 和 R_2 构成稳压电路的采样电路。

W117 稳压器的技术参数中有一项 "最小负载电流"，用 I_{omin} 表示。即只有输出电流 I_o 大于 I_{omin} 时，W117 才能正常工作。所以 R_1 的取值应满足条件：

$$R_1 \leq \frac{U_{REF}}{I_{o\min}}$$

式中，U_{REF} 为 W117 稳压器的内部基准电压。如前所述，它的典型值为 1.25 V。由公式可知，稳压电路的输出电压（图 7-53）为

$$U_o = \left(1 + \frac{R_2}{R_1}\right) \times 1.25 (V)$$

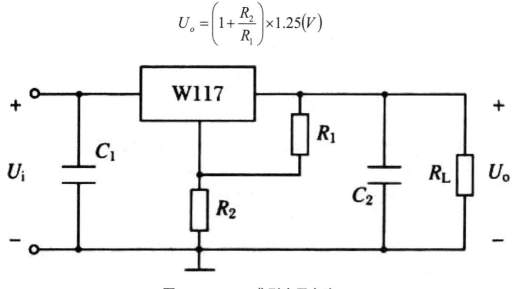

图 7-53　W117 典型应用电路

第六节　开关型稳压电路

前面介绍的串联型稳压电路，调整管始终工作在放大区，工作电流和管压降都比较大，因而功耗较大，效率较低。为了调整管的安全工作，常常加装散热器，又增大了稳压电源的体积和重量。

开关型稳压电路中的调整管工作在开关状态。当调整管饱和时管压降很小；当调整管截止时，电流很小。因此，调整管的功耗很小，大大提高了稳压电路的效率。

一、串联开关型稳压电路

1.串联开关型直流-直流变换电路

直流-直流变换电路把输入的直流电压转换成脉冲电压，再将脉冲电压经过 LC 滤波转化成直流电压。串联开关型直流-直流变换电路的基本工作原理可用图 7-54 所示电路加以说明。

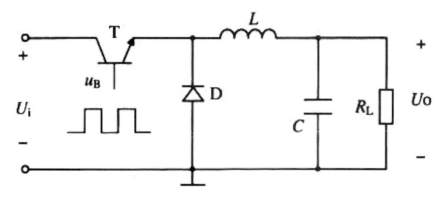

图 7-54　串联型直流-直流变换电路

图 7-54 中，U_i 为直流-直流变换电路的输入直流电压。T 为调整管，也称为开关管。T 的工作状态由其基极电压 u_B 控制，u_B 是矩形波。电感 L 和电容 C 组成滤波电路，D 是续流二极管。当 u_B 为高电平时，T 饱和导通，D 被加反向电压而截止，等效电路如图 7-55（a）所示。此时，电感 L 的端电压为 $u_L=U_i-U_o$。电感电流 i_L 不断增大，电感 L 储能增加。同时，电容 C 被充电。电感电流 i_L、电容充电电流 i_c 和负载电流 i_o 的实际方向如图中箭头所示。

当 u_B 为低电平时，T 截止。此时，电感上的感应电动势使 u_L 反向，使续流二极管导通，等效电路如图 7-55（b）所示。此时，电感的端电压为 $u_L=-（U_o+U_D）$，电感电流逐渐减小。电感和电容同时释放能量供给负载。电感电流 i_L、电容放电电流 i_C 和负载电

流 i_D 的实际方向如图中箭头所标示。

由以上分析可知，电感电流 i_L 和负载电流 i_o 的方向始终保持不变。

设 u_B 的周期为 T，一个周期内高低电平持续时间分别为 T_{on} 和 T_{off}，则 u_B 的占空比为 $q=T_{on}/T_o$ 画出 u_B、u_E、u_L、i_L 和 u_o 的波形如图 7-56 所示。开关管 T 在 u_B 的控制下周期地导通和截止，把直流输入电压 U_i 转变成脉冲电压 u_E。经 LC 滤波，脉冲电压 u_E 又被转换成直流电压 u_o。所以，输出电压 u_o 的平均值 U_o 就是脉冲电压 u_E 的直流分量，故有

$$U_o = \frac{1}{T}\left[U_i T_{on} + \left(-U_D\right)T_{off}\right] \approx \frac{T_{on}}{T}U_i = qU_i$$

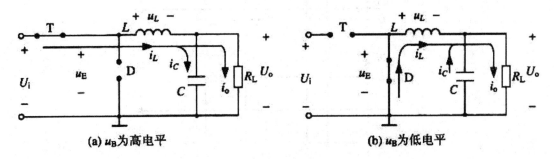

(a) u_B 为高电平　　　　　　　　(b) u_B 为低电平

图 7-55　图 7-54 的等效电路

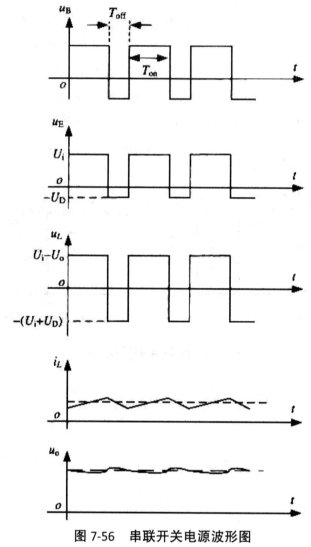

图 7-56　串联开关电源波形图

由上式可知，改变占空比 q，就可以改变输出电压 U_o 的大小。LC 越大，输出电压 U_o 越平滑。

2.脉宽调制（PWM）电路

用直流电压信号调节矩形脉冲占空比的电路，称为脉宽调制电路。一种简单的脉宽调制电路如图 7-57 所示。在图中，三角波发生器输出的三角波电压 u_N 和一个直流信号电压 u_i 作为比较器 A 的输入，输出 u_o 为矩形脉冲波。当输入电压 u_i 改变时，输出脉冲 u_o 的高电平维持时间 T_{on} 和低电平维持时间 T_{off} 会随之变化，即输出脉冲 u_o 的占空比 q 会变化。当 $u_i > 0$ 时，占空比大于 50%；当 $u_i < 0$ 时，占空比小于 50%。输出脉冲波的周期 T 与三角波的周期相同，不受 u_i 的影响。

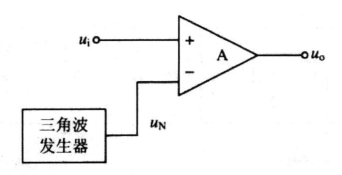

图 7-57　一种简单的脉宽调制电路

二、并联开关型稳压电路

1.并联开关型直流-直流变换电路

并联开关型直流-直流变换电路如图 7-58 所示。在图中，T 为开关管，T 基极的矩形波 u_B 控制其工作状态。U_i 为输入直流电压，D 为续流二极管，C 为滤波电容。

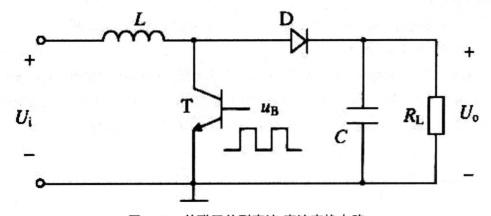

图 7-58　并联开关型直流-直流变换电路

当 u_B 为高电平时，T 饱和导通。续流二极管承受反向电压而截止。此时的等效电路如图 7-59（a）所示。输入直流电压向电感 L 充电注入能量，电感电流 i_L 近似线性增大，电感储能增大。电容C 通过负载电阻 R_L 放电，如果放电时间常数 R_LC 足够大，则输出电压 U_o 将缓慢下降。此时的输出电压依靠电容而得以维持。

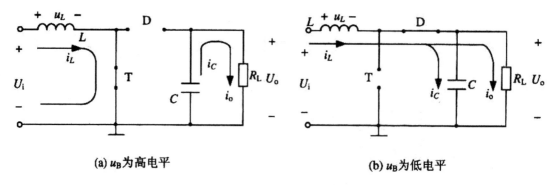

(a) u_B为高电平   (b) u_B为低电平

图 7-59　图 7-58 的等效电路

当 u_B 为低电平时，T 截止。电感 L 产生的感生电动势使 u_L 反向，阻止电感电流的变化。二极管 D 因被施加正向电压而导通。此时的等效电路如图 7-59（b）所示。U_i 和 u_L 相加后对电容 C 充电。输出电压 U_o 有所回升。电感电流 i_L、电容充电电流 i_C 和负载电流 i_o 的实际方向如图 7-59（b）中箭头所示。

由以上分析可知，在 u_B 的高电压和低电平期间，电感电流 i_L 和负载电流 i_o 的方向始终维持不变。

画出 T 基极电压 u_B、电感电压 u_L、电感电流 i_L 和输出电压 U_o 的波形。

2.并联型开关稳压电路

并联型开关稳压电路原理图如图 7-60 所示。和串联型开关稳压电路相比较电压采样电路、基准电压电路、比较放大电路和 PWM 电路部分基本相同。只是直流-直流变换电路部分，由串联型直流-直流变换电路改变为并联型直流-直流变换电路。

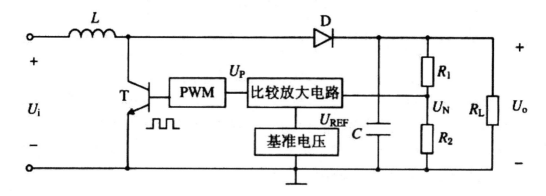

图 7-60　并联开关型稳压电路

结　语

电子技术是一门覆盖面非常广阔的技术。当今的时代称为"信息时代"，信息时代如果没有电子技术的支持是不能存在的。电子技术自身像是一棵大树，它扎根的土壤是电子元器件和电子材料，它的树干是电子电路，它繁茂的枝叶就是电子技术在各行各业的广泛应用。模拟电子技术是一门研究对仿真信号进行处理的模拟电路的学科。它以半导体二极管、半导体三极管和场效应管为关键电子器件，主要包括功率放大电路、运算放大电路、反馈放大电路、信号运算与处理电路、信号产生电路、电源稳压电路等研究方向。

人类目前超大规模集成电路的设计已经达到了相当高的水平。随着纳米电子学和光电子学的不断发展和渐渐成熟，未来的电子科学与技术终将实现巨大的进步。未来的电子系统和装备都将运行在量子力学原理之上。对这些微观世界里面物质运动规律的研究必将给人类科技带来巨大的变革。我们的网速会更快，我们所用的电子设备会更小，然而质量、精度却会更高，我们的计算机的运算速度会更快，电脑电视的图像显示会更加清晰……而这些，同时又会带动航天产业、服务业、国防、通信以及医学，等等相关产业的巨大前进，并最终带动整个人类社会的巨大进步。

回顾模拟电子技术的发展历史，我们可以从中悟出科学技术从产生到发展的某些规律，这种规律将会对我们现在及未来的工作有所指导和帮助，与此同时，了解模拟电子技术的发展历史，可以使我们眼界开阔、联想出新。

模拟信号在各种状态中连续工作。模拟电子技术的出现和应用，使人类进入了高新技术时代。模拟电子技术发展的历史虽短，但应用的领域确是最深最广，它不仅是现代化社会的重要标志，而且成为人类探索宇宙宏观世界和微观世界的物质技术基础。模拟信号是世间万物工作的方式，同时也是人类感官感知世界的方式。因此，要处理"现实"世界的光与声等信号，就需要模拟信号处理。

随着社会的发展，数字电路逐渐代替了模拟电路，现代社会是一个数字化的时代，但是数字化在有一个领域却不能代替模拟电路，那就是微波领域，现在只要牵涉到微波频段的电子都全部是模拟电路，因为数字电路的采样率是达不到如此高的频率的。虽然除了某些特殊领域外，数字电子技术越来越多地替代了模拟电子技术在生活中的应用，但是，模拟电子技术是基础，它的发展也同等重要。

参考文献

[1]张瑞华.模拟电子技术与数字电子技术的优劣及应用[J].数字通信世界,2021(02):128-129.

[2]郭晓河.网络中的数字电子技术应用实践[J].电子世界,2020(22):150-151.

[3]蒋诚.Multisim仿真软件在"模拟电子技术"课程中的应用[J].无线互联科技,2020,17(20):22-23.

[4]徐将,赵进辉,黄俊仕.大数据支持下的模拟电子技术基础教学改革[J].科教文汇(中旬刊),2020(10):91-92.

[5]曹雨萌.数字电子技术与模拟电子技术的区别与应用[J].电子世界,2020(19):174-175.

[6]贺佩.数字电子技术与模拟电子技术的对比研究[J].科技创新与应用,2020(28):151-152.

[7]陈露诗.面向集成电路设计的模拟电子技术教学改革分析[J].电子元器件与信息技术,2020,4(08):143-144.

[8]李正东,李秀玲,涂科.Multisim仿真软件在模拟电子技术教学中的应用[J].中国教育技术装备,2020(12):41-42+45.

[9]张宝.模拟电子技术与数字电子技术的优劣及应用研究[J].科学技术创新,2020(18):81-82.

[10]郑三婷.浅谈Multisim仿真软件在模拟电子技术课程教学中的应用[J].电子测试,2020(12):121-122.

[11]杜湘瑜,李德鑫,陈长林.基于BOPPPS模型的模拟电子技术基础线上线下混合教学研究与实践[J].高教学刊,2020(13):8-12.

[12]邓艺欣,邓忠亮.信息时代数字电子技术应用现状和发展[J].科技资讯,2020,18(10):13-14.

[13]严静,于舒娟,方玉明,于映,李若舟.电工电子技术基础课程教学研究[J].科技视界,2020(07):59-60.

[14]王爽,支忠山,汪琴芳.虚拟现实在模拟电子技术教学中的应用[J].湖北第二师范学院学报,2020,37(02):48-50.

[15]黄昕.应用型模拟电子技术的发展分析[J].集成电路应用,2020,37(01):90-91.

[16]胡亮.EWB的模拟电子技术应用[J].电子技术与软件工程,2019(23):83-84.

[17]孙秀蓉.浅析数字电子技术在通信网络构建中的应用[J].数码世界,2019(11):14.

[18]张远荣.Multisim 在模拟电子技术课程教学中的应用探析[J].数字通信世界,2019(10):166.

[19]张秀.应用型模拟电子技术的应用[J].电子技术与软件工程,2019(15):62-63.

[20]邱雨.分析模拟电子技术与数字电子技术的优劣与应用[J].电子技术与软件工程,2019(15):55-56.

[21]江天亮.基于 multisim 在模拟电子技术课程中的教学设计研究[J].现代职业教育,2019(20):86-87.

[22]杨辉.模拟电子技术实践创新能力培养的探索[J].课程教育研究,2019(28):47.

[23]章小宝,陈巍,万彬,朱海宽,谭菊华. 电工电子技术实验教程[M].重庆大学出版社,201907.171.

[24]叶建军.模拟电子技术与数字电子技术的优劣及应用[J].科技创新导报,2019,16(12):164-165.

[25]王振宇,成立,孟翔飞,唐平,姜岩,陈勇,汪洋,秦云. 模拟电子技术基础[M].南京东南大学出版社:, 201904.378.

[26]周祥.关于数字电子技术的发展与应用研究[J].电子制作,2019(06):75-76.

[27]伍求礼.计算机网络数字电子技术的应用[J].计算机产品与流通,2019(02):84+174.

[28]方芳.浅析通信网络构建中数字电子技术的应用[J].电子制作,2019(02):69-70.

[29]郭霞,杨拴科,张安莉,郭华.《模拟电子技术实用教程》教材建设与实践[J].电子测试,2018(24):107-108+123.

[30]张启英."模拟电子技术"理实一体化教学改革的实践与应用[J].电子测试,2018(21):121-122.

[31]余积锦.模拟电子技术与数字电子技术的优劣及应用浅析[J].科学技术创新,2018(30):153-154.

[32]宋军,吴海青,刘砚一,吴寅,徐锋. 模拟与数字电子技术实验教程[M].南京东南大学出版社:, 201809.178.

[33]张天芳.数字电子技术的应用实践与发展趋向[J].电子技术与软件工程,2018(10):76.

[34]仲文君.模拟电子技术虚拟实验设计及应用研究[J].自动化应用,2018(03):76-78.

[35]夏儒林.模拟电子技术实践项目的应用分析[J].现代职业教育,2018(04):125.